# Laboratory Course in Electrochemistry

# 实验电化学

(美) 辛西娅·A. 施罗尔 (Cynthia A. Schroll)
(美) 史蒂芬·M. 科恩 (Stephen M. Cohen)　著

张学元　王凤平　吕　佳　等编译

化学工业出版社

·北京·

## 内容提要

　　本书将电化学的基本理论、仪器使用和系列电化学实验相结合，还配合电化学动力学分析软件，指导读者全面学习电化学测试与实验方法。全书分为两部分。第一部分：主要介绍电化学测试技术原理，对电化学工作站与其系列参数的含义进行解析和定义，从物理、电子与电化学角度详解这一原理。同时详细阐述了电化学测试技术电化学阻抗的测量与数据解析，对电化学测量技术在能源领域、电分析化学与传感器等领域的关键技术进行总结与分析，满足新能源发展的需求。第二部分：详细介绍了 12 种电化学标准实验，对于培养高水平合格的电化学领域的技术人员、测试人员提供帮助。另外这些实验，也配合系列标准测试的要求，为工业界的材料电化学与腐蚀测试提供借鉴与培训。

　　全书彩色印刷，对于部分电化学测试还配有检测视频，方便读者直观学习。

　　本书可供高等学校化学相关专业高年级本科生和应用化学、电化学专业的研究生学习，也可供从事电化学、化学电源、电镀、电化学腐蚀与防护、电解、电合成等方面研发的工程技术人员参考。

Laboratory Course in Electrochemistry edition/by Cynthia A. Schroll and Stephen M. Cohen
ISBN 978-0-9983378-1-4

Copyright© 2017 by JONES & BARTLETT LEARNING, LLC. All rights reserved.
Original English language edition published by Gamry Instruments, 734 Louis Drive, Warminster, PA 18974 USA.

本书中文简体字版由 Gamry Instruments, Inc.. 授权化学工业出版社独家出版发行。
未经许可，不得以任何方式复制或抄袭本书的任何部分，违者必究。
本书仅限在中国内地（大陆）销售，不得销往中国香港、澳门和台湾地区。
北京市版权局著作权合同登记号：01-2020-1553

**图书在版编目（CIP）数据**

实验电化学/（美）辛西娅·A.施罗尔（Cynthia A. Schroll），
（美）史蒂芬·M.科恩（Stephen M. Cohen）著；张学元等编
译. —北京：化学工业出版社，2020.4（2023.1 重印）
　书名原文：Laboratory Course in Electrochemistry
　ISBN 978-7-122-36219-3

　Ⅰ.①实…　Ⅱ.①辛…②史…③张…　Ⅲ.①电化学-化学
实验　Ⅳ.①O646-33

中国版本图书馆 CIP 数据核字（2020）第 031728 号

责任编辑：刘丽宏　　　　　　　　　　文字编辑：向　东
责任校对：宋　玮　　　　　　　　　　装帧设计：刘丽华

出版发行：化学工业出版社（北京市东城区青年湖南街 13 号　邮政编码 100011）
印　　装：北京虎彩文化传播有限公司
710mm×1000mm　1/16　印张 19¾　字数 364 千字　　2023 年 1 月北京第 1 版第 3 次印刷

购书咨询：010-64518888　　　　　　售后服务：010-64518899
网　　址：http://www.cip.com.cn
凡购买本书，如有缺损质量问题，本社销售中心负责调换。

定　　价：89.80 元　　　　　　　　　　　　　　　　　版权所有　违者必究

# 编译者的话

电化学是一门建立在实验基础上的较为抽象和完善的学科，具有应用面广、实践性强的特点。电化学与能源、材料、生命以及环境等学科密切相关。实验电化学是连接电化学理论和实际应用的重要桥梁，通过电化学实验，可加深对电化学理论知识的深入理解，为有效设计电化学实验及解析电化学实验结果奠定坚实基础，所以，实验电化学是验证、巩固和补充课堂讲授的电化学理论知识的必要环节，也是电化学研究与探索的实验设计必备基础。

《实验电化学》一书的主要内容来自美国 Gamry 公司 Cynthia A. Schroll 和 Stephen M. Cohen 编写的 *Introduction to Experimental Electrochemistry* 中的经典电化学实验。多年来，两位作者一直从事电化学基础研究和应用研究，本书包含了两位研究员长期的科研和教学成果。

同时，根据国内外电化学应用发展动态，本书编译者还提供了电化学测试技术的理解、深入剖析与应用，编写和收集了部分应用性较强的实验和系列标准。本书所涉及的电化学实验主要包括基础电化学、电分析化学、电化学腐蚀与防护及能源电化学的典型实验题目，以激发学生的学习兴趣和创造性思维。编写本书之前，编译者搜集了大量国内外的电化学实验教科书，对各类电化学实验题目进行了认真的研究和讨论，最后从中筛选出一些适合国内电化学实验教学的典型电化学实验题目，确定了本书的主要实验题目。

美国 Gamry 公司、湖南大学兼职教授张学元博士，Gamry 公司吕佳博士，辽宁师范大学王凤平教授等人负责整本书的编译。张学元博士负责整本书编译的设计与构造。其中吕佳博士负责第 1 章和第 3 章的能源部分。张学元博士负责第 2 章和附录部分。王凤平教授负责第 3 章，编写了电化学测试在金属腐蚀与防护中的应用，并收集了电化学测试的国内外标准和汇总了国内外教材中的典型电化学实验题目。大连理工大学的毛庆副教授负责第 3 章能源中的燃料电池部分，氢氧燃料电池氧还原反应动力学参数的测定。哈尔滨工业大学甘阳教授及其团队贡献了第 2 章的翻译。Gamry 电化学技术支持团队的谈天、邱健、揭晓博士、吕佳博士和张学元博士等人对第 1 章内容都有所贡献。王凤平教授和张学元博士负责本书的录像工作。

根据不同读者的需求，本书编译者收集了一些国内外典型电化学实验题目提供给有需求的读者，若有读者对其中的某些实验感兴趣，可以与本书编译者联系。本书主要供高等学校化学相关专业高年级本科生和应用化学、电化学专业的研究生作为教材使用，也可供从事电化学人员以及从事化学电源、电镀、电化学腐蚀与防护、电解、电合成等工程技术人员参考。

编译者水平有限，可能存在一些翻译不够准确之处，恳请广大读者提出宝贵意见，以促进电化学学科理论与技术的发展。

# 目录

# 绪论

## 0.1　电化学实验的目的和意义

电化学是一门建立在实验基础之上的交叉学科，应用面较广，渗透材料、生物、冶金、环境等不同领域。其中，金属腐蚀与防护是我们比较熟知的一个应用典范。工程师们常常通过电化学技术来解释金属腐蚀的原理，并尝试防止或最小化此类损害。生物和神经系统学科在很大程度上研究的是细胞膜内外的离子浓度分布与电势差，电化学实验方法刚好可以用来解释相关生命现象，并模拟器官生理规律及其变化过程。消费者最常用的一类医疗器械——血糖仪就是基于电化学知识测量的。此外，基于电化学原理的电分析技术灵敏度高、准确度高、测量范围宽，为工业和环境监测提供了研究和分析的手段；电解技术可以实现大量无机物和有机物的电离合成，因此，电解提纯和电镀广泛应用于冶金工业中。近年来，能源问题受到越来越多的关注，太阳能电池、锂电池和燃料电池等能量转换和存储设备逐个登上历史舞台，使电与化学的交互作用得到充分发挥。我们可以看到，从便携式电子设备用的小型电池，到越来越多的汽车动力电池，电化学正在推动着现代技术的发展。到目前为止，电化学这一学科发展形势一片大好，所受到的重视是前所未有的，越来越多的研究者和相关行业人员都想要了解并应用相关测量技术。

论述电化学理论知识的专著和教材有很多，而电化学的初衷与实际应用是紧密相连的，因此，电化学实验作为验证和补充电化学理论知识的重要环节，正在成为一门综合性的、有高度实用价值的学科分支。它应用电化学工作站对研究对象进行信号激励和检测，对实验数据进行数学处理，通过具体实例研究电极过程动力学，从而达到研究目的。由此可见，电化学实验教学的主要目的是：

① 培养学生应用理论知识解决实际问题的能力，培养学生进一步巩固和运用课堂上所学，灵活掌握电化学实验的基本技能；

② 培养学生查阅文献，设计实验方案，测定、分析数据，以及准确表达实验结果的能力；

③ 培养学生团队协作的意识，以及严谨的科学态度；

④ 提高学生的动手实践能力和创新能力。

综上所述，电化学实验是连接理论和实际应用的桥梁，是符号和公式具象化的必经之路。我们希望通过电化学实验的学习，学生能够系统了解电化学的研究手段，在遇到实际问题时能够快速且准确地寻找到相应的解决方案，更好地解读测量数据所蕴含的信息。

## 0.2　电化学实验室安全知识

创造安全、良好的实验室工作环境，是每个实验室工作者需要认真考虑和完成的工作。电化学是一门交叉学科，因此，关于实验室安全应该从以下几个方面进行考量：

### 0.2.1　化学用品

当实验要接触化学试剂时，应首先查阅化学品安全说明书（Materials Safety Data Sheet, MSDS），了解并熟悉所用化学试剂的特性（包括毒性、腐蚀性、易燃易爆性）和急救处理方案等。在实验过程中，应严格按照规则操作。使用有强腐蚀性或有毒的挥发性溶液时，应在通风橱或通风情况下操作。加热易燃溶剂时，要避免使用明火，应在规定的位置（如密封操作箱）进行相关实验操作。剩余药品要按规定回收，不可随意丢弃或倒入下水道中。使用玻璃仪器时，要轻拿轻放，以免破损，造成人身伤害。

### 0.2.2　安全用电

电化学实验室安全除了化学实验室通常需要注意的防火、防爆、防毒、防腐蚀和防止环境污染等问题以外，由于实验过程中要频繁接触电化学工作站、频繁使用交流电，安全用电也是非常重要的。

实验室中电源一般使用220V、50Hz的单相交流电，有时也用三相电（380V）。连接设备前要检查电源是否正常，有无漏电状况。插头与插座的各项参数要匹配且接触可靠。如果实验室常有意外断电的情况，最好使用稳压电源。

使用电化学工作站之前，首先应该确认仪器的电位、电流量程范围及工作环境温度要求，在规定范围内进行操作。连接电路时，要确保仪器不在运行状态，尽量戴上绝缘手套或保持手部干燥且无静电的状态下进行操作。运行实验前应再次确认接线无误，回路中没有短路的可能，查看开路电压是否正常。连接好电路以后再开启测试。实验结束时，先停止测试运行再拆电路。遇到仪器故障时，请及时切断电源，联系厂商技术人员，不能自行随意拆修设备。如果电化学工作站在运行过程中发生过热现象或有煳焦味，应立即切断电源。如果遇到电线起火，应立即切断电源，用沙或二氧化碳、四氯化碳灭火器灭火，禁止用水或泡沫灭火器等导电介质灭火。

## 0.2.3　高压实验

核材料和煤气管道等的测试会接触到高压釜。在进行高温高压电化学腐蚀实验时，高压釜如果使用不当就会发生暴沸、泄漏等意外事故。高温高压下的暴沸严重时甚至会引起人身烧伤或设备损坏，这是非常危险的。因此，在使用高压釜时要先了解大致的腐蚀速率，对于瞬间反应剧烈且产生大量气体或高温易燃易爆的化学反应，应及时防范，并且设计使用安全的特殊装置。反应釜要在指定的地点使用，按照说明进行规范操作，不得在超压或超温的条件下使用。要保证密封面、安全阀及其他安全装置性能正常，反应釜应接地保护。实验过程中不要随意更改参数，以防出现温度升高过快等现象。实验结束后，禁止带压拆釜。应定期对各种仪表、传感器及防爆泄放装置进行检测，确保实验结果准确且可靠。

## 0.2.4　手套箱操作

氧气、水或空气中其他成分有时会影响正在进行的实验，例如，电池中的锂/钠片极易与水反应，也会在空气中氧化变黑。如果水分过高，电池电解液还会和水反应，生成有害气体。这样一来，不但损耗了电解液的有效成分，也会增加电池内部压力，造成电池鼓壳，严重时甚至会爆裂。因此，相关实验通常需要在惰性气体（如高纯氩气、氦气或氮气）氛围中操作，手套箱是实验室常用的解决手段。所有物品在进入手套箱之前需要充分干燥。物品干燥后，通常还需要放置在手套箱过渡舱内抽真空和引入与手套箱相同成分与纯度的气体，重复操作三次以上，彻底排除空气和吸附的水分后才能够正式收进手套箱舱内。在手套箱内工作时，要小心避免各种尖锐的器皿划破橡胶手套，如果是操作腐蚀性较强的药品时最好在手套上再套上防腐蚀的一次性手套。此外，手套箱不工作时也需要时刻监察手套箱内水氧含量，尽量保持在 $10^{-6}$ 级以下，如果水氧含量过高，要及时检查可能泄漏的部位并尝试修复，然后启动手套箱再循环功能，净化箱内气体。

## 0.2.5 个人防护

实验过程中必须要穿实验服，戴手套、口罩和护目镜，防止误碰、误吸和意外飞溅等造成与化学试剂和有毒气体的接触，降低实验风险。进入实验室时，要先了解电源开关、灭火器、逃生路线、紧急淋浴器等的放置位置。积极参加实验室安全培训课程，清楚安全防护和急救的重要措施。

每次实验完毕后，对实验室做一次系统的检查，整理好化学试剂、电器和各种工具，切断不必要的电源，关好门窗和水龙头后再离开。不可放松安全警惕。

进行电化学实验，要严格按照实验室的安全操作流程，安全始终是第一位的。

# 第1章
# 电化学测试技术原理

## 1.1 实验装置

电化学测试需要的基本装置有：电解池、电化学工作站。

电化学的定义中，化学描述的是发生在电化学电解池中的一切，而电子学描述的则是电解池以外的一切。可见，电解池是电化学实验的核心内容，是研究体系的基本装置。通常电解池的基本组成部分包括电解池容器、电解质溶液、工作电极、参比电极、对电极以及法拉第笼等。在本节中我们将向大家一一介绍电解池的这些组成部分。

### 1.1.1 电解池容器

电化学电解池容器（图 1-1）通常指的是用于盛装电化学溶液的器皿。实验

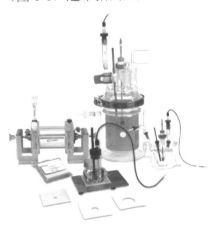

图1-1 电解池容器

室小型电解池常用的制作材料是玻璃，因为玻璃在大多数的有机和无机溶液（HF溶液、浓碱除外）中是十分稳定的，而且使用温度范围宽、形状易加工、透明性高。此外，聚四氟乙烯、有机玻璃、尼龙等也可用于制作电解池。与电化学工作站相连的三个电极（工作电极、参比电极和对电极）浸没在电解池中。在定制的电解池上有时可能有一些修饰，比如特殊的电极配件、除氧气用的气口、保持恒温的外套和各个电极的独立入口。定制电解池的形状多种多样，大家可以根据自己的实验要求进行选择。如果条件不允许的话，也可以直接使用实验室能找到的典型玻璃器皿作电解池。

三口圆底烧瓶是一种常用且相对便宜的玻璃器皿，能够被改造成电解池。这类烧瓶能装大量的溶液且瓶口很宽，大多数的电极都能穿过。烧瓶上的每个口能支持一个电极。这样的配置适用于那些测试溶液能够暴露于空气中而不会发生氧化副反应的实验，且实验中的每一个电极都不必隔绝于单独的腔室。如果电解物质会与氧气发生化学副反应，则需要先除氧。

溶解氧在负电位会被还原，产生的有害阳极电流可能会干扰重要的测量。针对这个问题，实验室典型的解决方案是建立一个密闭的电解池（电解池带有一到两个进气口和一个单独的小出气口），将氮气或者别的惰性气体鼓入溶液中以除去溶解的氧气。进气口通常是毛细管或烧结玻璃封口，末端接近电解池的底部。在实验过程中，通过进气口通入源源不断的气体，气体再从小出气口排出，由此形成一个惰性气体的正压力，使得溶液上方被惰性气体覆盖。

## 1.1.2 电解质溶液

电解池内的电化学测试溶液中除了有要研究的电活性分析物以外，还有支持电解质和溶剂，有时还有缓冲剂。支持电解质溶液通常是由相对高浓度（通常是 0.1～1mol/L）的电化学惰性盐溶于超纯溶剂组成的。溶剂的纯度很重要，因为大多数伏安实验都很灵敏，痕量（$10^{-6}$）电活性污染物都能被检测到。查看电化学文献可以发现，电化学家们为确保溶液和材料的纯度付出了巨大的努力。当研究无水体系时，大多数研究工作者使用高压液相色谱级（或更高品级）有机溶剂，这些溶剂要经过严格的充分干燥，甚至有时要经过三次蒸馏提纯。

本书中的大多数实验设计使用水系电解质溶液。将试剂级的酸或碱稀释到合适的浓度，可以作为很好的溶剂。同样地，也常使用一些缓冲和惰性盐溶液。不过在所有的实验中，溶液必须用非常纯的溶剂配制，而且玻璃器皿必须非常干净。

分析实验课通常需要有净化水的来源。单级蒸馏地方供水一般可以满足光谱和滴定实验需要，但是伏安测试法需要更高的纯度。实验室可以从更加昂贵的水过滤结合离子交换柱系统中获得最高纯度的水。如果目前还没有配备或者也没有计划购置一个高纯度水过滤系统的话，也可以直接从化学品制造商那里购买相应级别的溶剂。

溶液中加入支持电解质可以增加其导电性，有助于减小分析物溶液内的电场尺寸，减少电活性物质传质形式中的电迁移现象。保持电解池内电极间电位总的下降与不导电溶液中的相同，但是支持电解质提供的额外导电性使得大多数的电位降仅在电极表面几个纳米尺度内发生（减小交感效应）。

溶液内部的电场不会完全消失，不过大多数电化学家认同以下观点：如果支持电解质的浓度是分析物的 100 倍或以上，电场对分析物迁移的影响可以忽略。在实际工作中，支持电解质的浓度大约是 0.1～1.0mol/L，这也意味着在伏安测试研究中分析物的浓度很少高于 0.01mol/L。

关于决定"选择什么样的支持电解质？"这个问题，基于以下两点：

① 支持电解质是否溶于所使用的溶剂？

② 支持电解质在测试电位范围内是电化学惰性的吗？

当水作为溶剂时，支持电解质的一个绝佳选择是硝酸钾（$KNO_3$），因为硝酸钾易溶于水而且是电化学惰性的。氯化钾（KCl）也是一个好的电解质选择，不过它的电位窗口比 $KNO_3$ 窄。浓度约为 1.0mol/L 的强酸或强碱的溶液也是很好的电化学溶剂，因为它们导电性很好。但是当需要在负电位下工作时，酸性溶液就不是很适用了，此条件下可能发生的水合氢离子的还原反应会干扰实验。

电化学电解池中除了电解质溶液外，还有电极。电极通常是一导体或半导体，并与溶液接触形成界面。一般设计有工作电极、参比电极和对电极（或辅助电极）三大类。

### 1.1.3 工作电极

#### 1.1.3.1 工作电极的选择

工作电极是被研究的电极。在金属腐蚀实验中，工作电极是要测试的会被腐蚀的金属的样本。在物理分析化学实验中，工作电极常常是惰性材料，如金、铂或者玻碳，工作电极仅作为表面，为电化学反应的发生提供场所，将电流传输至其他分子而自身不受影响。固态材料常制成圆盘状，周围环绕由不同类型的塑料、玻璃或环氧树脂制得的化学惰性覆盖物。另外，常见的液态汞也可作为球状小滴接触分析溶液。各种各样类型的电极以及它们的优劣势将在后文中讨论。

电极表面的形状和尺寸会影响电极产生的伏安响应。在电极上观察到的总电流直接与它的表面积相关。直径大于 100μm 的盘状电极或宏电极通常产生微安到毫安范围的可观电流。微电极常常产生亚纳安级的电流。尽管在微电极上观察

7

到的总电流很小，但这些电极提供了一个更大的信背比。另外，当样品本身很小时，小尺寸的微电极正好适用。

### 1.1.3.2 常见工作电极类型

一般用途工作电极的命名方式有很多种。有些根据工作电极中的导体部分命名，如铂电极、金电极、碳电极等；有些根据工作电极的制作工艺命名，如丝网印刷电极等；有些根据电极导体部分的形状命名，如滴汞电极、旋转环盘电极。

（1）铂电极

尽管价格昂贵，铂仍被最广泛用于制作工作电极。铂不仅是持久而且易加工的金属，而且具有电化学惰性。在水溶液中，当施加正电位时，使用铂工作电极是有益的。但是在负电位下，来自水合氢离子还原反应的干扰是一个问题。在无水有机溶剂中，铂工作电极是最受欢迎的和最好的选择，因为它在正电位和负电位都有很宽的电位窗口。

铂宏电极由较厚的铂盘附于黄铜棒的末端制成。盘和棒加工成同轴的，然后聚四氟乙烯（PTFE）覆盖在周围。使用亚微米氧化铝的溶液将此电极中的铂表面抛光成镜面。就像所有的固态电极一样，该表面有时候还要再抛光以除去实验过程中产生的划痕或吸附的污染物。而更小直径的铂盘电极和铂微电极则由一小段的铂丝密封在软玻璃中制得。打磨过的铂盘直径与原始铂丝的直径相同。因为玻璃外套很硬，这些电极的抛光常用亚微米级的钻石颗粒作为抛光液。

铂工作电极是本科实验的绝佳选择。因为它适用于大量的电化学体系，所以它在固态金属电极中无疑是最受欢迎的。

（2）金电极

金工作电极在设计和制作方面与铂工作电极相似。成本比铂便宜一些，但是电化学活性更高，金电极的表面在中等正电位就会发生氧化，因此金一般比铂应用得少。

因为金很容易被氧化，所以金一般用于要在电极表面得到特定官能团的情况。其中一个例子就是金表面有机硫醇单层的运用：有机硫醇单层能在电化学分析中使得酶与工作电极之间形成共价连接。

（3）碳电极

很多形式的碳材料被用作工作电极。碳电极在正电位和负电位方向都有一定宽度的电位窗口。与铂电极相比较的主要优势是，在水溶液中碳电极能够在更加负的电位下工作。固体碳电极由热解石墨或玻璃碳制得，这两者成本都很贵（比铂和金便宜）而且比铂和金难加工。碳电极的表面还必须要经常打磨。而且有时候，碳电极的表面还需要通过不同的实验方法先进行"活化"才能获得最好的性能。

　　用碳糊可以构造比较便宜的碳电极。在 PTFE 外壳中钻入圆柱状凹陷，将电触头置于凹坑的后方。每当电极被使用时，凹陷处充满碳颗粒糊，然后碳糊被抛光成光滑的盘状表面。碳糊电极的使用从技术层面上来说要求更高，因为碳糊在打磨时不可避免地会被划伤或凿伤。

　　（4）汞电极

　　在大多数教材中，滴汞电极是极谱法实验用的工作电极。

　　典型的滴汞电极如图 1-2 所示，它是汞的一个容器，汞沿着浸入溶液的垂直玻璃毛细管下端流出。当汞慢慢滴出毛细管后，形成一个近似球形的小液滴，与测试溶液相接触。测试溶液中的电活性分析物在汞滴表面发生氧化或还原反应。该电极的优势如下：

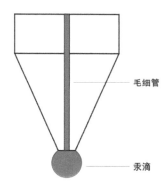

毛细管

汞滴

图1-2　滴汞电极

　　① 在电化学领域有着悠久的历史。

　　② 具有易重现的电极表面。如果汞滴的表面被污染了，汞滴会滴入测试溶液中，在毛细管出口处会形成新的汞滴。

　　③ 汞电极能被应用在比其他金属更加负的电位区间，水合氢离子还原的干扰最小。

　　④ 汞电极对于溶出伏安法技术来说是非常宝贵的，因为溶出伏安法就是凭借预浓缩的一种或一种以上的分析物进入汞滴，然后从电极中分别电解出（即溶出）每一种特定物质。

　　但是滴汞电极最大的缺点是汞有毒，因此，它越来越不受欢迎。

　　此外，还可以选择汞膜电极（MFE）。在应用该电极的实例中，玻碳电极被设置在含有硝酸汞的溶液中。通过将电极保持在足够负的电位，在电极表面会沉积汞的薄膜。使用该方法获得的 MFE 可以被用于溶出伏安测试，因为涉及的汞的量很小，所以风险比较小。但 MFE 的缺点是均匀的膜在一次又一次的尝试中很难重现。

**（5）丝网印刷电极**

丝网印刷电极（SPE）是一个多合一的电极，如图1-3所示。标准的伏安电解池通常需要三个独立的电极分别浸入样品架，但是SPE集成了全部三个电极在一个小的惰性板的固定位置上，这样样品（如单个液滴）就可以被置于基片之上或者SPE可以浸入电解质溶液中。

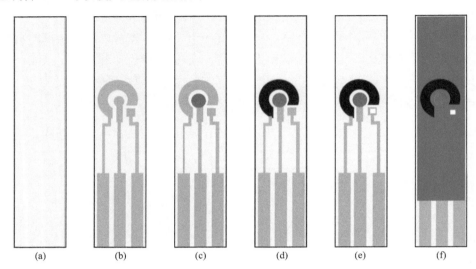

图1-3　丝网印刷电极在不同层的结构

（a）基片；（b）导电银胶；（c）工作电极用导电铂胶；（d）对电极用导电碳胶；
（e）参比电极用导电银-氯化银胶；（f）保护绝缘层

标准基片材料是陶瓷或塑料。然后电极通过丝网印刷刷到基片上，一次一层。通常第一层是银胶，通过丝网压入精细电路的模型中，后面的几层（如果工作电极、对电极和参比电极是不同材料的话）是电活性材料（碳、铂、金、银等）以创建电极的电活性面积。最后，最上面一层是绝缘层，保护电路免受损坏，防止意外短路。

SPE被用于人们最熟悉而且应用最广的电化学检测方法——血液中葡萄糖浓度的测定中。之所以使用SPE是因为它很小，易使用，采样只需要很小的量，生产成本低而且是一次性的。

**（6）旋转电极**

流体动力学法电化学实验需要使用旋转工作电极。旋转电极系统如图1-4所示，经过专门设计的电极安装在刚性轴的末端，然后这个轴固定在一个高速电动机上。这些电极浸入分析物溶液中，转速从几百转每分钟到几千转每分钟变化。由于电极的旋转，溶液中出现典型的层流模式。

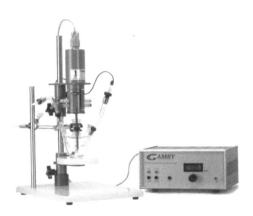

图1-4　旋转电极系统

溶液不断地被搅动，所以新的分析物溶液持续地被带至电极表面附近的区域。分析物的稳定流动使得分析物被电解时，旋转电极流动稳态电流。稳态电流很容易被测量，因为它随时间变化保持恒定。（在大多数其他的电化学方法中，电流会随着电极附近分析物的贫化而减小。）

使用旋转电极时，电解池容积必须足够大以保证溶液的快速回旋流。另外，电解池上方的开口必须足够大以适应旋转电极的轴。因此，电解池是暴露于空气中的，这种情况下除氧变得比较困难。如果装置没有放在手套箱里，那么在使用旋转电极研究对氧气敏感的电化学体系时就必须要用大通量的惰性气体覆盖溶液。

旋转电极的电触头由电刷机械接触旋转轴来完成。如果电刷或者转轴被污染了，那么实验结果将显示一个快速且周期性的噪声源。如果发生了这种情况，就需要清洁或替换电刷了。

### 1.1.3.3　工作电极的打磨

运行电化学实验前打磨固体工作电极的表面是一个很好的习惯，原因有两个。第一，打磨抛光能够去除电极表面的划痕或缺陷。第二，它也能去除吸附在表面的有害物质（如灰尘或氧化物）。根本上讲，打磨工作电极的目的是为了拥有一致的表面，获得可重复的结果。

通常，打磨电极需要以下物品：尼龙抛光布、麂皮抛光布、玻璃板或者其他平坦的表面、1μm 金刚石磨砂抛光浆、0.05μm 氧化铝磨砂抛光浆。

抛光布背面带黏性，必须要粘在玻璃板上。在使用抛光浆之前，要先摇匀，因为金刚石或氧化铝可能会沉淀到底部。一块抛光布上用一种浆料。做好标记，以防混用。

每一次使用前，先用水润湿抛光布。在开始打磨前，通常根据电极的尺寸

工作电极的打磨

在布上加足够多的浆料，而在打磨过程中不要再额外添加。如果抛光布变干了，可以洒上一些水。通常，金刚石用于打磨尼龙抛光布，而氧化铝用于打磨麂皮抛光布。

打磨电极的时候，要保持电极直立，这样电极的表面才会与抛光布的表面平行。为了得到均匀的镜面，打磨时需画"8"字。每一个步骤要持续 1～2min。当使用多级浆料时，要从最大的尺寸打磨到最小的尺寸。

在每一个打磨步骤之间，要先冲洗电极，这样就不会不小心混用了不同的抛光浆。金刚石浆料是油底的，因此打磨后要用酒精冲洗。氧化铝浆料是水系的，可以用水冲洗。

物理打磨结束后，先用水再用酒精最后冲洗一下电极以保证表面没有残余的抛光颗粒。

## 1.1.4 参比电极

参比电极顾名思义，是用来当作实验参考点的，是电势的参照物。用它可以从测得的电解池电动势计算研究电极的电极电位。因此，在试验中参比电极必须保持一个已知且恒定的电化学电势，即在一个绝对标度。这一标准可以由两种途径获得，其一是没有电流流经参比电极；其二是电极本身的平衡性很好，即使有电流通过，它的电位也不会改变。

### 1.1.4.1 参比电极的选择

在大多数的教材中，热力学半反应测量的电极电位是相对于"标准氢"参比电极（SHE）的。但是在实际应用中，SHE 是非常难操控的，因为氢气的压力必须控制在正好为 1atm（1atm=101325Pa），氢气的涌出会带着些许 HCl，从而会使所需的 1.0mol/L HCl 浓度减小。

许多其他电极也能够很好地保持电位稳定，常用的有：银-氯化银电极、饱和甘汞电极、汞-氧化汞电极、汞-硫酸亚汞电极、铜-硫酸铜电极等。在具体选用参比电极时，应根据实验要求，并且考虑液接电势，以及是否会发生溶液间的互相作用和污染问题，一般可以采用同种离子溶液的参比电极。如在氯化物溶液体系中采用甘汞电极，在硫酸溶液体系中采用汞-硫酸亚汞电极，在碱性溶液中采用汞-氧化汞电极，等等。

当比较两个不同参比电极得到的电位值时，一般要通过增加或扣除特定的值来"修正"电位值。

### 1.1.4.2 常见参比电极类型

实验室最常用的参比电极是饱和甘汞电极（SCE）和银-氯化银（Ag/AgCl）

电极（图1-5）。在现场测量时，也常会用准参比电极（工作电极所用材料）。

对于水系系统，银-氯化银（Ag/AgCl）参比电极很受欢迎，其电极反应是：

$$AgCl(s) + e^- \Longrightarrow Ag(s) + Cl^-(aq) \tag{1-1}$$

电极电位为：

$$\varphi = \varphi^{\ominus} - \frac{RT}{F} \ln a_{Cl^-} \tag{1-2}$$

由上述公式可见，Ag/AgCl参比电极测得的电位只依赖于氯离子的活度（出现在半反应中的其他两种物质都是固态的，它们的活度始终为1）。作为参比电极，需要保持氯离子的活度恒定。为了达到这个目的，将一根银丝（覆有氯化银涂层）浸入电极中的氯化钾饱和溶液，氯离子浓度保持在饱和极限值。25℃时，饱和Ag/AgCl参比电极半反应的表观电位为0.198V。该参比电极的半电池可表示为：

$$Ag(s)|AgCl(s)|KCl(aq, sat'd) \parallel \tag{1-3}$$

电接触通过直接与银丝接触实现；内部的溶液与测试溶液通过盐桥或多孔玻璃实现离子接触。

另一个常用于水系溶液的参比电极是饱和甘汞电极（SCE），见图1-6。SCE的电极反应是：

$$Hg_2Cl_2(s)+2e^- \Longrightarrow 2Hg(l)+2Cl^-(aq) \tag{1-4}$$

电极电位为：

$$\varphi = \varphi^{\ominus} - \frac{RT}{F} \ln a_{Cl^-} \tag{1-5}$$

图1-5　Ag/AgCl电极

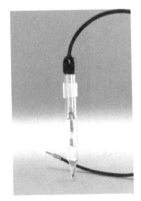

图1-6　饱和甘汞电极

25℃时，饱和SCE的表观电位是0.2415V。

SCE的玻璃管内装有少量的汞直接与固态甘汞（$Hg_2Cl_2$）糊接触，同时保持甘汞糊与氯化钾饱和水溶液接触。SCE半电池可表示为：

$$\text{Pt(s)|Hg(l)|Hg}_2\text{Cl}_2\text{(s)|KCl(aq, sat'd) ||} \tag{1-6}$$

铂和汞之间的电接触由液汞中插入铂丝实现。氯化钾溶液通过盐桥或多孔玻璃与电解池中的分析物接触。这样的电极可以在实验室自制，或者从商业公司购买。

**注意：** SCE 的电极电位有较大的负温度系数和热滞后性，因此测量时应防止温度波动。由于 $Hg_2Cl_2$ 在高温时不稳定，该电极一般不宜在 70℃以上的温度环境中使用，而 Ag/AgCl 参比电极在高温时稳定性较高，在高温下可替代 SCE。

### 1.1.4.3 参比电极校准

电化学专家关注工作电极是必然的事情。毕竟，他们研究的就是工作电极上发生的反应。然而，参比电极也不能被忽视。它的特性会极大地影响电化学反应的测试。在一些情况下，表面上看似"良好"的参比电极会导致测试完全失败。

理想的参比电极应具有稳定性，即明确的电化学电势。上节中讨论的常见参比电极在正常工作时都符合这个标准。许多研究人员不曾意识到参比电极多久会失效，因此造成了电位上很大的变化。许多关于电化学工作站故障的抱怨往往是参比电极失效引起的。

为了得到具有可靠性能的参比电极，实验室需要选配一个"标准参比电极"，要小心地保护它，以它作为其他参比电极的标准。不要用这个"标准参比电极"做任何试验。这支参比电极只有一个目的，评估其他参比电极性能是否可靠。如果怀疑某个参比电极是坏的，可以通过与"标准参比电极"比较电位来确定。用电位计来测量，或者用电化学工作站来进行开路电位测试。如果某一参比电极跟"实验室标准参比电极"之间的电位差小于 2～3mV，说明该参比电极正常。如果大于 5mV，则需要重新处理一下或者弃用。

### 1.1.4.4 参比电极的阻抗

一个理想的参比电极应该具有零阻抗。

参比电极的阻抗往往是由隔离塞的电阻决定的。隔离塞将参比电极内部填充的溶液和测试溶液分离开来。它由各种类型的材料（包括陶瓷、石英玻璃、石棉）制成。填充溶液缓慢流过隔离塞对于正确处理电极来说是必要的。但这种流动会有不好的影响，会影响测试溶液的成分，所以流动的流速需要保持在最小。

然而，降低流速需要限制流动路径，这些限制会提高通道中电解质的电阻。在电极阻抗和泄漏率之间存在基本权衡。带有石英玻璃塞的饱和甘汞电极，通常阻抗在 1kΩ 左右。陶瓷塞的阻抗小一些，而石棉的会大一些。参比电极隔离塞的堵塞经常没有任何征兆而影响参比电极直流电位的漂移。有机材料的吸附以及难溶性盐沉积在隔离塞上，都可能造成堵塞。堵塞的隔离塞的阻抗会超过 1MΩ。

　　带有双隔离塞的参比电极常被用来最大可能地减小填充溶液对测试溶液的污染。尤其注意氯离子污染的试验。参比电极（Ag/AgCl 参比电极除外）的填充溶液常常是饱和的 KCl 溶液，即使很少的泄漏也会导致测试溶液中氯离子浓度显著增大，在这种情况下通常需要用到带有双隔离塞的参比电极。双隔离塞参比电极有两个隔离塞。一个隔离塞将参比电极和中间电解液分开，另一个将中间电解液和测试溶液分开。中间电解液没有参比电极内部的 KCl 溶液导电性好。因此，双隔离塞参比电极的阻抗比单隔离塞参比电极的两倍还多。

　　除此之外，如果参比电极内部有气泡，阻断了电解质通路，也会产生很大的阻抗。气泡是由电解、除气气体、加热电解质除气或者滞留空气产生的。应经常从工作电极表面到参比电极内部检查电化学装置是否有阻断的电解液路径。

　　当你使用平的玻璃塞时应尤其注意。如果平放在电解池中，特别容易捕获气泡。如果该表面呈 45°角的话，则可以通过自然对流除去试图黏附在表面上的任何气泡。

　　腐蚀电化学家经常在腐蚀电化学测试中使用准参比电极。准参比电极就是浸入在同一溶液中的第二块工作电极材料。如果工作电极和准参比电极腐蚀类似，它们应该具有类似的电位。大多数情况是，准参比电极的阻抗比标准参比电极的阻抗小很多。

## 1.1.4.5　鲁金毛细管

　　电化学家经常使用鲁金毛细管来控制参比电极到工作电极的位置。鲁金毛细管内充满电解质溶液，用于将参比电极感应点放置在电解池中期望的位置。实验室电解池中的鲁金毛细管由玻璃或者塑料制成。鲁金毛细管中放置参比电极，如图 1-7 所示。鲁金毛细管的尖端靠近工作电极表面。参比电极就在这开放的尖端测试感应溶液电位。

　　通常鲁金毛细管的尖端要比参比电极本身明显小很多。当大的参比电极被放置的位置靠近工作电极时，鲁金毛细管允许参比电极靠近工作电极表面感应溶液电阻，而无不良影响产生。电解质电阻会增加在参比电极的阻抗上。半径越大，鲁金毛细管越短，阻抗越小。

　　请注意鲁金毛细管很容易捕获气泡，应及时检查，避免对实验结果产生影响。

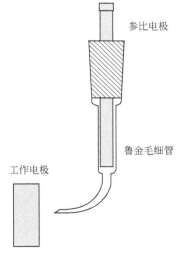

参比电极

鲁金毛细管

工作电极

图1-7　鲁金毛细管

### 1.1.4.6 高阻抗参比电极对测试的影响

（1）参比电极与直流误差

参比电极阻抗过高会引起直流误差。直流时，大多数现代电化学工作站静电计的输入电流小于 50pA。通过欧姆定律可以计算出 20kΩ 的参比电极阻抗会产生的直流电位测试误差低于 1μV。1mV 内参比电极的电位是重现的，因此 1μV 的误差可以忽略。参比电极阻抗很大时直流误差才会很明显。

（2）参比电极与交流误差

交流信号的情况完全不一样。通常参比电极的输入电容大约为 5pF。一个阻抗 20kΩ 的参比电极连接到此输入电容，形成一个如图 1-8 所示的 RC 低通滤波器，低频信号输入到滤波器中，毫无改变地输出，高频信号则被过滤。这种装置形成一个具有 100ns 时间常数的 RC 低通滤波器。这一滤波器会严重减弱频率超过 1.5MHz 的正弦信号。也会造成在 100kHz 时接近 4°的相移。

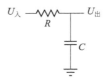

图1-8 RC低通滤波器

参比电极阻抗越大这种影响越严重。

（3）电化学工作站的稳定性

高阻抗的参比电极会降低电化学工作站的稳定性。电化学工作站原理的讨论在 1.2.1 中进行，本节中主要是对参比电极的影响作简要介绍，可以结合 1.2 中的内容进行理解。

与电容性电池连接时，所有的电化学工作站都会变得不稳定。电容性电池会增加电化学工作站已作好相移补偿的信号的相移。这额外的相移会将电化学工作站的功率放大器转换成功率振荡器。电化学工作站是一个专业的伺服系统，负反馈机制调节系统不断地输出，直到被测值与输入值相同。使用负反馈机制是因为被测值的正扰动会引起系统输出的改变，驱动被测值变负。

如果反馈的符号变正，被测值的扰动就会被放大，而不是尽可能地减小。正反馈能够导致系统宽范围重复摆动，这被称作振荡。通常，振荡在系统输出的最正和最负之间一直摆动。多数情况下，这些摆动的平均值与系统没有振荡时的 DC 值一样。反馈信号的相移会导致反馈符号的改变。负反馈相移 180°会变成正反馈。然而，多数电化学池在高频时都是有电容性的。

电化学工作站振荡是一种交流现象。因而，会影响交流和直流的测试。振荡会引起多余的噪声或者在系统图形输出上有急剧的直流漂移。电化学工作站通常在较不敏感的电流范围内比较稳定,在敏感的电流范围内不稳定。该影响是由电流测试电路中电池电位的相移引起的。这些相移会使得电流敏感性增大。

由参比电极阻抗和电化学工作站输入电容形成的 RC 滤波器也会增加反馈信号的相移,从而影响电化学工作站的稳定性。

电极引线越长,参比端有效的输入电容越大,产生的问题越严重。

大多数应用在电化学池上的波形是数字近似线性波形。波形是阶跃式变化的。即使在稳定的体系,电位阶跃时也会产生振荡。在慢速直流测试过程中,这种振荡不是问题。但是这种振荡会妨碍快速测试。消除电化学工作站振荡采取的措施也可减小震动。

可以采取一些措施来改善不稳定或接近不稳定的电化学工作站/电化学池/参比电极系统。以下所列的这些步骤也许有帮助。

① 降低参比电极阻抗。确认参比电极的玻璃塞没有堵塞。避免使用石棉纤维的参比电极和双隔离塞电极。避免使用半径过小的鲁金毛细管。确保鲁金毛细管内的溶液电导率尽可能高。

② 减慢电化学工作站控制放大器速度。电化学工作站通常有3～4种控制放大器模式,可以在软件中或者通过脚本编辑进行选择设置。减慢设置可以提供稳定性。

③ 提高电化学工作站 I/E 稳定性设置。电化学工作站通常包含着电流测试电阻并联的电容。这些电容与继电器相连,可通过软件控制。接入这些电容可以通过减小由电流测试电路引起的相移,来提高系统稳定性。

④ 增加电容耦合低阻抗参比元器件与已有的参比电极并联。有一种快速连接参比电极的方式就是将 Pt 丝与 SCE 相连。如图 1-9 所示。电容是为了确保直流电压来自 SCE,交流电压来自 Pt 丝。电容大小通过不断尝试确定。

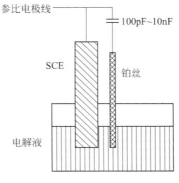

图1-9 参比电极的快速连接方式

⑤ 在电化学池周围提供高频分流器。在对电极和参比电极之间插入一个小电容能够使高频信号绕过电化学池进行反馈，如图 1-10 所示。电容大小通过不断尝试确定。可以从 1nF 开始。

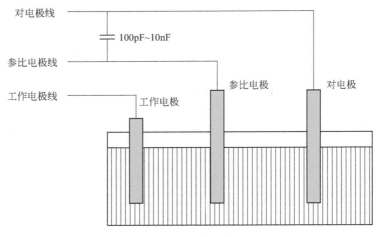

图1-10　高频分流器

从某种意义上来说，这是另一种 AC 耦合低阻抗参比电极的形式。当对本身就是低阻抗的电极，就不用再在溶液中增加额外的电极了。

⑥ 在对电极端增加电阻。如图 1-11 所示，这一改变降低了控制放大器有效增益带宽乘积。根据经验，所选的电阻需要在测试过程中电流最大值处产生 1V 的压降。比如，最大电流大约为 1mA，那需要增加 1kΩ 的电阻。

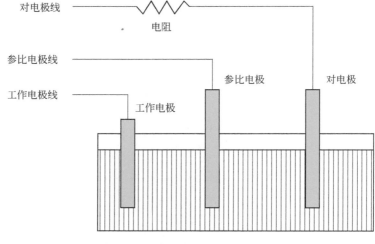

图1-11　增加电阻，提供稳定性

## 1.1.5　对电极

对（辅助）电极是一个导体，用以完善电解池电流回路。在只有工作电极和参比电极的两电极电解池中，测试的时候电流会流经参比电极。当有足够大的电流经过参比电极时，它内部的化学成分可能会发生极大的变化，从而引起电位偏离预期标准值。因此，在电化学测试过程中保持没有电流流经参比电极非常重要。对电极（辅助电极）的加入为电流提供了通道，这样只有很微量的电流会流入参比电极。

所有电化学实验都有一对工作电极和对电极。电流自工作电极流入溶液，从对电极流出。因为电流在对电极上流过，电化学过程也会在此处发生。当工作电极还原一种物质时，对电极就会氧化另一种物质，反之亦然。原则上，对电极可以用任何形状的任何导电材料制得。但如果对电极上生成的产物扩散至工作电极，可能会干扰预期的测试。为解决这一可能副反应所带来的问题，一般有两项措施：

① 选用惰性材料作为对电极，实验室常用石墨或铂；

② 通过烧结玻璃或陶瓷塞将工作电极和对电极隔离在两个腔室中，并保持与主要的测试溶液离子接触。

需要注意：通常对电极表面积要求是工作电极的数倍，以保证工作电极电场分布均匀，并且获得较小的电阻，减小对电极上的极化。此外，对电极和工作电极之间的相对位置也会影响工作电极表面的电流分布均匀性，进而引起电位分布不均匀，最终导致电位测量的误差。所以，在实际实验过程中应充分考虑对电极和工作电极的放置位置以及相对距离。

## 1.1.6　法拉第笼

实验室及其周围的电噪声会干扰电化学实验记录的小电流。为了帮助实验屏蔽掉噪声，我们建议从电极到电化学工作站的所有连接使用同轴缆线。这个简单的安排常常可以明显将噪声降低到可以忽略的程度。

使用非常小的电极或低浓度的分析物时，工作电极上的电流通常介于纳安到皮安之间。当测试如此小的电流时，必须要把整个电解池放入金属笼中去屏蔽电化学过程中的实验室噪声。这个金属笼叫作法拉第笼（见图1-12），需要将它接到电化学工作站和联用设备相同的接地点。

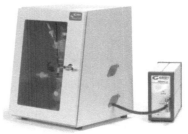

图1-12　法拉第笼

除了环境噪声，参比电极也可能会引起大量的噪声，原因是：正常工作的参比电极通常具有一定的高阻抗，但这同时也使它成为了接收电磁噪声的天线。涉及参比电极的噪声来源与 1.4 节中讨论的一致，主要是玻璃或陶瓷烧结封口的阻塞，或者是在封口的某一面有气泡形成的。

# 1.2 电化学工作站

电化学工作站是电化学测量系统的简称，是进行电化学基础研究的基本仪器设备，集成了几乎所有常用的电化学测量技术，包括恒电位、恒电流、电位扫描、电流扫描、电位阶跃、电流阶跃、脉冲、方波、交流伏安法、库仑法、电位法以及交流阻抗等。这些技术基本可以满足对电极反应过程、界面电化学过程、金属腐蚀、电镀等内容研究的需求。本节将着重介绍电化学工作站的工作原理、各项参数与含义、电极的测试连接方法以及 Kelvin 四端子测试应用等，使大家在实验前对电化学工作站有一个全面的认识。

## 1.2.1 原理

在几乎所有的应用中，电化学工作站使用的都是恒电位仪模式。典型的电化学工作站（图 1-13）与浸于测试溶液中的工作电极、参比电极和对电极相连。电化学工作站控制工作电极相对于参比电极的电位，同时测量流经工作电极和对电极的电流。工作站的内部反馈电路只允许极小的电流在参比电极和工作电极之间流动。电化学工作站通过向对电极中注入电流来控制参比电极和工作电极间的电位差。

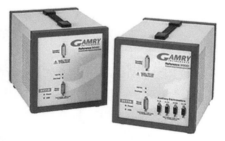

图1-13 电化学工作站

电化学工作站的简化示意如图 1-14 所示。

以下将对电化学工作站电路作详细的介绍。即便你对电学不熟悉，也可以从下面的信息中了解一二。

在图 1-14 中，放大器上的 ×1 表示这是一个单位增益差分放大器。电路的输出电压即为两个输入信号的差值。

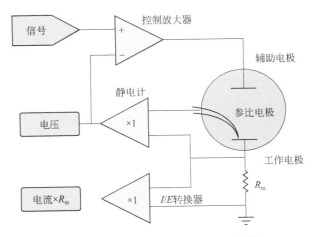

图1-14　电化学工作站的简化示意图

图 1-14 中标有"电压"和"电流 $\times R_m$"的图标分别表示的是电压和电流信号，该信号将传送至系统用于数字化的模 / 数转换器。

### 1.2.1.1　静电计

图 1-14 中的静电计（Electrometer）电路测量的是参比电极和工作电极间的电位差。其输出信号有两个主要的功能：一是可以作为恒电位电路中的反馈信号；二是可以用于计算测量电池的电压。

理想的静电计应具有零输入电流和无限大的阻抗。如果有电流流经参比电极，将会改变它的电势。在实际中，所有静电计的输入电流几乎无限接近零，因此上述的现象通常可以忽略。

静电计有两个重要参数：带宽和输入阻抗。带宽表征的是当静电计被一个低阻抗源驱动时，其可测得的 AC 频率。静电计的带宽必须高于电化学工作站中其他电子组成部分的带宽。

静电计输入电容和参比电极电阻共同组成 RC 滤波器。如果滤波器的时间常数太大，不仅会限制静电计的有效带宽，还会引起系统的不稳定。小的输入电容可以获得更稳定的操作，同时可以增加仪器对高阻抗参比电极的耐受性。

### 1.2.1.2　*I/E* 转换器

简化示意图 1-14 中的电流 / 电压转换器（*I/E* Converter）测量的是电解池电流。它迫使电解池电流流经一个电流测试电阻 $R_m$。通过 $R_m$ 上的电压降计算出电解池中的电流 [式（1-7）]。

$$\Delta U = R_m I \tag{1-7}$$

在一些实验中，电解池电流变化不大。在其他的一些实验，如腐蚀实验中，电流经常能变化到七个数量级以上。在这种情况下，不能够仅通过使用一个单独的电阻去测量如此大范围的电流。然而，可以将许多不同的 $R_m$ 电阻自动组合接入 $I/E$ 电路，这样可以测量各种大小不同的电流，每次测量可以依据电流大小选定合适的电阻。常用 $I/E$ 自动变换量程程序来选择合适的电阻值。

$I/E$ 转换器的带宽强烈依赖于它的敏感度。测量小电流需要大的 $R_m$ 电阻。$I/E$ 转换器中的离弦电容形成一个带 $R_m$ 的 RC 滤波器，限制了 $I/E$ 的带宽。没有任何电化学工作站能够准确测量 100kHz 下的 10nA 电流，因为这个电流范围的带宽太低，以至于无法测定 100kHz 的频率。这个效应在电化学阻抗谱（EIS）测量中非常重要！

### 1.2.1.3　控制放大器

控制放大器（Control amplifier）是一个伺服放大器。它可以将实际测得的电池电压与预期电压相类比，并向电池中灌输电流迫使两者相同。

需要注意的是，实际测得的电压被输入控制放大器的负输入端。测量电压中的正扰动将导出一个负的控制放大器输出信号。这个负的输出信号将抵消原来的扰动。这种控制线路被称为负反馈。

在正常情况下，要控制电解池电压与信号源电压相同。

控制放大器的输出都有一个极限值。

### 1.2.1.4　信号电路

信号（Signal）电路是一个电脑控制的电压源。它通常是数／模转换器的输出信号，其中数／模转换器将电脑生成的数值转换成电压。

合理地选择编号顺序可以使电脑产生恒压、电压斜升，甚至数字电路输出信号中的正弦波。

当数／模转换器用于生成一个波形，例如一个正弦波或者一个斜升时，波形是一个等效模拟波形的数值近似，其中含有小的电压阶跃。这些电压阶跃的大小受数／模转换器的分辨率的限制，比率本身将更新成新的数字。

### 1.2.1.5　恒电流仪和零内阻电流计

电化学工作站通常还可作为恒电流仪和零内阻电流计使用。当把反馈从电压信号模式切换到电解池电流信号时，电化学工作站就变成了恒电流仪。这时，仪器控制的就是电流而非电压。静电计输出信号还可以用来测量电解池电压。

零内阻电流计允许在两电极间施加零伏电位差。电极间的电流可以测得。零内阻电流计常被用来测量恒流腐蚀现象和电化学噪声。

## 1.2.2　参数与含义

在选择电化学工作站时，很多相关因素很重要。电化学工作站的技术参数应当与实验需求相匹配：

① 需要一台普适的仪器还是一台高精度的电化学工作站？

② 需要一台用于高功率设备测试的电化学工作站吗？

③ 需要的电化学工作站是便携式的，还是固定系统的？

④ 需要单个的电化学工作站还是多通道的测试系统？

不过，单个设备通常是不能够满足所有的需求的，特别是当把投资成本看成一个同样重要的因素的时候。规格说明书（书后附录）会告诉我们这台仪器能够做什么，帮助我们缩小适合的仪器选择范围，根据需求，去查看相关度更高的技术参数。

在以下的章节，将尝试对这些问题作一些说明。会解释电化学工作站规格说明书里出现的典型参数。由于大多数术语与具体的电化学工作站元件直接相关，本节主要关注的是电化学工作站的安装和基本功能部分的参数。

### 1.2.2.1　系统

这一小节中提到的参数概述了电化学工作站。其中列举了一些基本技术参数，对缩小合适的仪器的选择范围有帮助。

#### （1）电解池连接

大部分的电化学工作站可使用工作电极、工作传感电极、对电极和参比电极导线，支持两电极、三电极和四电极装置的测试。而这三种装置覆盖了大部分的电化学应用。

在一些特殊的应用中，辅助传感导线充当着第五电位计或可以替代参比电极导线。后者常用于零电阻电流计（ZRA）实验，例如噪声测试和电化学腐蚀。

一些电化学工作站配备有辅助电位计通道（AUX 通道）。这些通道可以用来侦测多个参比电极或者监测堆栈配置中的单个电解池电压，例如串联中的多个电池。

#### （2）最大电流

最大电流指定了电化学工作站的电流上限，跟外加电流和测试电流有关。这表示控制放大器不能驱动更多的电流进入电解池。同样，$I/E$ 转换器不能测量比最大电流更大的电流值。

要根据实验需要多大的电流来选择合适的电化学工作站。当测试在毫安级的电流范围内进行时，就没有必要用一台最大电流有好几个安培的电化学工作站。高功率设备的投资成本通常较高，因为它们的复杂度比较高。另外，高功率设备在低电流区间测量结果不够准确。因此，首先应该确定电化学工作站的电流范围。

**（3）电流量程（包括内部增益）**

近数十年以来，电化学工作站的电流量程（也称为 $I/E$ 范围）允许在很宽的电流范围内测量并可以确保精度。产品的规格说明书中通常会列举电流量程的数值，还有可获得的最低和最高电流范围。

$I/E$ 转换器通过测量电阻器上的电压降来计算通过电解池的电流［式（1-7）］。在实际应用中，电化学工作站采用大量可跨越几个数量级的不同的可切换电阻器来完成这一功能。每一个电阻器决定了一个电流量程。越敏感的量程需要越多的电阻器。

电流量程的重要性在图 1-15 中体现突出，图中显示了三条使用不同电流量程扫描的电容器的循环伏安曲线。绿色的曲线是用一个合适的 $I/E$ 范围测试的。通过选择一个稍不敏感的 $I/E$ 范围（蓝色曲线），信号噪声变得非常明显。不过过度敏感的电流量程（红色曲线）会去掉曲线的某些峰。因为电化学工作站不能够测量比电流量程更高的电流，在这种情况下，通常显示为电流过载信号（$I_{OVLD}$）。

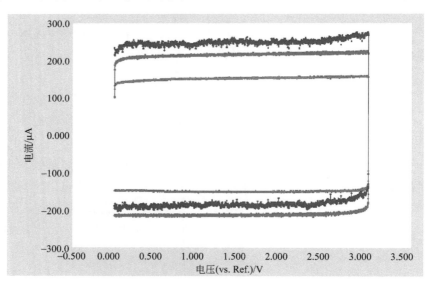

图1-15　使用不同电流量程扫描得到的电容器循环伏安曲线

此外，还有一个跟电流量程有关的术语叫内部增益，意思是 $I/E$ 转换器可以将测得的信号放大。这个特征对在低电流端增加额外量程是有益的。

通常，越敏感的 $I/E$ 范围需要更大的电阻器。然而，更大的电阻器不仅不容易获得而且非常贵。这是内部增益存在的一个实际原因。不过，内部增益也有一个缺点：放大测得的信号的同时，也放大了噪声。因此在测量低电流时，确保合适的设置和使用法拉第笼显得更为重要。

（4）最大施加电位

最大施加电位描述的是电化学工作站可以施加到电解池上的最大电压或者是电化学工作站可以测量的工作传感和参比电极间的最大电压值。如果超过了这个数值，会显示电压过载信号（$V_{OVLD}$）。

不要将最大施加电位与电化学工作站的槽压相混淆。槽压影响的是控制放大器施加在对电极和工作电极之间的最大电压（见下文）。

（5）上升时间

上升时间指的是一个信号上升或下降所需的时间。通常，它被指定为信号振幅值在10%～90%之间的时间（图1-16）。上升时间越短，系统对信号变化的反应越快。这对于需要快速信号变化的测试（例如脉冲伏安法或者阻抗谱等）尤其重要。

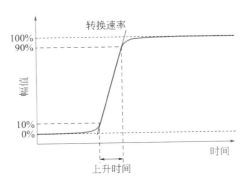

图1-16　外施信号图解，用于说明上升时间和转换速率

不过，上升时间本身其实没有太大的意义。如图1-16所示，它很容易随着振幅的增加或者转换速率的改变而改变。这个信号变化可以通过电化学工作站速度设置来控制（详见下文）。

（6）最小基准时间

最小基准时间是电化学工作站可能的最快采样率，通常在微秒范围。

进行涉及快速信号变换的实验和时间分辨率很重要的实验时，例如在反应动力学或信号衰减实验中，请认真考虑这个参数。

（7）噪声和纹波

噪声和纹波是描述控制放大器输出信号的总噪声的两个术语。总噪声的大小通常由均方根（$U_{rms}$）、峰值（$U_{pk}$）或峰间幅值（$U_{p-p}$）来表示。式（1-8）显示的是三项之间的转换。

$$U_{p-p}=2U_{pk}=2\sqrt{2}\,U_{rms} \tag{1-8}$$

控制放大器施加的 DC 信号经常被一个非常小的含有噪声和纹波的 AC 信号所叠加（图 1-17）。

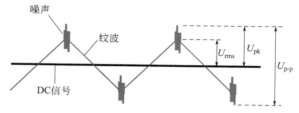

图1-17　噪声和纹波的示意图

纹波是一个很小的低频信号，由转换器的基础切换频率所决定。因此纹波通常是 DC 信号的一部分。

噪声表现为高频失真，是由电源内部引起的。噪声可以通过在输出端增加电容器来减弱。

### 1.2.2.2　控制放大器

控制放大器（CA）控制和调节着施加在电解池上的信号。多种由控制放大器限制着的参数在前面已经提到过。下面的部分包含了与控制放大器相关的其他参数。

（1）槽压

槽压是指能够由控制放大器施加到对电极和工作电极间的最大电压值。需要注意与最大施加电位区分开。槽压高于最大施加电位，通常被用于调节施加在电解池上用户定义的电压。

槽压是运行高阻抗电解池时需要考虑的一个规格参数，因为这些电解池需要更高的电压。如果电化学工作站不能提供给电解池足够的电压，用户自定义电压将不能被调节，而且会出现 CA 过载信号（$CA_{OVLD}$）。

不过，具有高槽压的仪器需要更高的功率和更加复杂的电路系统，价格较高。在大多数实验中，5V 的槽压已经能够满足电极-溶液电阻较低的系统了。因此建议先评估一下具体需要多大的槽压。

（2）速度设置

控制放大器可以用不同的速度驱动（CA 速度）。它们也与控制放大器的单位增益带宽和转换速率有关。

更快的速度设置可以控制快速的信号变化。然而，这也会影响电化学工作站的稳定性，尤其当连接上电容电解池或者拥有更高阻抗的参比电极时。图 1-18 显示了在原始输入信号上进行不同速度设置的效果。

将 CA 速度设置成快速（Fast）模式，能使 CA 输出与输入信号类似地带有

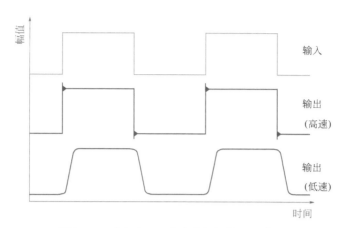

图1-18　高和低CA速度设置间差异示意图

明显变化的信号。不过，输出信号易于过冲，引起功率尖峰。实验中最糟的是电化学工作站会开始自持振荡。相反，较低的速度设置能够避免自持振荡。不过，输入信号不能够准确地显示，因为转换速率在减小。

CA 速度通常由软件来选择。

（3）单位增益带宽

与 CA 速度高度相关的一个规格参数是单位增益带宽。增加 CA 速度也会增加单位增益带宽。这个参数描述的是 CA 增益为 1 时的频率。由这个频率决定的信号可以被放大。当信号超过单位增益带宽时，信号会衰减，最终引起失真和噪声。

这表示在实际应用中如果单位增益带宽比较高（也就是高 CA 速度），快速信号变化可以被控制。不过，电化学工作站的稳定性会衰减，会引起有害的自持振荡［见"（2）速度设置"］。

（4）转换速率

转换速率也与电化学工作站的速度设置有关。当带宽代表频域时，转换速率是时域反映。如图 1-16 所示，转换速率是外加信号的斜率。它的数值能够通过改变 CA 速度设置而改变。高的速度设置允许以高的转换速率来处理快速信号变化。降低 CA 速度能够增加电化学工作站的稳定性，但会降低转换速率（见图 1-18）。

## 1.2.2.3　静电计

静电计测量的是参比电极和工作传感电极间的电势。另外，静电计会将信号返送回 CA，从而可以抵消期望电势和测得电势间的误差。这一节包含了静电计的其他限制参数。

（1）输入电流

输入电流描述的是流经静电计的典型电流。这个参数应该非常小，以减小流经参比电极的电流。这样，就可以避免参比电极里的有害感应电流反应，其电势就可以保持恒定。

（2）输入阻抗

为了保持较小的输入电流，静电计需要具备较高的输入阻抗。输入阻抗也常被描述为输入电阻或输入电容。当使用高阻抗参比电极时，小的输入电容会帮助系统消除不稳定因素。

输入阻抗也代表了电化学工作站的理论最大可测阻抗。在测试高阻抗样品（例如涂料）时，这个参数尤其重要。它的数值应在千兆欧和兆欧之间。即使样品具有更高的阻抗，测量值也不会超过输入阻抗。电化学工作站的这个最高可测阻抗可以通过开路实验进行测量。它取决于测试设置，因为只有很小的电流可以被测量到。

（3）静电计带宽

静电计带宽表征的是静电计快速测量信号变化的能力。这个数值常常比电化学工作站的实用频率范围要高。

静电计带宽常常与一个用 dB（分贝）作单位的衰减值结合在一起来表示。−3dB表示在特定频率以 0.7 因子的速率衰减。

（4）共模抑制比（CMRR）

共模抑制比（CMRR）说明了一个差分放大器（也就是静电计）可以抑制由元件非理想因素和设计缺陷引起的有害信号的能力。图 1-19 显示了一个静电计的放大示意图，其中的连接与图 1-14 中的相似。

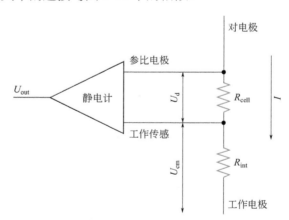

图1-19　静电计及其连接的简化示意图

电流自对电极流入电解池到工作电极。在电解池上的电压降由电解池电阻$R_{cell}$ 和因电解池电缆和电路板布局引起的电阻 $R_{int}$ 来表示。两个电压如下所示：

$$U_d = R_{cell}I \qquad\qquad (1-9)$$

$$U_{cm}=R_{int}I \tag{1-10}$$

第一项是差分输入电压 $U_d$，在参比电极和工作电极传感接头间测得；第二项是非理想共模电压 $U_{cm}$，会引起输出信号的误差。$U_d$ 和 $U_{cm}$ 有增益因子，主要依赖于差分放大器。输出电压可以用下式来表示。

$$U_{out}=G_d U_d+G_{cm}U_{cm} \tag{1-11}$$

式中，$G_d$ 是差分增益，常被设定为 1；$G_{cm}$ 是共模增益。在理想状态下，$G_{cm}$ 是零，输出信号 $U_{out}$ 是与共模电压无关的。CMRR 是两个增益因子的比率。

$$CMRR=\frac{G_d}{G_{cm}}=20\lg\left|\frac{G_d}{G_{cm}}\right|\ (dB) \tag{1-12}$$

CMRR 常用分贝作单位。CMRR 值越高，有害共模信号的抑制效应越好。另外，因为共模增益 $G_{cm}$ 的频率依赖性，CMRR 由频率值来指定。CMRR 随着频率的增加而减小。

#### 1.2.2.4　其他参数

（1）精确度、精度和分辨率

电流和电压的精确度和分辨率通常会列于电化学工作站的说明书中。两者皆进一步区分了外加和测试信号。为了不引起误解，精确度、精度和分辨率各项的意义见图 1-20。

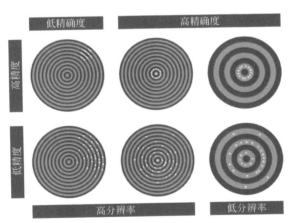

图1-20　精确度、精度和分辨率图解

精确度定义了一个测量或一个外加信号的正确性。如果精确度较低，测试点偏离正确值（图 1-20 中的靶心正中）较远。相反，高精确度表示测试结果与正确值非常接近。

精度是指一个实验的可重复性。如果精度较低，测试点比较分散。需要注意的是高精度不保证测量结果的正确性。由于温度漂移或仪器错误校准等的系统误差，测量点也会与正确值不同。

分辨率这个参数常与精度混淆。分辨率描述的是微细度，有了它仪器可以区分不同的测试点。因为信息可能会丢失，分辨率限制了测量和外加信号的能力。

准确性和分辨率依赖于电化学工作站的设计和设置。因此，两者常根据实际的电化学工作站配置列出，例如电流量程或增益。

（2）频率范围

频率范围是指 EIS 实验可选的最小到最大频率。两者强烈地依赖于 CA 的极限和静电计的带宽。

（3）交流振幅

交流振幅描述了在 EIS 实验中可以施加的电压或电流正弦波的交流振幅。它可以用 $U_{rms}$、$U_{pk}$ 或 $U_{p-p}$ 信号来表示［式（1-8）］。最大的可用交流振幅依赖于静电计的带宽和 CA 的速度设置。

（4）电化学阻抗谱精确度

电化学阻抗谱实验的精确度依赖于很多参数，例如，外加交流振幅、频率、电解池阻抗、电缆长度和线路等。通常，电化学工作站公司会给每一台工作站配备一个精确度等高线图，该图表述了仪器在进行 EIS 实验时可以得到什么样的精确度。

## 1.2.3　两电极、三电极和四电极实验介绍

电化学通过控制单一类型的化学反应并测量其产生的多种物理现象来研究和发展各种应用知识。就其本身而言，多年来已有大量各种实验，有益于各类研究。实验从简单的恒电位（计时电流）到循环伏安（动电位），再到复杂的交流技术（如阻抗谱）。不仅如此，每个独立技术都有多种可能的实验设置，但总有一种是最佳的选项。本节将讨论实验设置的一部分：使用电极的个数。

### 1.2.3.1　四电极电化学工作站

现代电化学工作站常为四电极体系。这意味着在给定的实验中需要放置四个相关的电极。其中，工作电极和辅助电极用来加载电流，工作传感电极和参比电极用来测量电位（电势）。

四电极工作站可以通过简单改变设置来进行两电极、三电极和四电极测试。为什么以及怎样使用不同模式常常令人困惑。

### 1.2.3.2　两电极实验

两电极实验的设置最简单，但常有更为复杂的结果和相对应的分析。两电极实验设置中负载电流的电极也用来作传感电位测试。

两电极电池的物理设置是将测电流端和电位端连在一起：工作电极（WE）线和工作传感电极（WS）线连接在工作电极上，参比电极（RE）线和对电极（CE）线连接在另外一个电极上，如图 1-21 所示。

两电极实验测的是整个电解池，也就是说，电位传感端测的是电流流过整个电解池（工作电极、溶液和对电极）时的电位降。如果整个电池的电势图如图 1-22 所示，则两电极体系是将工作传感端连在 A 点，参比电极端连在 E 点，所以测得的是整个电池的电位降。

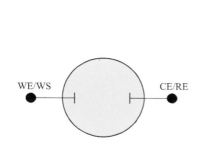

图1-21　两电极电池的连接

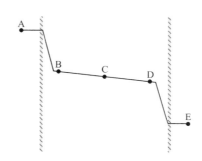

图1-22　整个电池的电势图

两电极体系用于以下两种情况。一种情况是，想得到整个电池的电压降，例如电化学能源装置（电池、燃料电池、太阳能电池）。另一种情况就是，可以认为在整个实验过程中对电极的电位不发生漂移。通常出现在低电流或者相对较短的时间范围，对电极的电势要非常稳定，如微小的工作电极和相对较大的银电极。

### 1.2.3.3　三电极实验

三电极模式下，参比电极（RE）导线与对电极（CE）导线分开，连接在电解池中的参比电极上。工作电极连接工作电极（WE）线和工作传感电极（WS）线。三电极体系的设置如图 1-23 所示。

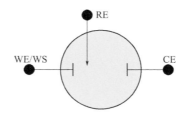

图1-23　三电极体系的设置

三电极体系感应点在图 1-22 A 点和大概 B 点的位置。三电极体系较两电极体系有很大优点：三电极体系只测量电池的一半，也就是说测量工作电极电势的改变，不受由对电极引起的电势的影响。

这种将参比电极和对电极分开的方式能够更加准确地研究工作电极的电化学反应。因此，在电化学实验中三电极体系是最常用的方法。

#### 1.2.3.4 四电极实验

四电极体系就是将工作传感电极（WS）线和工作电极（WE）线也分开，与参比电极（RE）线类似。四电极体系如图1-24所示。

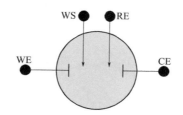

图1-24 四电极体系图

四电极体系测量的是图1-22中B和D之间的电位降，而且C点有可能对测量产生影响。这种体系在电化学试验中相对用得较少，但仍然有其用处。四电极体系中由发生在工作电极或者对电极表面的电化学反应产生的电位降都不会被测到。只测量在溶液中通过的电流或溶液中的障碍引起的电位降。

四电极体系通常用于测量溶液相界面的阻抗值，如膜或液-液相界处。也可以用来精确测量溶液电阻或者金属表面的电阻（固态电池）。

#### 1.2.3.5 特殊情况设置：ZRA模式

零电阻电流计实验是一个特殊例子。ZRA模式下，工作电极线和对电极线在仪器内部短路连接，也就是说，整个电解池没有净电位降。以Gamry仪器为例，此模式跟三电极体系相似，多出一橙色CS端与对电极连接。在此实验中参比电极不重要，但是可以充当"隔离"工作和对电极的角色。

ZRA模式是按照图1-25重新表示的图1-22。A点的电势与E点相等。参比电极可以连接在B、C或者D点。溶液中的参比电极可以测得由位置、电流和溶液电阻引起的电位降。

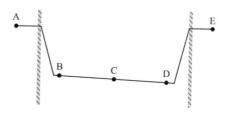

图1-25 ZRA模式下电解池的电势图。工作电极线/工作传感电极线连接A点，对电极线/对电极传感线连在E点。注意在Helmholtz层中此电势图是不正确的。B和D代表最近可测点

ZRA 模式应用于电偶腐蚀、电化学噪声和少数特殊实验。

## 1.2.4　两电极体系的四端子 Kelvin 测量

电池或者其他能源存储装置的测量常为两电极体系。当进行这一类器件的测试时，掌握其确切的规格是至关重要的。很多参数会影响电池的容量，例如电解质、电极材料以及温度等。电池必须通过各种不同测试，用于考察其容量、电压窗口、额定电流、内阻、渗漏电流、循环寿命、操作温度范围以及各种影响因素。为了得到准确、可靠以及可重复的结果，研究人员必须依靠他们的实验装置。错误的实验装置将严重影响甚至得到错误的实验结果，导致不正确的结论。为了得到更准确和可重复性更好的结果，下面将介绍一类特别设计的电池实验装置。

### 1.2.4.1　电池四端子固定槽简介

如图 1-26 所示为连接柱形电池和纽扣电池典型的配件。对于正负电极上焊接有连接扣的电池，测量时可以通过鳄鱼夹进行连接。如果没有连接扣，经常使用通过两端接触的简单电池座。

图1-26　柱形电池和纽扣电池连接时的选材

请注意所有的装置都会有各种缺点。简单电池座仅允许两点接触的结构导致较低的测量精确度。焊接的连接扣允许连接四端子结构，然而在此装置中，正确走线并且保持所有导线分开不会造成电池短路是非常困难的。

为了避免上述装置遇到的问题，一类特别设计的可以实现 Kelvin 四端子接触的电池测量装置应运而生。本节中以 Gamry 公司生产的 CR2032 纽扣电池（P/N 990-00314）以及 18650 柱状电池（P/N 990-00316）固定槽（图 1-27）为例来了解此类设计的特点及优势。使用此类实验装置，由于线路或者连接造成的附加电阻并不会影响测量结果，可以实现准确测量。

图 1-27 固定槽中，电池接触分割为四个独立部分。承载电流和测量电压的引线相互间是完全独立的。该装置可以使电子直接接触发生在电池电极表面处。与图 1-26 所示的装置不同，图 1-27 中的线路和连接处的附加电阻是可以忽略不计的。

(a)　　　　　　　　　　(b)

图1-27　Gamry双电池CR2032（a）和18650电池固定槽（b）

此外，所有连接处都镀金以提高可靠性。印刷电路板（PCB）的合理安装，使来自于传感线的互感效应和磁性拾波最小化。

电化学工作站可以通过不同颜色的香蕉形接头与装置连接，从而实现稳定的电子接触。所有的接头连接都是固定的。因此可以不需要断开导线换电池。实验的装置都是一样的，因此该设计可以实现不同电池的可重复性测量。

### 1.2.4.2　不同实验装置的简化示意

该部分讨论的是用于电池测试的各种实验装置的区别。

（1）两点结构

图 1-28 为两点连接装置的示意图。工作电极（WE）和工作传感电极（WS）线、对电极（CE）和参比电极（RE）线相互连接。图 1-26 中的电池座就是两点结构的典型例子。

图1-28　两点连接装置的简化示意图

在此装置中，工作传感和参比引线测量的是电线连接处（$R_{WE}$ 和 $R_{CE}$）以及电池电极连接处（$R_+$ 和 $R_-$）的阻抗。即使保持电池电子路径很短，工作传感和参比引线所测量的也总是连接部件与连接处的阻抗。

（2）四点结构

采用四点连接装置（也被称为 Kelvin 连接）有助于减小测量装置的阻抗。在此装置中，承载电流和电压的引线彼此是分开的。图 1-29 所示为其简化示意图。

图1-29　四点连接装置的简化示意图

为了减小附加阻抗，工作传感和参比引线必须离电池越近越好。然而，即便如此，电池测试中仍然可以测到电阻（$R_+$ 和 $R_-$），因为其与承载电流导线共用同一电子通道。

四点连接可以通过在电池上焊接连接扣的方法实现（见图 1-26）。然而，当测量结束换电池时，需要将整个装置拆开，因此无法实现实验的完全可重复性。

（3）直接接触四点结构

图 1-30 所示为图 1-27 电池固定槽所采用的直接接触 Kelvin 连接示意图。

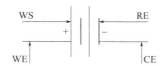

图1-30　直接接触四点连接装置简化示意图

与传统四点连接结构不同的是，承载电流和电压测试导线采用四种完全分开的接触和电子通道，直接电子接触在电池的电极上。因此电压测试导线测量不到附加阻抗。

电压测试引线与电压测试引线、承载电流引线与承载电流引线四者之间都必须尽可能保持靠近以减小互感效应，从而使主要由载流导线引发的净磁场最小化。另外，可以通过增加与载流线对的距离来减小来自电压测试引线的磁性拾波。

### 1.2.4.3　实验验证

本部分中将展开几组实验用于描述如前所述实验装置不同会造成测试结果的不同。

电压扰动电化学阻抗谱（EIS）实验在 18650 和 CR2032 纽扣式锂离子电池上进行。采用了以下四种不同的测试装置：

直接接触四点装置（装置 A）、电池焊接头的四点装置（装置 B）、电池焊接头的两点装置（装置 C）、标准电池座的两点装置（装置 D）。

（1）短路引线测试

短路引线测试可得到体系最小可测量阻抗。顾名思义，该测试模拟了电池引线短路时的结构。使用高电导率的金属块作为模拟电池。其电阻在 nΩ 级别，几乎可以忽略不计。

如图 1-31 所示为采用直接接触四点装置（Gamry 电池固定槽）进行短路引线实验的 Bode 图。此谱图记录从 10mHz 至 100kHz 的频率范围。交流扰动振幅为 1A。测试中使用了标准 60cm 电线和低阻抗电线（P/N 990-00239）。

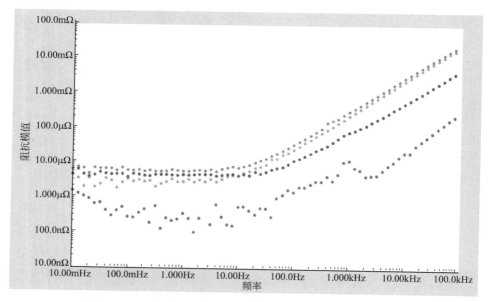

图1-31 采用Gamry电池固定槽进行短路引线实验Bode图

标准 60cm 电线：亮色；低阻抗电线：暗色；•18650 固定槽；•CR2032 固定槽

阻抗谱可以分为两部分。在高频区域，阻抗受到电感限制。这部分图形显示为一个对角线。其主要受电线的影响。分隔载流电线和电压测试引线，同时把一对电线绞缠在一起可以帮助减小交感效应。

在频率低于 100Hz 时，体系受到可测量最小阻抗的限制。这部分图形显示为水平线。低于这个频率时阻抗将无法测量。该部分主要受电化学工作站和实验装置的控制，例如，电线以及连接处的阻抗。

短路引线谱图可以通过一个电阻串联一个电感来拟合（RL 模型）。表 1-1 显示的是 18650 与 CR2032 电池固定槽和电池直接接触 Kelvin 连接件的拟合结果。

表1-1 不同连接方式的拟合结果

| 项目 | 18650固定槽 | | CR2032 固定槽 | |
|---|---|---|---|---|
| 引线 | 标准线 | 低阻抗线 | 标准线 | 低阻抗线 |
| $R/\mu\Omega$ | 5.8 | 4.3 | 2.4 | 0.9 |
| $L/nH$ | 45.9 | 9.3 | 36.7 | 0.3 |

（2）柱形 18650 电池和 CR2032 纽扣电池上的 EIS

如图 1-32 和图 1-33 所示为商业化可用的 18650 锂离子电池和 CR2032 纽扣式电池电化学阻抗谱 Nyquist 图。所有谱图记录从 10kHz 到 10mHz 频率区间。在 18650 电池和 CR2032 纽扣电池上施加的交流扰动振幅（rms 值）分别为 100mA 和 10mA。在每次测量之前，为保证电池的电压恒定，两个电池分别恒电位保持在 3.6V（18650 电池）和 4V（CR2032 纽扣电池）至少 1h。每次实验所使用的电池都是相同的。

图 1-31 讨论的 Gamry 18650 和 CR2302 电池固定槽短路引线谱也在图 1-32 和图 1-33 中有展示。

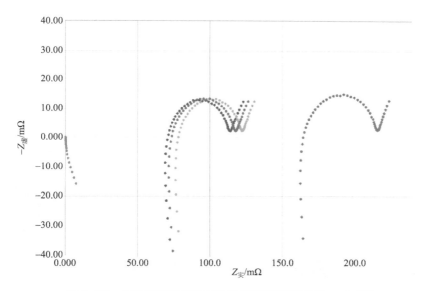

图1-32　18650电池采用不同实验装置得到的Nyquist图

●装置 A；●装置 B；　装置 C；●装置 D；● 18650 固定槽的短路引线谱图

值得注意的是，在这两种情况下直接接触 Kelvin 连接（装置 A）Nyquist 图都更靠近原点。它与其他装置相比，具有更小的阻抗。

因为承载电流和电压的引线在直接接触四点装置中是完全分开的，所以没有测量到附加阻抗。而电池固定槽的短路引线谱图在低 $\mu\Omega$ 范围内只是很短的一条线，和在 $m\Omega$ 范围的电池阻抗相比，对结果几乎没有影响。

由于线路和连接件会产生附加电阻的关系，其他所有谱图都会向更高电阻（$Z_实$）方向偏移。甚至在将电线扭捆在一起，并且电压测试引线尽可能与电池近距离时，仍可以测得几毫欧的附加电阻。这将影响等效串联电阻的值（ESR）。ESR 为电极、电解质以及电子接触电阻的总和，同时其也将影响电池性能。因此，这对于发展能量存储装置而言是至关重要的参数之一。

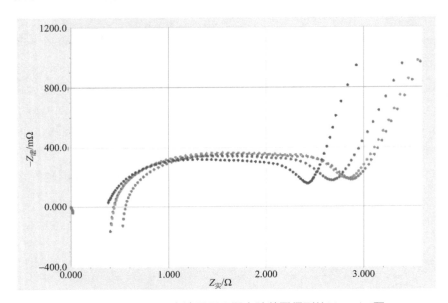

图1-33　CR2032电池采用不同实验装置得到的Nyquist图

●装置A；●装置B；装置C；装置D；● CR2032 固定槽的短路引线谱图

表 1-2 列出了图 1-32 和图 1-33 中所有装置的 ESR 值，包括所有百分比偏差。

表1-2　不同装置测得的ESR值及百分比偏差

| 项目 | 18650柱状电池 | | CR2032纽扣电池 | |
| --- | --- | --- | --- | --- |
| 装置 | ESR/m$\Omega$ | 偏差/% | ESR/m$\Omega$ | 偏差/% |
| A | 71.0 | — | 345.1 | — |
| B | 73.6 | 3.7 | 435.2 | 26.1 |
| C | 78.2 | 10.1 | 441.6 | 28.0 |
| D | 164.8 | 132.1 | 555.8 | 61.1 |

在两种情况中，直接接触四点装置 A 测量都得到了最低的 ESR。标准 Kelvin 连接（装置 B）和直接接触四点装置 A 相比，偏差为 3.7% 和 26.1%，A 和 B 装置测得的 18650 电池 ESR 相差约 3m$\Omega$，纽扣电池电阻高约 90m$\Omega$。

在两个两点装置中（C 和 D），连接处测量到的附加阻抗将大大影响实验结果。测量 ESR 值的偏差将超过 100%。

注意：当测试低电阻装置在 m$\Omega$ 或者 μ$\Omega$ 范围时，正确的实验装置是至关重要的。

（3）可重复性测试

电池测试中，除了结果的准确性，结果的可重复性也是一个非常重要的因素。为了提高电池的容量，需要测试许多不同的电解质组分以及电极材料。结果往往只是略有不同，这使得很难为进一步测试的选择缩小范围。因此测试结果必须准确且可重复。

图 1-34 为采用两种不同实验装置进行单频 EIS 的测试结果。分别对 18650 电池在标准四点装置以及 Gamry 为 18650 电池设计的直接四点接触固定槽上进行轮流实验。频率设定为 1kHz 并且阻抗测量 150s。

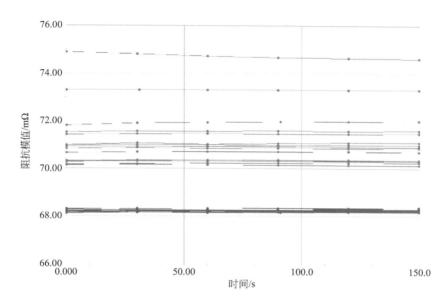

图1-34　在18650单电池上采用不同装置进行的几种单频率EIS实验结果

●标准四点；●直接四点

当采用 Gamry 18650 固定槽（蓝线）时，实验可重复性更高。测试得到的电阻几乎相等。重新组装装置并不会影响结果。

与此相反，标准 Kelvin 传感（红线）显示出较宽的阻抗分布，从 70mΩ 到 75mΩ。该阻抗受装置影响显著，若将电池和电线连接断开或者重新连接结果将会稍微改变。

表 1-3 列出了由单频率实验测试得到的每个装置的平均阻抗和偏差。

表1-3　标准四点接触和直接四点接触装置测得的平均阻抗和偏差

| 项目 | 标准四点接触 | 直接四点接触 |
|---|---|---|
| 平均阻抗 /mΩ | 71.20±1.27 | 68.20±0.04 |
| 偏差 /% | ±1.79 | ±0.05 |

综上所述，电池等能源器件的测试中使用特别设计的直接四点接触装置，测试结果具有更高的准确性和可重复性，体现了实验中装置稳定的必要性。

# 1.3 欧姆降补偿（*iR*补偿）

在实验过程中，常常听到一些与 *iR* 补偿有关的技术问题，包括：

① 未补偿的 *iR* 是哪来的？

② 需要在实验中用 *iR* 补偿吗？

③ 应该如何设置 *iR* 补偿参数？

④ 为什么 *iR* 补偿在系统中不能运行？

在本节中，我们将尝试回答这些问题，让大家对 *iR* 补偿有一个基本的了解。

后面的内容主要集中介绍用于测量和修正 *iR* 误差的"电流截断"*iR* 补偿方法。也会提到正反馈 *iR* 补偿。

## 1.3.1 *iR* 误差哪来的？

下面是一个典型的三电极电化学测试电解池（图 1-35）。我们在电解池里标注了一些参考点，这个电解池将在本章节中多次被引用。

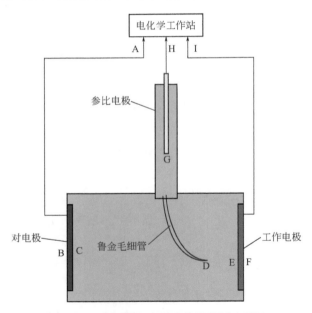

图1-35　典型的三电极电化学测试电解池

图 1-35 中，A 为对电极在电化学工作站处的输出端；B 为电极的金属表面；C 为对电极的电解质表面；D 为鲁金毛细管尖端的电解质；E 为工作电极的电解质表面；F 为工作电极的金属表面；G 为参比电极的电解质表面；H 为参比电极在电化学工作站处的输入端；I 为工作电极在电化学工作站处的输出端。

我们也可以把电解池理解为一个简化的电子元件网络，如图 1-36 所示。

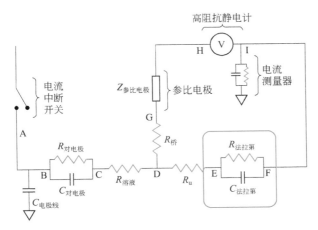

图1-36　电解池简化电子元件网络

几乎所有的电化学工作站都能够较好地控制和测量 H 和 I 点间的电势。

然而，要控制和测量的其实是 E 和 F 点间的电势。这是我们想要知道的通过电化学界面的电势差。

$$U=U_f-U_e \tag{1-13}$$

为了讨论这个问题，假设 I 点与 F 点等值。G 点电压等于 H 点电压加上由工作电极 / 参比电极电势差引起的一个常数补偿电压，也叫作开路电压 $U_o$。因为参比电极中没有电流通过，$R_桥$上的电压降为 0，所以 G 与 D 等值。从

$$U_m=U_I-U_H \tag{1-14}$$

可以得到

$$U_m=U_f-U_d+U_o \tag{1-15}$$

E 点电势等于 F 点电势加上电阻 $R_u$（D 点和 E 点间的溶液未补偿电阻和接触电阻）上产生的电势。

通过欧姆定律关联得：

$$U_e-U_d=IR_u \tag{1-16}$$

所以，把上式代入式（1-15）后得到：

$$U_m=U_f-U_e+IR_u+U_o \tag{1-17}$$

重新排列后得到：

$$U=U_f-U_e=U_m-IR_u-U_o \tag{1-18}$$

可以测量电压 $U_m$ 和电流 $I$，以及查阅或测量开路电压 $U_o$。不过不知道 $R_u$，还是不能得到 $U$，而这个问题正是 iR 补偿的核心。iR 就代表 $IR_u$，其中，$R_u$ 可以被测量和修正。

## 1.3.2 什么时候需要 *iR* 补偿?

关于这个问题,先在此给出一个大概的回答,更加完整的答案需要知道后续讨论的信息以及一些关于测试系统的信息才能综合得出。

一般而言,当出现如下列举中的一种或多种情况时,就需要进行 *iR* 补偿:

① 正在做一个最终产生数值结果的量化测试,例如腐蚀速率、平衡常数或速率常数;

② 电解池中的溶液不导电;

③ 使用的电流非常大;

④ 电解池几何模型不够理想。

然而,这些标准都是主观的。例如,0.5mol/L 氯化钾水溶液在电化学分析应用中可能被认为导电性很好,而在电镀应用中导电性却很差。

一个常用的简单的经验法则如下:记录一下有 *iR* 补偿和没有 *iR* 补偿的初始数据曲线。如果当 *iR* 补偿运行后曲线的形状明显变化了,那么补偿是必需的。

*iR* 补偿常会给数据增加额外噪声,所以曲线上增加的噪声不被考虑为一个明显的变化。

## 1.3.3 什么类型的电解池/系统需要担心呢?

大多数情况下,电化学家们能够操纵他们的实验,所以 *iR* 降不是问题。其中一个简单的方法就是,加入一些参与反应的盐、酸或者能增加电解质导电性的支撑电解液。电解液导电性增加会降低 $R_u$,从而降低 *iR* 误差。

另一个方法是减小鲁金毛细管和工作电极间的距离。只要合理设计电解池,即可使两者之间的距离非常小。

然而,如果真是这么简单的话,就不会有那么多的问题了。

增加支撑电解质会影响电化学性能,尽管离子不直接参与反应,但是它将改变双电层($C_{法拉第}$)的成分。这可能会影响反应物和产物的溶解度或结构,也可能改变表面原子层的结构。在很多研究中,通常不希望改变电解质。例如,当腐蚀化学家想要研究电解质的腐蚀性,而不是电解质加盐时的情形时。

同样地,重新设计电解池常常也不是一个好的解决方案。很多电解池设计是有局限性的。一个更微妙的问题是,如果参比电极和工作电极放得太近的话,会改变表面的电流密度,最终导致测量结果的改变(图1-37)。

所以,不需要担心 *iR* 误差。如果电解质不导电或者参比探针与反应表面离得非常远,那么是需要考虑 *iR* 误差的。通常这种情况下,能够很容易地测量得到 *iR*。

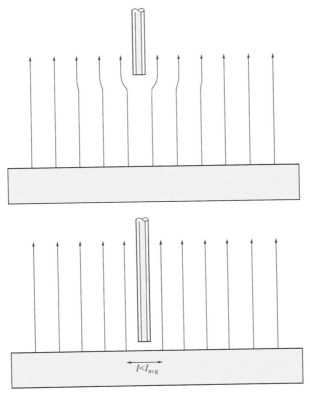

图1-37　参比和工作电极间距离对表面电流密度的影响

## 1.3.4　*iR* 误差如何测量?

下面的电路中有一些关于测量 *iR* 和 $R_u$ 的重要线索。图 1-38 是一个电化学电解池电学行为的常见简化模型。

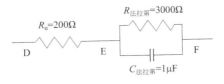

图1-38　电解池常见模型

$R_{法拉第}$ 有一个电容 $C_{法拉第}$ 与其并联。而 $R_u$ 没有。由此表明,交流实验可以区分两种电阻。高频信号直接通过 $C_{法拉第}$ 没有电压降,而它们在通过 $R_u$ 时被迫有 $IR_u$ 的电压降,就像低频信号。

的确,如果记录了这个电解池的电化学阻抗谱,它的 Bode 曲线看起来如图 1-39 所示。

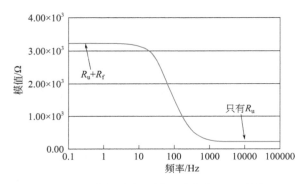

图1-39　电解池常见模型对应的Bode曲线

低频时 $C_{法拉第}$ 近乎为开路，测得的阻抗是 $R_u$ 和 $R_{法拉第}$ 的总和。高频时 $C_{法拉第}$ 相当于短路，测得的阻抗是 $R_u$。所以如果需要考虑 $R_u$，可以通过这个方法测量它，然后乘以电解池电流。产生的误差电压就是没有补偿的 $iR$，即 $U_e - U_d$。如果 $iR$ 小于几毫伏，通常是不需要考虑的。例如，阻抗谱测试中假设 $R_u = 100\Omega$，$I = 10\mu A$，则

$$iR = 100 \times 10 \times 10^{-6} = 1mV \tag{1-19}$$

对于大多数的电化学现象，这是一个很小的误差。

从另一个角度考虑，如果 $R_{法拉第} \gg R_u$，则不用考虑 $R_u$。

## 1.3.5　用直流技术测量 $R_u$

用 1.3.4 节中讨论的交流阻抗法测量 $R_u$ 理论上是个很好的方法，但是有时候需要一个更快捷、更经济的方法。而且，我们常常想要一边测试一边做些其他事情，比如记录电流-电压曲线。

本节中将讨论一个等效直流方法，称作电流截断 $iR$ 补偿法。事实上，对它更好的形容是"瞬态"技术。

同样，我们用简单的 Randle 电解池模型模拟具有溶液电阻的电化学反应。

部分商品电化学工作站（如 Gamry）含有一个电路，它可以快速关闭（切断）流经电解池的电流，等候一段较短的时间（10～30000μs），然后再把电流打开。

为了作电流切断测量，需要测试电解池电压 $U_m$ 在电流切断前后的数值。理想情况下，测得的电解池电压如图 1-40 所示。

假定电流切断前，电压测量值为 1.0V。在时间为 0 时，非常快地切断电流，电压先急速下降一个 $R_u$ 的电压降，然后开始缓慢降低。电压缓慢减小是由法拉第电容器慢放电引起的。这个现象在测量时间较长时变得十分重要。短时间段内，电容器可以保持电压到 $U_m - U_u$，这就是想要得到的 $U$。

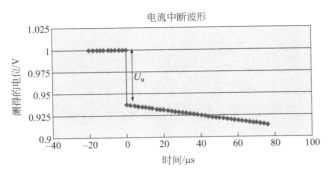

图1-40 电流切断实验的电压变化

### 1.3.5.1 影响因素

假定的简单模型的三个影响因素是：采样速率、缆线电容和噪声。

（1）采样速率

要得到理想电流截断波形伴随的第一个问题是采样速率。在图 1-40 中，采样是 2μs（非常快）。如果假定衰变曲线是直线，然后反向外推到切断时间，可以明显调小采样速率。

再用 Randle 电解池做相同实验。采样在 1ms 和 2ms，反向外推至 0ms 开关关闭的时候，可以得到类似图 1-41 的结果。

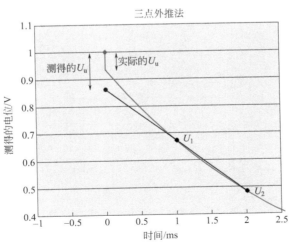

图1-41 三点外推法

$U_u$ 可以通过下式估算。

$$U_u=U_1+(U_1-U_2) \tag{1-20}$$

图 1-41 中，$U_1=0.671V$，$U_2=0.481V$，而通过直线外推，$U_u$ 估值为 0.861V。但实际上 $U_u$ 大约是 0.938V。之所以造成了这样的误差，是因为选择了太慢

的时基。大家能够在图 1-41 上看到关闭电流后迹线的曲率。它是弯曲的，是指数式衰减。

顺便提一下，这些都是从原始 Randle 电解池模型得来的真实数值，是通过 Mathcad 计算，然后用 Excel 画图得到的。所以，数据出入比较大。ms 的时间设置对于该电解池的 $iR$ 测量太慢了。应该使用其他更快但又不至于太快的时基。

如何辨别一个合适的时基？

在数学上，衰减时间常数是 $R_{\text{法拉第}} \times C_{\text{法拉第}}$。对于这个电解池，

$$\tau_{\text{法拉第}} = 3000\Omega \times 1\mu F = 3ms \tag{1-21}$$

如果粗略地知道这些值，可以挑选一个短的时间 $\tau$ 为 $RC/10$。或者可以通过减小采样速率直到数值稳定来慢慢地接近正确结果。

不过，采样速率变小还存在着另一个问题：恒电位输出和缆线电容。

**（2）缆线电容**

回顾原始电解池模型（图 1-36）。

那个看起来无关紧要的电容 $C_{\text{电极线}}$ 能够引起很多问题。如果有典型的屏蔽电缆，$C_{\text{电极线}}$ 的值可以是每米 164pF。对于一个 5m 长的缆线就是 820pF。另外还有一个差不多 100pF 大小的开关本身、电路板和驱动放大器的电容。可以用以下电路作为一个模型，见图 1-42。

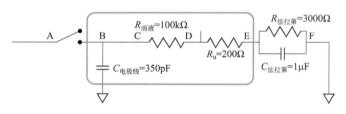

图1-42　电极线电容电路模型

缆线电容产生一个与 $R_{\text{u}}$ 和 $R_{\text{溶液}}$ 在一起的 $RC$ 部分。这意味着通过 $R_{\text{u}}$ 的电压并不会无限快地消失。

为了便于讨论，必须假设对电极电容很大而且在这样的时间量程里处于短路状态。事实表明，这个假设很合理。

假定将 $iR$ 采样设在 $50 \sim 100\mu s$。这些点在图 1-43 中显示为方块。用这两种测量，$iR$ 估算明显，但是非常不精确。必须等到缆线电容瞬变消失后才能进行测量。

用时间指数比例查看这一现象可能会有帮助，可以看到电解池缆线和法拉第电容在放电（图 1-44）。

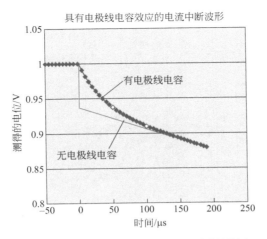

图1-43　电极线电容对电流截断测试的影响

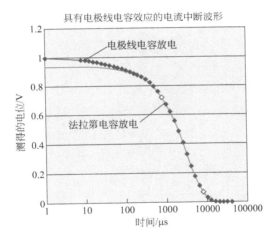

图1-44　电极线和法拉第电容的放电影响

需要找到两个限制放电曲线间的时间范围。

缆线电容必须充分放电，但是法拉第电容必须仍然在近似线性区域。如果法拉第电容不是比电极线电容大很多的话，电流截断 $iR$ 补偿起不了作用。

（3）噪声

当电流截断 $iR$ 补偿被用在实际系统上时，噪声可能是一个主要问题。如图1-45 所示。

基本上，电流截断 $iR$ 补偿是一个微差测量。用于估算 $U_u$ 的式（1-20）中差分项 $U_1-U_2$ 对噪声非常敏感。在适于电流截断 $iR$ 补偿的系统中，$U_1$ 和 $U_2$ 的差值很小，从几毫伏到几百毫伏。

假定 $U_1$ 有一个正噪声贡献，$U_2$ 有一个负噪声贡献，那么平均噪声是 0，但

是 $U_u$ 的误差是两倍那么大。

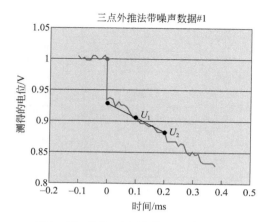

图1-45　噪声对电流截断测试的影响

现在我们正尝试测量的是一个快速（10～1000s）的情况。这种情况下不能增加一个 5Hz 的滤波器，如果噪声没有完全消失的话，整个瞬变将会失真。

下面列出了一些能帮助减小噪声的方法：

① 使用法拉第笼将外来噪声隔绝在测量范围以外。

② 使用信号平均法以使在保留真实值的同时平均噪声项。

③ 如果噪声源频率是已知的，使用同步采样法使所有噪声形成的误差在同一个方向。

④ 最后，如果噪声还是太大，不要用外推法。取平均值，比如：$U_u=(U_1+U_2)/2$。

当尝试测量低电流时，噪声情况将更严重。在这种情况下，当电流截断开关打开时，参比电极和工作电极在更高电流时还会有更大的噪声。

### 1.3.5.2　如何修正？

至此，我们只谈论了 $iR$ 的测量。

如果知道 $U_u$ 的值，可以减去 $U_m$ 的值，从而得到 $U$。这被称为后处理修正。后处理修正会遇到的一个问题是在施加真实电势前不能预测其数值。这在扫描电位的实验中特别重要。在这些实验中，电位扫描速率不是常数，扫描极限可能非常不准确。

我们会倾向于连续进行恒电位测量和 $U_u$ 修正。毕竟当施加 1V 电压到电解池上，想得到的是 $U=1V$，而不是 $U_m=1V$。

当使用电化学工作站时，情况就变得简单了。电化学工作站不需要对 $U_u$ 进行修正，因为它的工作是控制电流而不是电位。它还需要测量 $U_u$。

尽管不是最有效但一个最简单的用电流截断自动修正 $iR$ 的方法是让电化学

工作站在施加信号上增加其对 $U_u$ 的最佳评估值。这一方法可以用下列公式表示，其中方框中的数值代表测量点：

$$U_{applied}[i]=U_{requested}[i]+U_u[i-1] \tag{1-22}$$

式中，$U_{requested}$ 为真实需要施加在电解池上的电压。

初值没有被修正，然后从第一个数据点开始，测得的误差将被叠加到第二个数据点的施加电压上。如此下去，随着数据的积累，修正变得更加准确。

需要注意的是这是一个动态修正。$R_u$ 可以在实验中改变，系统会自动补偿这个改变。

### 1.3.5.3　控制回路算法

将误差电位直接反馈进第二个数据点不是运行修正的最复杂的方法，一个更好地了解反馈机制的方法是把 $iR$ 修正看成一个控制回路。

控制回路算法把电化学工作站当成一个回路中的回路。内部回路是电化学工作站本身，它测量 $U_m$，然后用反馈机制控制它。这个回路纯粹依据模拟电子学制成，如图 1-46 所示。

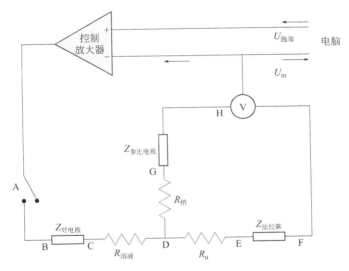

图1-46　$iR$ 修正的控制回路

同样，我们减少了一些与这部分讨论不相关的组件。

电化学工作站是一个控制回路。它测量 $U_m$，并与 $U_{施加}$ 作比较，对对电极电压作修正，直到两者间的电势差为 0。所有这些都是连续发生的。

$iR$ 修正也常发生在电化学工作站回路以外的控制回路。如图 1-47 所示。

外回路与内回路做着相同的工作，不过它在电脑上数字化地完成修正。它的工作是查看 $U$ 是否等于 $U_{施加}$，而现在内回路的工作是查看 $U_m$ 是否等于 $U_{实际}$，

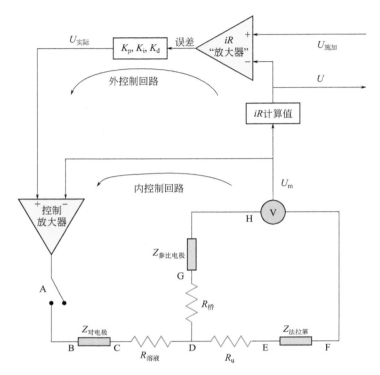

图1-47　电化学工作站回路外的控制回路

$U_{实际}$是来自外回路的新值。

我们也展示了一个有趣的产生 $U_{实际}$ 的模块。$U_{实际}$ 被称为增益模块或控制器模块。它的输出值由下式给出：

$$U_{实际}=K_{\mathrm{p}}\times 误差+K_{\mathrm{d}}\times \frac{\mathrm{d}误差}{\mathrm{d}T}+K_{\mathrm{i}}\times \int 误差\times \mathrm{d}T \qquad （1-23）$$

此为控制工程师所熟知的 PID 回路。每一个增益是单独控制的。通过调整增益，我们能够得到 $iR$ 补偿，比简单反馈算法运行得更好。事实上，我们想要用积分控制作 $iR$ 补偿。

可以通过修改包括控制回路模式、$U_{\mathrm{u}}$ 计算、电流截断计时和增益等的参数以适应反应和测试中的电解池动力学。

### 1.3.5.4　电流截断 $iR$ 补偿的优势

电流截断 $iR$ 补偿与其他 $iR$ 补偿方法相比的优势，包括：

① 不需要提前知道 $R_{\mathrm{u}}$；

② $R_{\mathrm{u}}$ 可以在实验过程中改变，而不产生补偿中的误差；

③ 补偿与用于测量电流的电流量程无关，所以在自动量程实验中运行；

④ 扫描参数如斜升极限值和扫描速率都自动修正。

#### 1.3.5.5 电流截断 *iR* 补偿的局限性

电流截断 *iR* 补偿在一些电化学系统上运行良好，但是当应用到其他系统时无法正常工作，这是由技术局限性导致的。局限性包括：需要一个大的法拉第电容；每点时间局限性；$R_{法拉第}$应大于 $R_u$；$R_u$ 的值必须小于一个极限值。

下面将详细解释这些局限性。

（1）需要一个大的法拉第电容

如上所述，当电流被截断时，$C_{法拉第}$保持"直流"电位。如果法拉第电容缺失或者太小，电流截断通常会驱动系统到一个大的电位和电流。这个问题最明显的特征是测得的电流比预期电解池电流要高很多倍。也可能会出现过载提示。

假设电化学工作站的电流截断在法拉第电容大于 20μF 时效果最好。对于一个"裸金属"电极，可以估算电容为 20μF/cm²，所以电极面积必须大于等于 1cm²。如果电极是覆盖有任何形式绝缘涂层的电极时，不建议使用电流截断 *iR* 补偿。

这个要求通常将电流截断 *iR* 补偿限制在腐蚀测试与电池和燃料电池研究中。电流截断对于常用于物理电化学电解池的电极尺寸效果不太好。

（2）每点时间局限性

电流截断 *iR* 补偿通常假设施加的是直流电位和电流。分断时间应该比测量数据曲线中每一个数据点所需的时间小很多。

通常情况下，电化学工作站的软件会自动为分断选择一个总的电流截断时间和采样时间。每当电流量程变化时，这些时间会被调整，更长的分断时间和更小的采样速率用于更敏感的电流量程。分断时间的范围通常为 10~64μs。

当每个数据点时间等于或大于 1s 时，建议仅施加电流截断 *iR* 补偿。

如果正在扫描电位，扫描速率限制为等于或小于 5mV/s。

（3）$R_{法拉第}$应该大于 $R_u$

$R_{法拉第}$和 $R_u$ 间的比值也有限制。因为相同的电流流经两个电阻，这也是通过电化学界面的电位和误差电位间比值的一个限制。

通常关于这个比值的一个更严重的局限性出现在电解池上。大多数电化学电解池在电极表面拥有一个非均匀的电流分布。工作电极的一些部分有比其他部分更多的电流。在这样的情况下，简单的 Randle 电解池模型不适用。界面不能用单个电位来表述。

除非电解池有一个专为均匀电流而设计的几何模型，否则应该将 $R_u$ 保持等于或小于 $R_{法拉第}$的十分之一。如果比值大于十分之一，系统上得到的任何量化结果都将有误差。需要注意的是十分之一只是一个"直觉"近似。不能保证这个近似值适用于所有电化学系统。

**（4）$R_u$ 的值不能太大**

$R_u$ 的值也有一个极限，与 $R_{法拉第}$ 的值无关。经验显示，当 $R_u$ 超过一定上限时会产生误差。

## 1.3.6 正反馈 $iR$ 补偿

电流截断 $iR$ 补偿只有在测试慢反应现象时有用，例如腐蚀反应或能源储存设备的表征。当需要非常快的测量时，不能用。快速实验的一个例子是测量化学热力学的扫描速率为 1000V/s 的循环伏安法。

正反馈 $iR$ 补偿可以用于快速系统。这可以被认为是电化学工作站的一个额外模拟反馈路径。所有有用的电化学工作站测量电解池电流，当电化学工作站的正反馈被激活时，一部分电流信号以额外电压输入的方式反馈回来。

图 1-48 是电化学工作站的简化示意图。

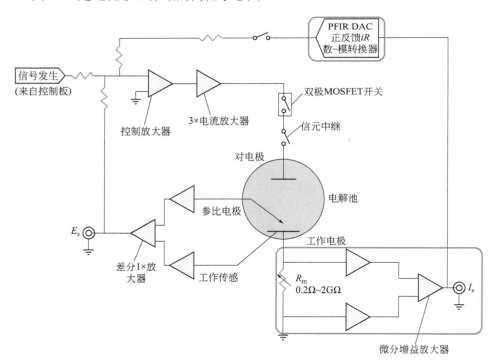

图1-48 含PFIR D/A转换器的简化电化学工作站

在图 1-48 的右下部分，电流通过 $R_m$ 上的电压降来测量。这个电压降被放大产生一个电压信号，叫做 $I_s$。图 1-48 中，$I_s$ 在满度电流是 3V。

在图 1-48 的右上部分，可见一个标为 PFIR DAC 的模块。这是正反馈 $iR$ 数-模转换器。它的输出是一个电压，是 $I_s$ 已知的部分。当正反馈 $iR$ 被激活，这个电压以额外电压输入的方式被施加到控制放大器上。

注意：在图 1-48 和如下的讨论中，PFIR DAC 输出在被用作反馈源之前没有进行缩放。一些 PFIR 的实现可能不是这样的。

一些简单的数学推导如下：

$$I_s = 3.0 \times I/I_{FS} = IR_e \tag{1-24}$$

其中，$R_e$ 是等效电流测量电阻，由下式得：

$$R_e = 3.0V/I_{FS} \tag{1-25}$$

$R_e$ 是能够在任意电流量程上补偿的 $R_u$ 的最大值。

在正反馈 $iR$ 补偿中，需要在修正前知道 $R_u$。

一旦给 $R_u$ 输入一个值并选择正反馈 $iR$ 修正，软件将 PFIR DAC 设为输出一部分 $I_s$，$I_s$ 等于 $R_u$ 对 $R_e$ 的比值。在这一设置下，电压反馈是：

$$PFIR\ out = R_u/R_e \times I_s = R_u/R_e \times I \times R_e = R_u \times I$$

通过 $R_u$ 上的电压来增加施加在电解池上的电势。数值的分辨率由 PFIR DAC 分辨率控制。用一个 14 位 DAC（数-模转换器），分辨率是 $R_e/16384$。

例如，我们来看看 3mA 电流量程。在这个量程中，$R_e$ 是 1000Ω。用 14 位 DAC 的正反馈修正有一个 1000/16834 或者每比特 0.061Ω 的分辨率。

#### 1.3.6.1　正反馈 $iR$ 补偿的优势

正反馈 $iR$ 补偿相比其他的 $iR$ 补偿方法有一些优势，包括：非常快速的实验可用；扫描参数（例如斜升极限和扫描速率）被修正。

#### 1.3.6.2　正反馈 $iR$ 补偿的局限性

相比于其他补偿方法，正反馈 $iR$ 补偿有一些局限性：需要预先知道 $R_u$ 的值；如果 $R_u$ 在实验过程中变化了，会有误差；在实验过程中电流流程必须不变；正反馈能导致电化学工作站振荡。

## 1.4　电化学阻抗测量原理与数据分析

电化学阻抗谱是分析复杂电化学系统的强有力工具，是一种以小振幅的正弦波电位（或电流）为扰动信号作用于电解池，并测量阻抗随正弦波频率变化的电化学测量方法。由较宽频率范围的阻抗信息可以分析电极过程动力学、双电层和扩散等，研究电极材料、固体电解质、导电高分子以及腐蚀防护等的机理，因此电化学阻抗谱获得了广泛的关注。本节将从原理、分析方法、影响因素及实际应用举例四个方面介绍这个重要的电化学概念。

## 1.4.1 电化学阻抗谱的原理

本节主要介绍电化学阻抗谱（EIS）的相关理论，主要包括四大内容：

① 交流电路理论和复阻抗的表示方法；

② 物理电化学和电路元件；

③ 常用的等效电路模型；

④ 从阻抗数据中提取模型参数。

### 1.4.1.1 交流电路理论和复阻抗值的表示方法

（1）阻抗的定义、复阻抗的概念

电阻是指在电路中对电流阻碍作用的大小。欧姆定律［式（1-26）］定义了电阻是电压和电流的比值。

$$R = \frac{E}{I} \tag{1-26}$$

欧姆定律的应用仅限于只有一个电路元件——理想电阻的情况。理想电阻有以下几个特点：

① 在任何电流和电位水平下都要遵循欧姆定律；

② 电阻值大小与频率无关；

③ 交流电的电流和电位信号通过电阻器的相位相同。

然而，现实中包含的电路元件呈现的特性更复杂。因此，我们摒弃简单的电阻概念，转而用更加常见的电路参数——阻抗来替代。与电阻相同的是，阻抗也表示电流阻力的大小，不同的是，它不受上述所列特点的限制。

电化学阻抗是通过在电路上施加交流电位，测量电流得到的。假设施加正弦波电位激励信号，对应此电位响应的是交流电流信号。此电流信号可用正弦方程的总和来分析（傅里叶级数）。

电化学阻抗通常用很小的激励信号测得。因此，电池的响应是拟线性的。在线性（或拟线性）系统中，除了相位有所移动外（图1-49），对应正弦波电位信号响应的电流在同样频率也是正弦波信号。更多细节将会在以后内容中描述。

激励信号是关于时间的函数，如式（1-27）所示。

$$E_t = E_0 \sin(\omega t) \tag{1-27}$$

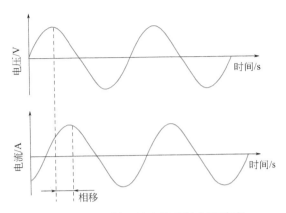

图1-49　线性系统中的正弦电流响应

式中，$E_t$ 是时间 $t$ 时的电位；$E_0$ 是信号的振幅；$\omega$ 是角频率。角频率与频率的关系如式（1-28）所示。

$$\omega = 2\pi f \tag{1-28}$$

在线性系统中，响应信号 $I_t$ 的相位角发生移动，振幅也改变。

$$I_t = I_0 \sin(\omega t + \phi) \tag{1-29}$$

一个类似于欧姆定律的表达式可以计算出系统的阻抗，如式（1-30）所示。

$$Z = \frac{E_t}{I_t} = \frac{E_0 \sin(\omega t)}{I_0 \sin(\omega t + \phi)} = Z_0 \frac{\sin(\omega t)}{\sin(\omega t + \phi)} \tag{1-30}$$

因此，阻抗大小用振幅 $Z_0$ 和相移 $\phi$ 表示。

将正弦函数信号 $E(t)$ 画在 $X$ 轴，$I(t)$ 画在 $Y$ 轴，结果是一个椭圆（如图 1-50 所示），称"李沙育图"。在现代 EIS 仪器出现之前，对示波器上李沙育图的分析是一种阻抗测量公认的方法。

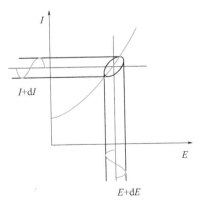

图1-50　李沙育图的原理

根据欧拉关系［式（1-31）］，可以将阻抗用一个复变函数来表达。电位用式（1-32）描述，响应电流为式（1-33）。

$$\exp(j\phi)=\cos\phi+j\sin\phi \tag{1-31}$$

$$E_t=E_0\exp(j\omega t) \tag{1-32}$$

$$I_t=I_0\exp(j\omega t-\phi) \tag{1-33}$$

阻抗则表示一个如式（1-34）所示的复数。

$$Z(\omega)=\frac{E}{I}=Z_0\exp(j\phi)=Z_0(\cos\phi+j\sin\phi) \tag{1-34}$$

观察式（1-34）可以看出，$Z(\omega)$ 是由实部和虚部两部分组成。以实部为 $X$ 轴，虚部为 $Y$ 轴，可以得到如图 1-51 所示的 Nyquist 图。注意图中 $Y$ 轴是负向的，Nyquist 图的每一点对应阻抗中的一个频率。图 1-51 中，低频率在右，高频率在左。

Nyquist 图中的阻抗可描述为矢量模值 $|Z|$。矢量与 $X$ 轴的夹角为相位角。

Nyquist 图的一个主要缺点就是看不出图中任意一点所对应的频率。

图 1-51 中的 Nyquist 图的等效电路如图 1-52 所示。半圆是一个时间常数信号的特征。电化学阻抗图通常包含几个半圆。但有时只能看到半圆的一部分。

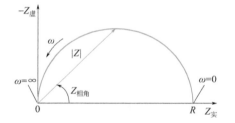
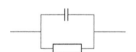

图1-51 标有阻抗矢量的Nyquist图　图1-52 带有一个时间常数的简单等效电路图

另一种常用的图示方法叫 Bode 图，以频率对数为 $X$ 轴，以阻抗的幅度绝对值（$|Z|=Z_0$）和相角为 $Y$ 轴。

图 1-52 中电路对应的 Bode 图如图 1-53 所示。Bode 图会显示频率信息。

（2）电化学系统的线性度

线性和非线性电路的电路理论不同。线性电路的阻抗分析比非线性的要容易得多。

下述线性系统的定义出自于 Oppenheim 和 Willsky 所著《信号和系统》一书："线性系统有一个重要特征就是叠加性。如果输入信号是多个信号的加权和，则输出就是简单的叠加，也就是说，系统对每个信号响应的加权和用数学关系来表达就是，时间的连续函数 $y_1(t)$ 是对 $x_1(t)$ 的响应，$y_2(t)$ 是对输入 $x_2(t)$ 响应的输出。

如果是线性系统，则：

①对 $x_1(t) + x_2(t)$ 的响应是 $y_1(t) + y_2(t)$；

②对 $ax_1(t)$ 的响应是 $ay_1(t)\cdots$"

对于一个稳压电化学系统，输入的是电压，输出的是电流。电化学电解池体系不是线性的，两倍电压不一定对应两倍的电流。

图1-54显示了电化学系统如何能够近似为线性系统。取足够小一段电位-电流曲线，近似为线性关系。

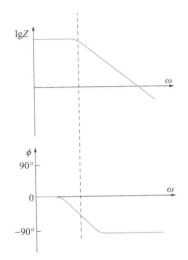

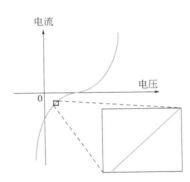

图1-53　带有一个时间常数的Bode图　　　图1-54　电流随电压变化的曲线

在一般的 EIS 测试中，向系统施加 $1\sim10\text{mV}$ 的交流信号。在如此小电位的影响下，系统可近似看作是拟线性的。

如果系统不是线性的，则电流响应将包含激励频率的谐波。其中，谐波是一个基频整数倍的频率。例如，二次谐波的频率等于基频的两倍。一些研究者正好运用这一现象。线性系统不应该产生谐波，因此显著谐波响应的存在与否决定系统是否为线性的。其他一些研究人员特意使用较大的激励信号，然后使用谐波响应来估计系统电流-电压曲线的曲率。

（3）稳态系统

EIS 的测量需要一定的时间（通常达到数小时）。在整个 EIS 测量时间里被测体系必须是稳定系统。在 EIS 测量和分析过程中出现问题的常见原因就是被测体系不稳定。

实际上绝对的稳态系统很难获得。测试体系随着溶液杂质的吸附、氧化层的生长、溶液中反应物的生成、涂层的溶解或者温度的变化等而变化。

在非稳态系统中，EIS 标准分析工具可能会获得极不准确的结果。

**（4）时间域和频率域及其转换**

信号处理理论需参考数据表示域。相同的数据可以表示在不同的域中。在电化学阻抗谱中，使用其中两种域，即时间域和频率域。

在时间域中，信号图显示为信号振幅对时间的图。图 1-55 显示的是由两个正弦波叠加的信号图。

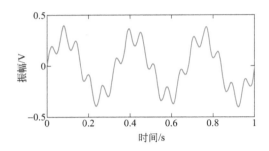

图1-55　两正弦波对时间图

图 1-56 显示的是在频率域中相同的数据。数据绘制为振幅对频率图。

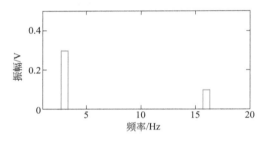

图1-56　两正弦波对频率图

可以使用一种变换来切换两种域。傅里叶变换（FT）可将时间域转换成等效的频率域数据。常见的 FFT，指的是一种快速的、电脑执行的傅里叶变换。傅里叶逆变换是将频率域数据转换成时间域数据。

在现代电化学阻抗系统中，低频数据在时间域中测量。计算机通过数-模转换器将数字近似正弦波应用于电池系统中，通过模-数转换器来测得响应电流，运用 FFT 将电流信号转换成频率域数据。

### 1.4.1.2　电路元件

电化学阻抗数据通常是通过拟合等效电路模型分析得到的。模型中大多数电路元件都是通用电子元件，例如电阻、电容和电感。模型中的元件应该具有物理电化学意义。例如，诸多模型都用电阻来模拟测试系统溶液的电阻。因此，有关标准电路元件阻抗的知识是非常有用的。表 1-4 列出了常见的电路元件，电压与电流的关系式及其阻抗。

表1-4 常见电路元件电压与电流关系式及其阻抗

| 元件 | 电压与电流关系式 | 阻抗 |
|------|------------------|------|
| 电阻 | $E=IR$ | $Z=R$ |
| 电感 | $E=L\dfrac{\mathrm{d}i}{\mathrm{d}t}$ | $Z=j\omega L$ |
| 电容 | $I=C\dfrac{\mathrm{d}E}{\mathrm{d}t}$ | $Z=1/(j\omega C)$ |

**注意**：电阻的阻抗值与频率无关，且没有虚部。因为仅有实部，通过电阻的电流与电阻两端电压相位角相同。

电感的阻抗值随频率的增加而增加。电感的阻抗只有虚部。因此，电流通过电感后，相对于电压，相位角负移90°。

电容的阻抗变化刚好与电感相反。电容的阻抗值随着频率的增加而减小。电容的阻抗也只有虚部。相对于电压，电流通过电容后，相位角正移90°。

很少有电化学系统能用单个等效电路元件来模拟。电化学阻抗谱通常有很多个元件。元件的串联（图1-57）和并联（图1-58）都有。

一些简单的公式可以用来表述电路元件阻抗的串联和并联。

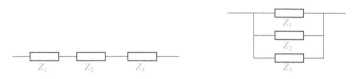

图1-57 串联的阻抗　　　　　图1-58 并联的阻抗

对于线性元件阻抗的串联，可以通过式（1-35）得到等效阻抗：

$$Z_{eq}=Z_1+Z_2+Z_3 \tag{1-35}$$

对于线性元件阻抗的并联，可以通过式（1-36）得到等效阻抗值：

$$\frac{1}{Z_{eq}}=\frac{1}{Z_1}+\frac{1}{Z_2}+\frac{1}{Z_3} \tag{1-36}$$

举两个例子来解释有关电路元件连接的问题。假设将$1\Omega$和$4\Omega$的电阻串联，电阻的阻抗值和电阻值相等（见表1-4）。因此可以用式（1-37）计算总阻抗值：

$$Z_{eq}=Z_1+Z_2+R_1+R_2=1\Omega+4\Omega=5\Omega \tag{1-37}$$

电阻串联时，电阻值和阻抗值都增大。

假设两个$2\mu F$的电容串联，则总电容值为$1\mu F$。

$$Z_{eq}=Z_1+Z_2=1/(j\omega C_1)+1/(j\omega C_2)=1/[j\omega(2\times10^{-6})]+1/[j\omega(2\times10^{-6})]$$
$$=1/[j\omega(1\times10^{-6})] \tag{1-38}$$

当电容串联时，阻抗值增大，而电容值减小。这是由于电容值和阻抗值呈反比的关系。

### 1.4.1.3 物理电化学和等效电路元件

（1）溶液电阻

溶液电阻是影响电化学测试系统阻抗的显著因素。带有三电极的电化学工作站补偿了工作电极和参比电极之间溶液的电阻。然而，在测试时，参比电极与工作电极之间溶液的电阻也在考虑范围之内。

离子型溶液的电阻依赖于离子浓度、离子类型、温度和电流流经的面积。一个有界区域，面积为 $A$，长度为 $l$，流经的电流均匀，则电阻

$$R=\rho \frac{l}{A} \tag{1-39}$$

式中，$\rho$ 是溶液电阻率，$\rho$ 的倒数 $(\kappa)$ 更加常用。$\kappa$ 是溶液的电导率，它和电阻率的关系如式（1-40）所示。

$$R= \frac{1}{\kappa} \times \frac{l}{A} \Rightarrow \kappa = \frac{l}{RA} \tag{1-40}$$

标准化学手册通常会列出特殊溶液的 $\kappa$ 值。对于其他溶液，可以通过特定离子电导率计算出 $\kappa$ 值，$\kappa$ 的单位为 S/m。S 是 $\Omega$ 的倒数，因此 $1S=1/1\Omega$。

大多数电化学测试系统在电流通过某一确定的溶液面积时分布不均匀。因此，计算溶液电阻的主要问题包括测定电流流动通道和电流流经溶液的几何形状。通过离子电导率来计算溶液实际电阻的方法不在本节中讨论。

通常我们不用离子电导率来计算溶液电阻，而是通过拟合电化学阻抗数据获得。

（2）双电层电容

双电层存在于电极和溶液的界面上。此双电层是溶液中的离子吸附到电极表面形成的。充电电极和溶液中的充电离子有一绝缘空间，通常是 Å（1Å=0.1nm）数量级的。被绝缘体隔开的电荷形成电容，因此，浸泡在溶液中的金属表面会形成电容。尽管影响双电层电容的因素很多，每平方厘米的电极表面的电容大概在 $20\sim60\mu F$。电极电位、温度、离子浓度、氧化层、电极表面粗糙度、吸附杂质等都会影响双电层电容。

（3）极化电阻

电极电位偏离开路电位叫作电极的极化。电极被极化会引起电流流过，在电极表面发生电化学反应。电流流量由反应动力学和反应物扩散控制。

当电极在断路下发生均匀腐蚀时，开路电位则受两个电化学反应之间的平衡控制。其中一个反应产生阴极电流，另一个产生阳极电流。当阴极电流和阳极电

流相等时，开路电位达到平衡。开路电位又称为混合电位。如果电极发生活性溶解，两者之中任一反应产生的电流都被称为腐蚀电流。

在电极没有发生腐蚀的系统中，也会产生混合电位控制。

当只有两个简单的、受动力学控制的反应发生时，电极系统电位与电流的关系由下式给出：

$$I = I_{corr}\left[ e^{\frac{2.303(E-E_{oc})}{\beta_a}} - e^{\frac{-2.303(E-E_{oc})}{\beta_c}} \right] \qquad (1\text{-}41)$$

式中　$I$——电极系统所测得的电流；

$I_{corr}$——腐蚀电流；

$E_{oc}$——开路电位；

$\beta_a$——阳极 $\beta$ 系数（塔菲尔斜率）；

$\beta_c$——阴极 $\beta$ 系数。

施加一个很小的电位信号，式（1-41）可近似为式（1-42），式（1-42）中引入一个新的参数——极化电阻 $R_p$。

$$I_{corr} = \frac{\beta_a \beta_c}{2.303(\beta_a + \beta_c)} \times \frac{1}{R_p} \qquad (1\text{-}42)$$

如果知道 $\beta$ 系数，也就是塔菲尔斜率，就可以通过式（1-42）由 $R_p$ 计算出 $I_{corr}$。

在讨论电极系统模型时将会具体讨论参数 $R_p$。

（4）电荷转移电阻

由单一动力学控制的电化学反应也能得到类似的电阻。在这种情况下没有混合电位，只有一个反应达到平衡。

$$Me \rightleftharpoons Me^{n+} + ne^- \qquad (1\text{-}43)$$

$$Red \rightleftharpoons Ox + ne^- \qquad (1\text{-}44)$$

假设一金属基体浸泡在溶液中，根据式（1-43）或者更普遍一点的式（1-44），金属发生电离，溶解在溶液中。

发生正向反应时，电子进入金属中，金属离子扩散至溶液中，电荷发生转移。电荷转移反应具有一定的速度。此速度决定于反应种类、温度、反应物的浓度和电位。电位和电流之间的关系如式（1-45）所示（直接与电子数和法拉第定律有关）。

$$i = i_0\left( \frac{C_O}{C_O^*} \exp\frac{anF\eta}{RT} - \frac{C_R}{C_R^*} \exp\frac{-(1-a)nF\eta}{RT} \right) \qquad (1\text{-}45)$$

式中　$i_0$——交换电流密度；

$C_O$——电极表面氧化剂的浓度；

$C_O^*$——本体溶液中氧化剂的浓度；

$C_R$——电极表面还原剂的浓度；

$C_R^*$——本体溶液中还原剂的浓度；

$\eta$——过电位（$E_{app}-E_{oc}$）；

$F$——法拉第常数；

$T$——温度；

$R$——气体常数；

$a$——反应常数；

$n$——物质的量。

当本体溶液中的离子浓度和电极表面相等时，$C_O=C_O^*$ 且 $C_R=C_R^*$。将式（1-45）简化成式（1-46）。

$$i = i_0 \left\{ \exp\left( a\frac{nF}{RT}\eta \right) - \exp\left[ -(1-a)\frac{nF}{RT}\eta \right] \right\} \tag{1-46}$$

式（1-46）叫作 Butler-Volmer 公式。该公式只适用于电荷转移动力学引起的极化。搅拌溶液可以减小扩散层厚度，减小浓度极化。

当过电位 $\eta$ 很小时，电化学系统处于平衡状态，电荷转移电阻表达式转变为式（1-47）。

$$R_{ct} = \frac{RT}{nFi_0} \tag{1-47}$$

当知道电荷转移电阻时就可以计算出交换电流密度。

（5）扩散

扩散也能造成阻抗（叫 Warburg 阻抗）。此阻抗取决于电位扰动的频率。高频时，因反应物不必扩散太远，Warburg 阻抗很小。低频时，反应物需扩散很远，造成 Warburg 阻抗增大。

$$Z_W = \sigma(\omega)^{-\frac{1}{2}}(1-j) \tag{1-48}$$

式中 $\omega$——角频率。

式（1-48）为无限 Warburg 阻抗表达式。

在 Nyquist 图中，Warburg 阻抗是与 $X$ 轴呈 45°的斜线。Bode 图中，Warburg 阻抗是与 $X$ 轴呈现 45°的相移。

式（1-48）中，$\sigma$ 是 Warburg 系数，定义式为

$$\sigma = \frac{RT}{n^2 F^2 A \times \sqrt{2}}\left( \frac{1}{C_O^*\sqrt{D_O}} + \frac{1}{C_R^*\sqrt{D_R}} \right) \tag{1-49}$$

式中 $D_O$——氧化剂扩散系数；

$D_R$——还原剂扩散系数；

$A$——电极表面积；

$n$——物质的量。

如果扩散层的厚度是无限大时，Warburg 阻抗的这种形式才有效。然而，情况不总是这样。如果扩散层是有限的（如薄层电池或者涂层样品），低频的阻抗不再遵循式（1-49），而符合式（1-50）。

$$Z_O = \sigma\omega^{-1/2}(1-j)\tanh\left[\delta\left(\frac{j\omega}{D}\right)^{1/2}\right] \qquad (1-50)$$

式中 $\delta$——能斯特扩散层；

$D$——扩散物质的扩散系数平均值。

这种更常见的等式叫有限 Warburg 阻抗式。高频时角频率趋向于无穷大，或者无限扩散层 $\delta$ 趋向于无穷大，$\tanh[\delta(j\omega/D)^{1/2}]$ 趋向于 1，式（1-48）简化为有限 Warburg 阻抗式。有时候等式写成导纳形式。

（6）涂层电容

两个导电平板被一非导电介质隔开形成电容，此非导电介质称作电介质。电容大小取决于平板大小、平板间距离和电介质性能。关系如式（1-51）所示：

$$C = \frac{\varepsilon_o\varepsilon_r A}{d} \qquad (1-51)$$

式中 $\varepsilon_o$——真空介电常数；

$\varepsilon_r$——相对介电常数；

$A$——平板面积；

$d$——两平板间的距离。

真空介电常数是一个物理常数，相对介电常数取决于材料。表 1-5 列出了一些有用的 $\varepsilon_r$ 值。

表1-5 典型的相对介电常数

| 材料 | $\varepsilon_r$ |
| --- | --- |
| 真空 | 1 |
| 水 | 80.1（20℃） |
| 有机涂层 | 4~8 |

注意水和有机涂层之间介电常数的巨大差异。附有涂层的基体吸附水分子后，其电容会发生变化，电化学阻抗谱能够测出其变化。

（7）常相位角元件

电化学阻抗实验中的电容有时并不理想，表现为如下定义的常相位角元件。

$$Z_{CPE} = \frac{1}{(j\omega)^{\alpha} Y_0} \tag{1-52}$$

对常相位角元件来说，指数 $\alpha$ 小于 1。实际电化学测试系统中的双电层电容类似常相位角元件。考虑到双电层非理想行为，已提出几种理论（表面粗糙度、漏电电容、不均匀的电流分布等），可能最好的方法是将 $\alpha$ 看作无物理意义的经验常数。

（8）虚拟电感器

有时电化学测试系统的阻抗表现出电感性。有研究人员将电感行为归因于表面吸附层的形成，如钝化层或污垢层。另外有人认为电感是测试误差造成的，包括不理想的电化学工作站。

### 1.4.1.4 常用的等效电路模型

以下部分将介绍一些常用的等效电路模型。这些模型可用来解释简单的电化学阻抗数据。

表1-6列出了等效电路用到的元件。同时给出了每个元件导纳和阻抗的等式。

**表1-6 模型中用到的电路元件导纳及其阻抗**

| 等效元件 | 导纳式 | 阻抗式 |
|---|---|---|
| R | $1/R$ | $R$ |
| C | $j\omega C$ | $1/(j\omega C)$ |
| L | $1/(j\omega L)$ | $j\omega L$ |
| W (infinite Warburg) | $Y_0 \sqrt{j\omega}$ | $1/\left(Y_0 \sqrt{j\omega}\right)$ |
| O (finite Warburg) | $Y_0 \sqrt{j\omega} \coth\left(\beta\sqrt{j\omega}\right)$ | $\tanh\left(B\sqrt{j\omega}\right)/\left(Y_0\sqrt{j\omega}\right)$ |
| Q (CPE) | $Y_0(j\omega)^a$ | $1/[Y_0(j\omega)^a]$ |

注：R—电阻；C—电容；L—电感；W (infinite Warburg)—无限 Warburg 阻抗；O (finite Warburg)—有限 Warburg 阻抗；Q (CPE)—常相位角元素。

这些方程中使用的因变量为 $R$、$C$、$L$、$Y_0$、$B$ 和 $\alpha$。电化学工作站通常运用这些因变量来拟合参数。

（1）纯电容涂层

金属表面覆有未损坏的涂层时会表现出很高的阻抗。图 1-59 显示该情况下的等效电路。

图1-59 纯电容涂层

该模型由一个电阻（溶液引起）和涂层电容串联而成。

图 1-60 显示的是该模型的 Nyquist 图。

$R = 500\Omega$　　　　　有点大但是符合电导率不好的溶液

$C = 200\text{pF}$　　　　　$1\text{cm}^2$样品，涂层厚度25μm，相对介电常数$\varepsilon_r = 6$

$F_i = 0.1\text{Hz}$　　　　　最低频率比典型的高一点

$F_f = 1\text{MHz}$　　　　　最高频率

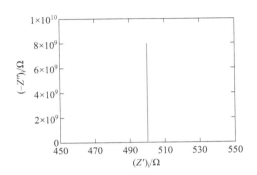

图1-60　优质涂层的典型Nyquist曲线

电容值不能从 Nyquist 图得到。它可以通过曲线拟合或者数据点的确认而得到。注意，可从曲线与实轴的截距来估算溶液电阻。

图 1-61 显示与之对应的 Bode 曲线。从图中可以估算电容大小，但是得不到溶液电阻值。甚至频率达到 100kHz 时，涂层阻抗值远大于溶液电阻。

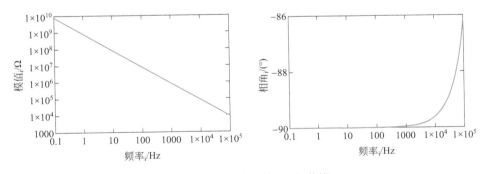

图1-61　优质涂层的Bode曲线

水分子吸附成膜通常是一个缓慢的过程。它可以通过电化学阻抗法在设定的时间间隔测量得到。膜层电容的逐渐增大归因于水分子吸附。

（2）简单 Randles 电解池

简单 Randles 电解池电路是一种常见的电路模型。包括溶液电阻、双电层电容和电荷转移电阻。双电层电容与电荷转移电阻并联。Randles 电解池除自身是一个很有用的电路外，也可以在此基础上建立其他更复杂的模型。

图 1-62 是 Randles 电解池的模拟等效电路。

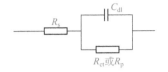

图1-62　简化Randles电解池电路示意图

图 1-63 显示了典型简单 Randles 电路的 Nyquist 图。图中的参数是假设面积为 1cm² 的电极以 1mm/a 的速度发生均匀腐蚀而得到的。合理假设 Tafel 系数、金属密度和化学当量的值。在此条件下测得的极化电阻为 250Ω。电容为 40μF/cm²，溶液阻抗为 20Ω。

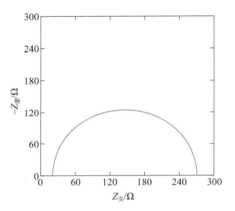

图1-63　1mm/a腐蚀速率的Nyquist曲线

简单 Randles 电路在 Nyquist 图中总是显示为半圆。高频区实轴的截距就是溶液电阻。截距靠近原点。此结果的前提是假设 $R_s$=20Ω、$R_p$=250Ω。

低频时实轴的截距是极化电阻和溶液电阻之和。因此，半圆的直径长度就是极化电阻值。

图 1-64 是简单 Randles 电路的 Bode 图。

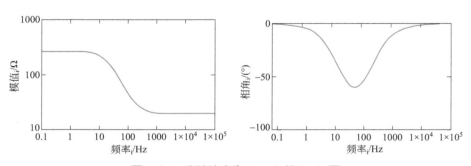

图1-64　腐蚀速率为1mm/a的Bode图

（3）动力学和扩散混合控制

假设半无限扩散是决速步骤，其他电池阻抗只有溶液电阻。此假设下电化学体系的 Nyquist 图如图 1-65 所示。假设溶液电阻为 $20\Omega$，溶液浓度为 $100\mu mol/L$，典型扩散系数为 $1.6\times10^{-5}cm^2/s$，由此计算出 Warburg 系数大致为 150。Warburg 阻抗是一条与 $X$ 轴呈 $45°$ 的直线。

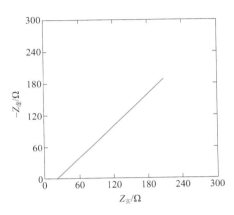

图1-65　Warburg阻抗的Nyquist图

图 1-66 是 Warburg 阻抗的 Bode 图。图中可看出 Warburg 阻抗的相角为 $45°$。

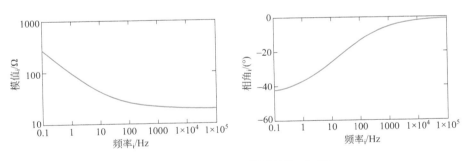

图1-66　Warburg阻抗的Bode图

加上双电层电容和电荷转移电阻，就可以得到如图 1-67 所示模拟等效电路图。因没有一简单电器元件可以模拟 Warburg 阻抗，所以建一个模拟 Randles 电路的模拟电解池（dummy cell）是不可能的。

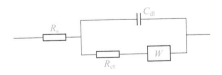

图1-67　Randles电路：混合控制的模拟等效电路

图 1-67 电路模拟了由动力学和扩散过程共同引起极化现象的电池。和上述例子相同，Warburg 系数 $\sigma$ 为 150。假设 $R_s=20\Omega$、$R_{ct}=250\Omega$ 和 $C_{dl}=40\mu F$。图 1-67 的 Nyquist 图如图 1-68 所示。

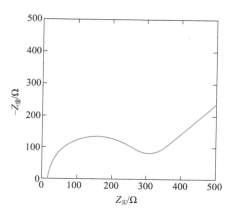

图1-68　混合控制电路的Nyquist图

图 1-69 是对应的 Bode 图。频率范围的低频区下调至 1mHz，更好地说明了双电层电容 Warburg 斜率和相角的不同。

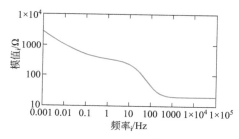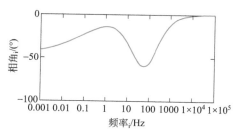

图1-69　混合控制电路的Bode图

### 1.4.1.5　从数据中提取模型参数

（1）模拟概述

阻抗数据通常通过模拟等效电路来分析。

电路元件的类型和其相互之间的连接方式控制等效电路阻抗谱的形状。等效电路的参数（如电阻的大小）控制着阻抗谱中各特征部分的大小。这些因素都对等效电路与实际数据相匹配的程度有影响。

在物理模型中，假设等效电路的每一个部件都来源于电化学过程的物理过程。此节前面讨论的都是物理模型。一个已给定电极反应过程选择哪种物理模型是根据这一电极反应过程的物理特性来决定的。有经验的阻抗分析者也可根据电极反应的阻抗谱形状来选择模拟等效电路。

等效电路也可部分或全部根据经验得到。这种等效电路中的各元件可以不分配到电极反应的各个物理过程。选择一个最可能符合实际所测数据的模型。

通过从阻抗谱中减除某个元件的方法可以成功建立一个经验模拟等效电路。如果减少一个阻抗简化了阻抗谱，那么这一元件需要添加到等效电路中，下一个元件的阻抗可以从简化的阻抗谱中减去。这一过程持续到整个阻抗谱消失。

下文所述物理模型都是可取的经验模型。

**（2）非线性最小二乘法拟合**

现代阻抗分析运用电脑找到使模拟阻抗谱和测试结果相一致的等效电路各参数，常使用非线性最小二乘法。

非线性最小二乘法从初始预估等效电路各参数开始，改变其中一参数并得到拟合结果，如果这一变化提高了拟合程度，则保留这一新的参数值。如果拟合程度变差了，则保留上一参数值。接着改变成另外一个不同参数值作重复选择。每一个尝试新数值的过程就是一次迭代。迭代继续进行直到拟合度超过评判标准，或者迭代次数达到一定限度。

最小二乘法在有些情况下并不能得到有用的拟合结果。可能由以下几个原因造成：选择了不正确的等效电路；对初始值预估较差；噪声。

另外，把拟合得到的曲线和测试结果叠加，最小二乘法拟合结果看上去很差的原因可能是拟合时忽略了某一区域内的数据。这种情况在某种程度上是会发生的。最小二乘法优化了整个图谱的拟合结果，有时某一部分图谱的拟合结果看起来很差，但这并不重要。

**（3）多种模型**

图 1-70 的阻抗谱显示了两个明确的时间常数。

这一阻抗谱可以由图 1-71 中三个等效电路来模拟。

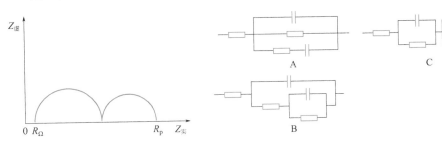

图1-70　有两个时间常数的阻抗谱　　　　图1-71　两个时间常数的模拟等效电路

由图 1-71 可以看出，模拟这一阻抗谱的等效电路不是唯一的。因此，不能假设有着很好拟合结果的等效电路就能正确反映一个电极过程的物理模型。

此外，物理模型本身也是值得怀疑的。只要有可能，在使用物理模型前都需要先验证。一种可以用来验证等效电路的方法是改变电极反应的某一部分（如增加涂层厚度），看看阻抗谱有没有得到预期的改变。

使用经验等效电路时更应谨慎。有时添加某一电路元件会使拟合结果看上去更好，但是，这些元件可能与你所研究的电极过程并无关系。因此，经验等效电路应使用尽可能少的元件。

### （4）K-K 转换分析

Kramers-Kronig（K-K）转换可以用来评价数据质量。K-K 转换具有因果性，复平面图谱数据显示了幅值和相位角的关系，实部可由虚部积分得来，反之亦然。

K-K 关系适用于满足线性、因果性和稳定性条件的系统。如果测得的实部和虚部的数据不满足 K-K 关系时，必定是违背以上其中之一的条件的。

K-K 转换需要在从零到无穷大频率范围内积分。因为无法测得超出此频率范围的数据，通过积分来评价 K-K 关系时通常包含假设超出频率外所测得的图谱。

事实上，K-K 分析是通过拟合图谱数据的广义模型进行的。Agarwal 等提出用由多个 Voigt 元件串联的模型，一个 Voigt 元件是一个电阻和一个电容并联形成的，参数 $m$ 通常等于图谱中复平面数据点个数，将此模型定义为 K-K 兼容关系。如果测得数据能很好地拟合此模型，则此数据符合 K-K 关系。Boukamp 提出一种以线性方程拟合的方法，排除可能存在的非收敛情况。这也是 Gamry 的 Echem Analyst 分析软件采用的 K-K 拟合方法。

## 1.4.2 使用电化学阻抗谱软件进行等效电路模拟

等效电路图与
阻抗谱分析

1.4.1 节中着重介绍了 EIS 的原理以及用于 EIS 数据分析的物理电路元件和理论等效电路图等相关知识。本节将讨论 EIS 数据分析在实际应用中最常见的方法，指导读者通过 EIS 阻抗谱理解电解池中的物理过程。

### 1.4.2.1 等效电路图确定

先回顾一下上一节的内容。使用 EIS 时，大家在一个广泛的交流频率范围内测试电解池的复阻抗。通常，系统的 EIS 阻抗谱由几个电解池元件和电解池特征组成，一部分可能元件和特征反应包括：电极双电层电容、电极过程动力学、扩散层、溶液电阻。

但是在实际过程中，系统在任意给定频率的阻抗通常依赖于多个电解池元件，这大大地增加了 EIS 阻抗谱的分析难度。

分析 EIS 阻抗谱最常用的方法是等效电路模拟，也就是将上述所提元件合并后对电解池进行建模。每个元件的行为用"经典"电学元件（电阻、电容、电感）和一些专门的电化学元件（例如 Warbug 扩散元件）来描述。

过程的第一步是凭知识或经验的猜测。先预测在电解池阻抗中起作用的系统元件，然后将这些元件建成一个等效电路模型。其中，将元件排列成逻辑的串并联组合是拟合研究成功的关键。

在模型中的每一个元件都有一个已知的阻抗行为。元件的阻抗依赖于元件的类型和表征该元件的参数值。例如，一个在频率 $f$ 被正弦波激发的电容器的阻抗可由下式表示：

$$Z_c = \frac{1}{j \times 2\pi f C} \tag{1-53}$$

式中，$Z_c$ 是复阻抗；$j$ 是 $\sqrt{-1}$；$f$ 是频率，Hz；$C$ 是电容值，F。当用公式表示一个系统模型时，通常不知道系统中元件的参数值。例如，我们知道涂漆金属有一个涂层电容，但通常并不知道这个电容的数值。

#### 1.4.2.2 图形模型编辑器

确定了等效电路图之后，就可以使用专业分析软件分析相应的电化学阻抗谱结果。电化学工作站的公司通常都有自家设计的附带 EIS 分析软件，大家可以根据自己的实际情况选择。本节以包含在 Gamry 公司 EIS 300 电化学阻抗软件中的 Echem Analyst Software 软件为例来讨论 EIS 分析软件的使用方法。

在 Echem Analyst Software 中有一个图形模型编辑器，通常需要先使用模型编辑器来形象化地建立一个等效电路模型。图 1-72 显示的是模型编辑器编辑的

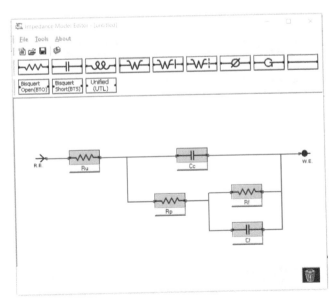

图1-72　模型编辑器

**实验电化学**

涂料模型，由 EIS 300 提供。这个模型代表了金属表面失效漆膜物理现象的一种可能的电路元件关系。关于该模型的具体表述，请查看 1.4.1.4 的内容。使用分析软件中的图形模型编辑器的一个优点是没有必要像使用一些老旧的拟合程序一样去处理令人困惑的电路编码。

### 1.4.2.3 用模型拟合数据

确定了电化学系统代表模型后，就可以使用非线性最小二乘法拟合程序去拟合实验数据了。这个程序尝试将模型的阻抗谱和实验数据阻抗谱间的误差最小化。

Echem Analyst Software 里有两种拟合算法：Levenberg-Marquardt 算法和 Simplex 算法。两种算法都会自动调整模型中元件的参数值以找到最佳拟合值。拟合过程的数学细节不在本书讨论范围内。

等效电路拟合中一个比较困难的任务是确定模型参数的初始值。对于所有参数，两种算法都需要从初始值（常被称为种子值）开始。如果初始值与最佳值相差甚远，优化程序可能无法获得最佳拟合值。下面的例子论证了这一问题。

［例 1-1］与涂层金属相匹配的仿真数据

这个例子讨论了当模型已知的数据拟合。为了保证一个良好的拟合结果，数据用一个由电学元件组成的仿真电解池来记录。各元件分布在涂层模型中，如图 1-73 所示。

图 1-73 显示的是 Bode 形式的原始 EIS 阻抗谱。因为 Nyquist 曲线中缺乏频率信息，比较难估算电容值，建议用 Bode 曲线作拟合参数的初始估算。

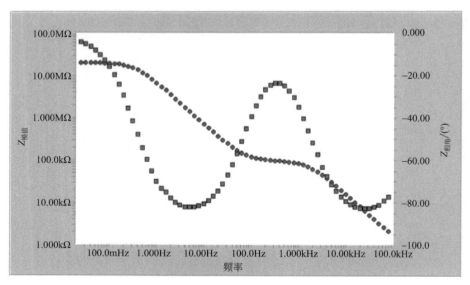

图1-73　涂层模型仿真电解池的原始阻抗谱

如果用该涂层模型拟合数据时，没有调节参数的"初始值"（或按了"Reset"恢复到默认值），可能会得到一个匹配错误的信息或者一个较差的拟合结果（图1-74）。拟合结果的数值大小（蓝色）和相位（绿色）都无法与数据较好地吻合。

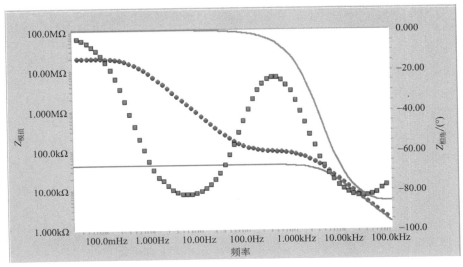

图1-74 将所有初始值重置成默认值的拟合

这个错误是由不好的模型参数初始值造成的。Echem Analyst EIS 分析中的拟合算法需要初始值在最终值的一到两个数量级范围内才能正确地进行拟合。当初始值与最佳值相去甚远时导致的拟合不稳定不是 EIS 300 特有的现象。其他 EIS 模型拟合程序同样需要初始值具有这样的精确度。

所以，如何估算初始值呢？这需要一个计算器，还需要对电路中元件的表现有一定的了解。通常会尝试找到 EIS 曲线中模型阻抗由一种元件所控制的区域，然后计算在该频率处元件的近似值。

测试图 1-72 中的模型。请记住电容的阻抗在高频时接近于 0，在低频时接近于无限大。低频时，模型中电容的阻抗非常高。$C_c$ 和 $C_f$ 都与电阻并联。当电容阻抗较高时，电阻阻抗是决定因素。在图 1-72 中的最低频，阻抗大约是 $10^7\Omega$，相位角接近于 0°（表现为电阻）。这是 $R_u$、$R_p$ 和 $R_f$ 的总和。假设 $R_f > R_p > R_u$，可以估算 $R_f$ 是 $10^7\Omega$。至此，我们就拥有了第一个初始值。

1Hz 以上的阻抗模值的减小起因于 $C_f$。在 10Hz 处，系统的阻抗大约是 $10^6\Omega$。使用该值作为公式中电容的阻抗，忽略公式中的 $j$，$f=10$Hz，则

$$Z_c = \frac{1}{j\omega C} = \frac{1}{2\pi fC} = \frac{1}{6.28 \times 10 \times Cf} \approx 10^6 \quad (1\text{-}54)$$

$$Cf \approx 10^{-8}\text{F}$$

这是第二个初始值。

阻抗谱的中间区域，阻抗曲线趋近于一条水平线处看起来像另一个电阻。这肯定是 $R_p$，假设该初始值约为 100kΩ。

高频区表现为电容性。10kHz 处的阻抗看似大约为 10kΩ。按照上述的程序走，但是 $10^4$Hz 处的阻抗设为 $10^4$Ω，就能获得一个大约为 $10^{-9}$F 电容值。这是 $C_c$ 的初始值。

高频数据永远不会变为电阻式，阻抗的常数值已表明这一点。$R_u$ 必须小于高频处使用的阻抗值。因此，用 1Ω 作为初始值。

有了一组初始值后即可尝试拟合。在参数窗口填入初始值。可以用"E"的格式输入电容值，例如 1E-9 表示 $10^{-9}$。按下"Preview"按钮，就会看到一个与图 1-75 类似的曲线。

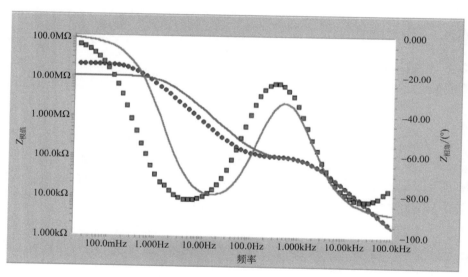

图1-75 初始值（涂层模型）

需要注意的是种子曲线和实验数据得到的阻抗值和相位角曲线的形状相似。一般而言，每当这些曲线形状相似而且初始值与最佳值在 100 倍的范围内时，模型将能拟合。

当按下"Calculate"，可以看到拟合得非常好（图 1-76）。表 1-7 显示了由拟合器计算所得的参数值与仿真电解池各元件数值的比较。Levenberg-Marquadt 和 Simplex 算法都给出了相同的结果。

需要注意的是 $R_u$ 拟合值存在着很大的不确定性，并且真实 $R_u$ 值和拟合值之间差距较大。这很容易解释。本书前面提到，阻抗曲线永远不会在高频处变成电阻式。事实上，在高频处的轻微幅角变化仅仅表示了 $R_u$ 的存在。一条重要的原

表1-7 拟合值和元件值

| 元件 | 拟合值 | 仿真电解池各元件值 |
|---|---|---|
| $R_f$ | $(20.12\pm0.17)M\Omega$ | $20M\Omega$ |
| $C_f$ | $(21.55\pm0.14)nF$ | $22nF$ |
| $R_p$ | $(100.4\pm0.9)k\Omega$ | $100k\Omega$ |
| $C_c$ | $(996\pm7)pF$ | $1000pF$ |
| $R_u$ | $(418\pm30)\Omega$ | $402\Omega$ |

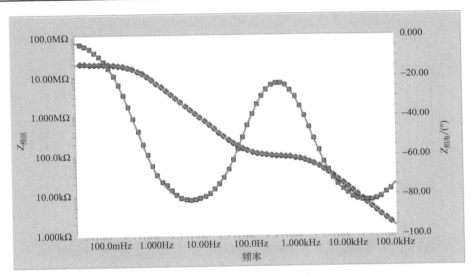

图1-76 最终拟合结果（涂层模型）

则是：如果一个元件的阻抗在拟合频率范围内不是电解池阻抗的重要影响因素，该元件的参数值将不理想，而且数值的不确定性会比较大。两种算法都显示了一个"拟合优良度"的值。0.0001（$1\times10^{-4}$）这个值表明是非常好的拟合结果，测得阻抗和计算值间仅有大约1%的差异。0.01被视为一个"一般"的拟合结果。差的拟合结果给出的是一个大于或等于0.1的值（30%测试误差）。当不合适的模型被选择时会得到这样的结果——与实验数据符合得不好。此时，应该另外探索其他的假说和模型以解释数据。

[例1-2] 可再充碱性电池

本例中，开始EIS数据分析前模型是未知的。样品是一个商业AA可再充碱性电池。在每一个充放电循环后，阻抗谱由Gamry混合EIS模式记录。充电态的EIS阻抗谱比放电态的更加有趣，所以选其中一个充电态阻抗谱作说明。

第一周充电循环后的阻抗谱如图1-77（Bode曲线）和图1-78（Nyquist曲线）所示。Bode曲线展示了与例1-1非常不同的行为，所以它被转换成线性阻抗值以代替更常见的对数值。当频率变化超过 3 个数量级时，阻抗值的变化小于30%。在对数范围呈现的较小变化非常令人困惑，所以采用线性比例。相角的变化也非常小——相角变化小于 5°。

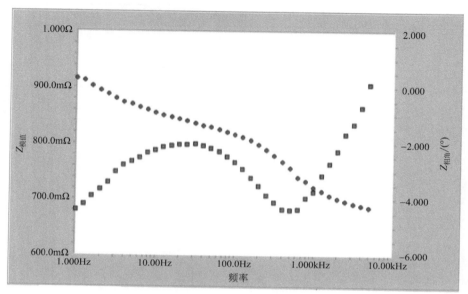

图1-77　充电态电池的Bode曲线

Nyquist 曲线（图 1-78）显示了一个扁半圆，是 Randles 元件的典型特征。在低频时，曲线显示了一个完整的对角线，与水平线呈45°角，表明是 Warburg 阻抗。

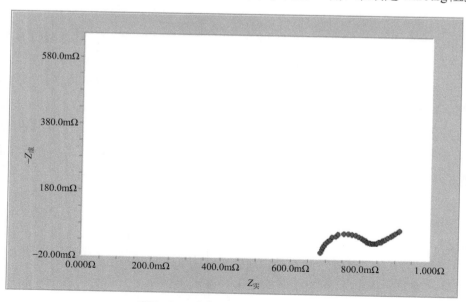

图1-78　充电电池的Nyquist曲线

什么是该系统模型较好的起始点呢？

样品是一个用两电极模式测试的电池，所以它拥有两个电极/电解质界面。假设每一个界面有一个双电层电容和一个电荷转移电阻，将 Warburg 阻抗指定给一个界面。电极间的溶液通道也有一个电阻。它是电池的等效串联电阻（ESR）。将这些事实和假设代入模型中，会得到如图 1-79 所示的模型。

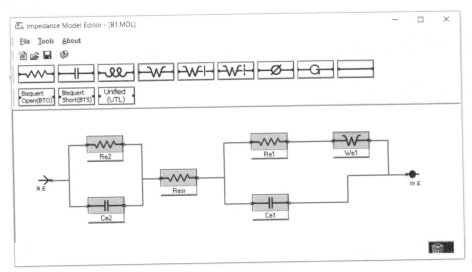

图1-79 首个切入模型——电池数据

再次，在拟合曲线收敛（一个数学术语，表示将得到一个好的拟合结果）前需要初始值。该模型暂时忽略 Warburg 阻抗，高频的极限阻抗是 ESR。测试 Bode 曲线，会看到在高频处的阻抗大约是 $0.7\Omega$。使用这个值作为 ESR 的初始值。

低频阻抗（10Hz）大约是 $0.85\Omega$。仍忽略 Warburg 阻抗，这个值是 $R_1$、$R_2$ 和 ESR 的总和。由于估算的 ESR 是 $0.7\Omega$，所以 $R_1$ 加 $R_2$ 应为 $0.15\Omega$。没有好的方法可以把这两个电阻的贡献分开，因此，将每一个的初始值设为 $0.075\Omega$。

我们也不能够从表面上区分 $C_1$ 和 $C_2$ 的贡献。在 6000～100Hz 之间，电解池的阻抗变化了 $0.15\Omega$，将"中点"1000Hz 代入上述电容阻抗方程中。串联的 $C_1$ 和 $C_2$ 的数值是 1mF。串联的电容与并联的电阻相似，所以，能够给 $C_1$ 和 $C_2$ 分别赋一个初始值 2mF。

当预览使用这些值并给 Warburg 系数赋值 1.0 时，会得到如图 1-80 所示的曲线。

阻抗与相位角曲线看起来都与数据曲线的形状相似，所以，如果点选了"Calculate"按钮时，是不会有问题的。

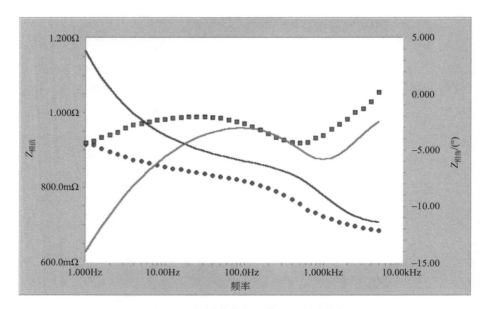

图1-80 初始曲线的预览——粗略估算

如果想要提高初始值，应当注意 Warburg 元件导致了低频阻抗的增加。降低 Warburg 系数将会使这个增加在任何给定频率下变小。图 1-81 显示了 Warburg 系数为 3 的初始值曲线。

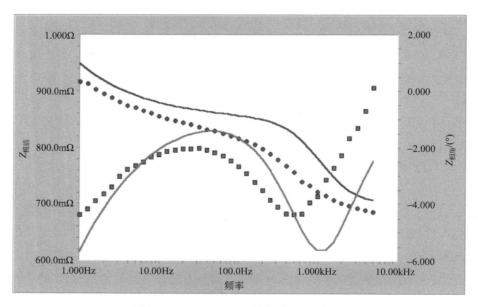

图1-81 Warburg系数为3的初始曲线

使用任意一组初始值，选择"Calculate"将得到图 1-82 中的曲线。

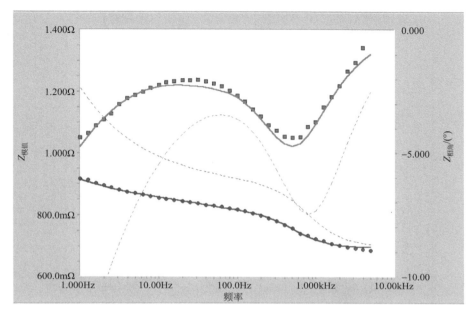

图1-82　与初始模型进行拟合

　　拟合结果尚好，但是有一些明显的误差，尤其是相位角。用常相位角元件（CPE）替代两个电容，新的模型如图 1-83 所示。

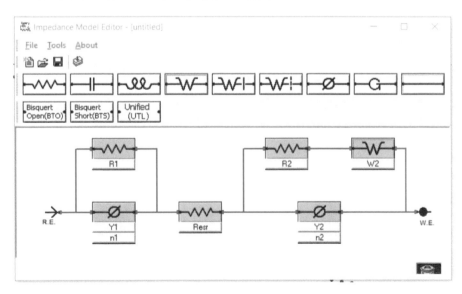

图1-83　使用CPE的电池模型

　　可以使用前述拟合中得到的数值来计算新的 CPE 元件的初始值。前面的拟合数值可以在图 1-85 中的表格中查看。第一个 CPE 参数与电容值相等。因此，

Y2 的初始值是 0.075，Y1 的初始值是 0.0027。使用 1.0 作为两个 CPE 参数 $\alpha$ 的初始值。

当输入这些新的初始值到新的模型中，然后按 "Calculate" 按钮，可以得到如图 1-84 所示曲线。

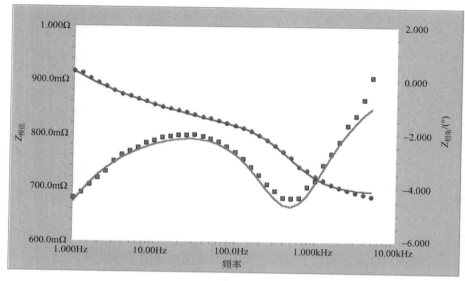

图1-84　第二次模型拟合

仔细比较图 1-82 和图 1-84 可以发现，CPE 元件略微提高了 10～100Hz 间的幅角拟合，这个提高可能不足以证明 CPE 和它任意参数 $\alpha$ 的存在。把每一个模型的 "拟合度" 稍微量化处理，数值都列于图 1-85 中拟合结果的最后一行。

| 参数 | 数值 | 误差 |
|---|---|---|
| R1 | 116.5mΩ | 19.46mΩ |
| C1 | 2.773mF | 573.5μF |
| C2 | 76.22mF | 94.69mF |
| R2 | 35.69mΩ | 15.68mΩ |
| Resr | 694.5mΩ | 8.299mΩ |
| W2 | 3.868S | 864.1mS |
| Goodness of Fit | 37.09e-6 | |

(a) 电容模型

| 参数 | 数值 | 误差 |
|---|---|---|
| R1 | 45.56mΩ | 359.6mΩ |
| R2 | 114.9mΩ | 191.7mΩ |
| Resr | 692.6mΩ | 21.21mΩ |
| W2 | 4.253S | 3.936S |
| Y1 | 1.350S | 7.729S |
| n1 | 603.6m | 3.093 |
| Y2 | 3.195mS | 8.346mS |
| n2 | 983.5m | 461.1m |
| Goodness of Fit | 33.81e-6 | |

(b) 常相位角模型

图1-85　比较两种电路模型拟合的优良度

两种模型的 "拟合优良度（Goodness of Fit）" 都非常好：两个的值都在 $1 \times 10^{-4}$ 的标准以下，表示拟合良好。不过，两种模型 "拟合度" 数值几乎相等：它们仅相差大约 10%。根据经验，如果 "拟合优良度" 的数值相差少于 3 个数量级，那两种模型可以被视为 "无法区分"。CPE 模型应该仅在它的 "拟合优良度"

数值低于 $12×10^{-6}$ 或 $(37×10^{-6})/3$ 时才会被考虑。

需要注意的是，当仅有两端 EIS 测量可用时，无法区分电池的负极和正极界面。如果参比电极可以放入电解池，单独界面的阻抗可以被测量。

综上所述，使用 EIS 专业分析软件拟合实验数据是一项非常简单的工作。它仅需要大家对所测电解池及其原理稍作了解，然后对电解池元件的表现行为有基本的认识。如果没有现成的模型，就从检测数据开始。寻找相位角中的谷值，它反映的是数据中的拐点。凭借对电解池的了解，同时参考实验数据提出一个模型。不建议大家向模型中随意增加元件直到拟合中所有的可视误差都消除。如果模型中包含有电解池化学过程中没有任何根基的元件也可能得到一个很好的拟合结果，不过这个结果不能够提供关于电解池行为的任何实用信息。一旦建立起一个模型，要先估算电阻值。寻找 Bode 曲线中的水平区域，将它们赋成单个的或者串联的电阻。然后按文中的方法估算电容的数值。在做这些估算时，没必要太精确。任何与真实数值在 1 个数量级差以内的数值都是好的起始点。然后，再使用预览特征来检查之前的估算。此时，可以微调模型中 Warburg 阻抗的初始值。一般而言，每当初始曲线与数据曲线的形状相似时，拟合算法将会收敛。如果两者曲线拥有不同的形状，拟合程序可能失败。最后，执行拟合，检查结果。如果拟合结果看起来不太好，就需要调整模型，重复上述过程。

## 1.4.3　阻抗精度图及仪器导线和施加扰动信号幅值对其的影响

在 1.2.2 节里我们介绍了很多关于在购买和选用电化学工作站时需要了解的规格参数，提到的大多数参数都是实验基础参数。而对于电化学阻抗谱来说，它还有一个自己特有的参数叫阻抗精度，用阻抗精度图（ACP）来表示，其对测试结果有重要影响。本节着重讨论阻抗精度图的定义、制作及其影响因素。

ACP 阐述的是在给定阻抗和频率条件下的阻抗精度。制作 ACP 时需要注意以下两点：

① 了解在典型条件下 EIS 测量仪器的精度范围和限制因素。

② 了解仪器导线长度和施加信号幅度对阻抗精度的影响。

制作 ACP 时，首先在开路和短路条件下测量阻抗。开路测量描述的是施加扰动振幅下整个电化学系统和仪器导线的绝对电容测量最低极限。不能使用超出测量极限的阻抗数据原因是测量的结果来自测量的电子系统与线路，不是样品。好的绝缘涂层 EIS 结果可以作为一个实例来解释这个现象。

一般情况下，ACP 仅在限制条件下是有效的。以 Gamry 公司提供的 Interface 1000 的 ACP 为例（图 1-86），从 $3G\Omega$ 到 $1m\Omega$ 的阻抗可以保证高于 99% 的测量精度，其中较低的阻抗极限适合于能量存储和转换装置，而较高的阻抗极限适合

**实验电化学**

耐腐蚀材料和良好涂覆的样品。需要注意的是图中还标出了60cm导线长度的限制，而使用更长的仪器导线会因为添加了 $R$ 和 $C$ 而导致带宽降低。

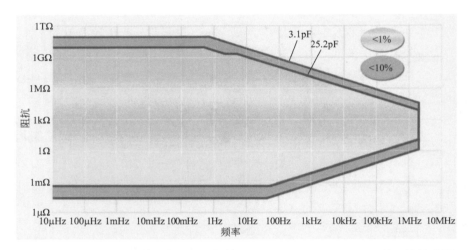

图1-86　60cm仪器导线和施加信号幅值≤10mV，Interface 1000的阻抗精度图

为了验证上述讨论，我们还测量了 3m 和 10m 长导线的开路阻抗。对没有电极导线的仪器也进行了开路阻抗测量，如图 1-87 所示。最大施加频率随着仪器导线长度的增加而降低。从测试结果可以看出，随着仪器导线长度的增加，ACP 的电容区域略微减小。而没有导线的仪器阻抗线位于中间。还要注意，由于长导线的 $R$ 增加，最大阻抗极限随电缆长度的增加而减小。

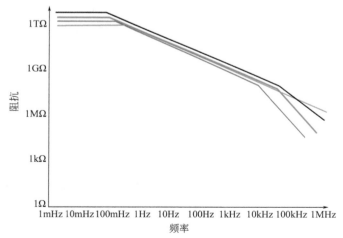

图1-87　施加信号为10mV和不同仪器导线长度的阻抗图

橙色—无电极线；黑色—60cm 电极导线；蓝色—3m 电极导线；红色—10m 电极导线

除了仪器导线长度，改变施加信号幅值也对 ACP 有影响。幅值的增加提

82

高了信噪比，会使得电容极限更高，如图 1-88 所示，分别使用 1mV、10mV 和 100mV 的信号幅值（rms）进行 3 个开路阻抗测量，且使用 60cm 导线。

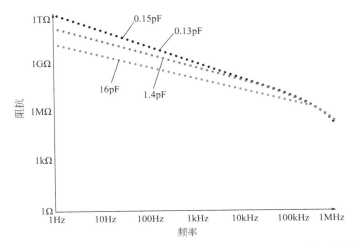

图1-88　使用60cm电极导线且施加不同信号幅值所得的阻抗测量结果

蓝点—1mV；红点—10mV；绿点—100mV

需要注意，虽然较大的振幅测量效果会更好，但实际上，过大的振幅可能会导致 EIS 的线性无效。图 1-89 给出了典型的动电位电化学扫描曲线。由结果可知，响应在开路电位附近是线性的，但远离开路电位会产生非线性响应。

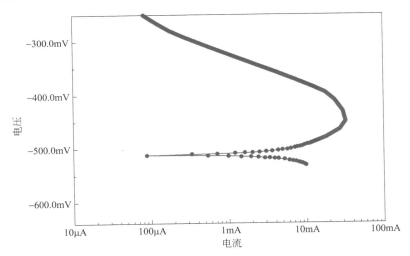

图1-89　不锈钢430 SS在1mol/L硫酸中的动电位电化学扫描曲线

一般来说，EIS 实验中，需要使用小幅度的施加信号，例如 10mV。因为从图 1-88 所示的 ACP 可以看出，当使用较大的施加信号时，电容极限增加，但有损坏样品的风险。

除了电容极限，ACP 中的第二个重要区域是较低的阻抗限制和带宽。较低的阻抗测量极限通常由仪器的最大施加电流与仪器的设计来确定。而载流导线与电压导线的分离会增加阻抗测量的带宽。实验中使用的 1.5m 长仪器电极导线和低阻抗导线已分离了载流和电压引线，从而增加了带宽，如图 1-90 所示。这里测量的曲线是未校准的 0.5mΩ 分流器，其实际带宽未知。图 1-90 给出了增加的仪器导线长度对带宽的影响。

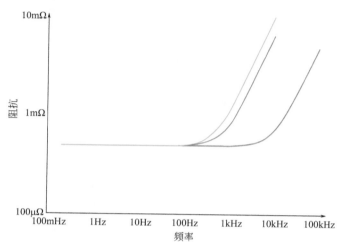

图1-90　ACP显示使用100mA的信号幅值rms的Interface 1000上三种不同长度导线的阻抗下限

蓝色—60cm，绿色—1.5m，红色—低阻抗导线

综上所述，购置仪器时，要先确定厂商提供的 ACP 制作条件，这样才能更好地满足试验研究的条件。而且还需要注意 ACP 的使用限制条件，了解仪器导线和施加信号幅度对 EIS 测量结果与阻抗精度图的影响。

## 1.4.4　低阻抗体系应用：锂离子电池

锂电池组阻抗谱的分析

电化学阻抗谱是获取电化学系统信息的一种强有力的测试方法，它常常被应用于测试新型的能源转换和存储类电化学器件（ECS），包括电池、燃料电池和超级电容器。从半电解池反应的机理和动力学初始评估到电池组的质量控制，新器件发展的各个阶段都会用到 EIS。

近年来，ECS 器件在高功率应用（例如电动汽车）中使用量的增加引导了更多具有较低阻抗设备的发展。然而，现代 ECS 器件的阻抗非常低，以至于实验室 EIS 系统无法容易或者准确地测量到。大多数商业 EIS 系统在阻抗低于 0.1Ω 时测试效果不好。

除了根据 1.4.3 节，ACP 选择具有适合参数的电化学工作站以外，本节以锂离子电池实验为例列举了一些特别的测量技巧，可以用来提高测试的精确度和频率范围。

### 1.4.4.1　互感

连接到电解池的电极线和线的分布对 EIS 系统的测试性能有很大的影响。一个叫作互感的现象能够限制 EIS 系统在低阻抗高频率下准确测量的能力。下面是互感的来源和它对 EIS 测试的影响，并给出了减小互感的实用建议。

所有高性能 EIS 系统都使用四端连接方式。测试时，连接到电解池上的四根导线被归为两对。

① 一对导线传导电解池和系统电化学工作站间的电流。这两根导线被称为"载流"线。

② 第二对导线测量电解池两端的电位。这对导线被称为"传感线"。

互感描述的是载流线上产生的磁场对传感线的影响。本质上，载流线是变压器的初级，而传感线是二级。在初级里传输的交流电产生一个磁场，与二级耦合形成了一个有害的交流电压。

这种效应可以用多种方式减弱：避免高频；减小载流线上产生的净磁场；将载流线与传感线分隔开；减小传感线上的电磁拾波。

（1）避免高频

互感产生的误差电压，由下式可得：

$$U_s = M\mathrm{d}i/\mathrm{d}t \qquad (1\text{-}55)$$

式中，$U_s$ 是传感线上的感应电压；$M$ 是耦合常数，H；$\mathrm{d}i/\mathrm{d}t$ 是电解池电流的变化率。$M$ 依赖于耦合度，数值可以从 0 到载流线上的互感系数。假设在初级中是常振幅波，$\mathrm{d}i/\mathrm{d}t$ 与频率成正比，这种情况下，频率越高，误差电压越高。

误差电压的重要性取决于它相对于要测的真实电压的大小，而需要测的真实电压与电解池阻抗成正比。

互感误差以一个值为 $M$ 且与电解池阻抗串联的电感元件形式出现在测得的 EIS 谱中。

（2）减小载流线上产生的净磁场

电流流经导线时会产生一个场强与电流成正比的磁场。然而，通过在临近导线输入相反方向的同等大小的电流能抵消外磁场。

两种不同的导线布置方式常被用于减小互感和磁场。第一种是同轴电缆：中心导线被用于向一个方向传输电流，包围在中心导线外的导线反向传输电流。第二种常用的是双绞线：两根向相反方向传输电流的绝缘导线绞缠在一起。

（3）将载流线与传感线分隔开

导线产生的磁场强度与距离导线距离的平方成反比递减关系，因此，将传感线与载流线分隔开能急剧地减少磁耦合。

（4）绞缠传感线

磁环探针的概念能够帮助我们理解为什么双绞传感线可以减小电磁拾波。在变磁场中的导线环会产生一个与环面积成正比的回路电压。

绞缠传感线从两个方面来减小电磁拾波。首先，绞合线必须紧挨在一起，以减小环面积。其次，紧邻的环会收集相反的极化电压，导致其相互抵消。

（5）布线建议

综上所述，可以给出如下的布线建议：每对导线使用同轴电缆或双绞线；导线对间的距离应尽量大；布置各对线以使它们从相反的方向与电解池相连，如图1-91所示。

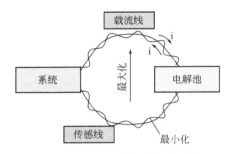

图1-91　推荐的电解池连接方式

需要注意互感误差在低电解池阻抗和高频时愈加明显。例如，在阻抗为 $1m\Omega$，互感系数为 $1nH$ 的系统中，EIS 相移 1kHz 时为 0.4°，10kHz 时为 3.6°。如果电阻低于 $200\mu\Omega$ 而不改变互感时，相移 1kHz 时为 1.8°，10kHz 时为 17°。

### 1.4.4.2　特殊技巧

下面是一些可以更进一步提升低阻抗电解池 EIS 测试精确度的特殊技巧：

① 使用电流扰动 EIS 模式；

② 使用较大的扰动电流；

③ 使用双绞或共轴缆线；

④ 使用一个连接固定装置；

⑤ 使用一个低阻抗电解池代用品来测量残留电缆误差；

⑥ 从电解池光谱中减去代用品的阻抗谱来校正电缆误差。

以上每一条都会在 1.4.4.3 实验中具体讨论，用实验数据来阐明这些方法的重要性。

### 1.4.4.3 实验

（1）电池

锂电池科技公司提供了实验中所用的锂离子电池（GAIA 45Ah HP-602050）。该电池是一个大圆柱（直径约为 600mm、长为 230mm），在每一端有一个螺纹末端。

这个电池是为高倍率应用（包括电动汽车）而设计的。它的"交流阻抗"（1kHz 时）低于 $500\mu\Omega$。在每一次测试前，都测量了电池的开路电压，读数基本为 3.716V。这个电压值表示电池处于充电的中间态。

（2）电子设备和软件

实验数据用建立在 Gamry 公司的 Reference 600 电化学工作站／恒流仪／零电阻电流计上的 EIS 300 电化学阻抗谱系统收集。在大多数的测试中，用的都是 Reference 600 的低阻抗仪器导线（Gamry 产品型号为 985-81）来代替 Reference 600 配用的标准导线。

所有的测试用电流扰动 EIS 脚本来运行，其中直流电为 0，而扰动电流为 350mA。峰间电流大约是 1A。除非特别注明，否则 EIS 频率扫描自 1MHz 开始到 0.1Hz 结束。

电池与 EIS 系统的连接方式在本书的后面章节会介绍。

（3）电池代用品

电池代用品与电池有相同的几何尺寸，用同样的方式与 EIS 系统相连。

204mm 长的圆柱是从一个直径为 64.5mm 的圆形铝（合金 2011）棒上切割得来的。圆柱的两端钻了深 15mm、直径为 10.2mm 的洞。这些洞被嵌入了标准的 $12mm \times 1.75mm$ 的螺纹。

两个 25mm 长带螺纹的黄铜棒被拧进带螺纹的洞里以模仿电池接线柱。两端还加了外直径为 24mm、厚度为 2.5mm 的厚铜垫圈。它可以隔开铝圆柱。有了这些垫圈，电池代用品有和电池差不多的连接对连接长度。

代用品用 $63\mu m$ 厚的聚酯薄膜包装胶带全覆盖以隔绝其铝体。这个覆盖物阻止了固定装置与电池代用品间的连接。唯一的接触在两末端。

（4）连接固定装置

连接固定装置是用 1.6mm 厚的铜片制作成的。两条宽 25mm、长 250mm 的铜片从其上切割而来。

在每个铜片的中心钻一个直径为 12.7mm 的圆洞。洞周围的区域用锉刀和 150# 的砂纸磨平。四个不锈钢栓柱螺母被压入铜条的两端。铜螺钉拧进一个螺母形成一个接触点。

铜条被弯曲到一定的角度以适合锂电池科技公司的电池。铜螺母被用来将固定装置与电池紧密相连。

注意：如果在电池连接时，电池连接固定装置里的两个铜条发生了电接触，数千安的电流将流过。这有可能会损坏电池、固定装置，甚至伤害实验员。一定要非常小心避免这种情况的发生。

图1-92是固定装置中电池和电池代用品的图片。载流线在电池的一边，传感线在另一边。在低阻抗电解池缆线里的导线尽量保持绞缠，直到它们要与固定装置相连时再分开。

图1-92 固定装置中的电池与电池代用品

① 为什么使用恒流模式？

1.4.1节已经讲到，电流、电压和阻抗三者的关系可用欧姆定律表示。一个100μΩ电阻上的电压若为1mV，则对应10A电流。

没有一台商业恒电位仪指定要将一个典型电池电压（>1.2V）控制在小于1mV的误差范围内。因此，当加载在一个低阻抗电池上的电压有大于1mV的误差时，将产生较大的直流电流。

相反，恒电流仪能够轻松控制电流到几毫安的准确度。使用恒流器连接时，电解池上的电压将不会受影响。现代的具有交流耦合或电压测量偏移与增益的EIS系统能够测量叠加在直流电池电压上的微伏交流电压，而且直流电池电压通常比较稳定。

② 为什么使用较大的扰动电流？

电流扰动EIS实验中的电压信号与外加电流成正比。因为大多数的测量系统都有几微伏的噪声，测量小于10μV的电压是很难的。交流扰动电流最好足够大，以使交流电压至少为10μV。对于一个100μΩ的电解池来说，这代表着电流必须大于100mA。

③ 为什么使用双绞线和固定连接装置？

图1-93显示了低阻抗电池EIS测试中线路的重要性。有三条Bode曲线覆盖在此图中。在所有的曲线里，深色线表示阻抗，相对应的浅色线表示相位。所有

的曲线都是在上述锂电池科技公司提供的电池上测得的。

黑色和灰色的数据点是用 Reference 600 带有鳄鱼夹的标准电解池电缆记录的。压在电池两端垫圈之间的 18AWG 镀锡铜线作为鳄鱼夹的结合点。

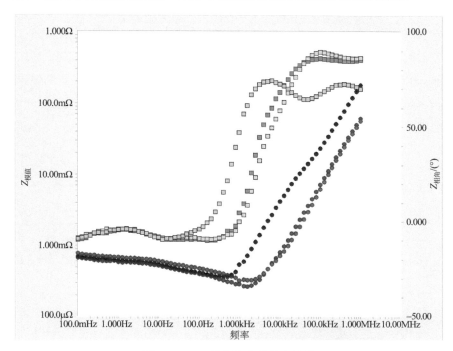

图1-93 不同连接方式的电池谱

●电池固定装置 $Z_{模值}$；●低阻抗电缆 $Z_{模值}$；●标准电缆 $Z_{模值}$；▫电池固定装置 $Z_{相角}$

红色和粉色的数据点是用 Gamry 为 Reference 600 特制的低阻抗电缆记录的。该电缆上的镀锡铜线被压在电池两端的铜垫圈间。

深蓝和浅蓝数据点是用电池固定装置中装载的电池记录的。低阻抗电缆中的电线在距离固定装置连接处大约只有 2cm 的地方才拆开。如图 1-92 所示。

所有的曲线有相同的形状，但是随着连接方式的改进，阻抗变得越来越小。需要注意的是红色和蓝色曲线在 1～3kHz 频率范围间的差异。固定装置的阻抗比只用电缆的低大约 20%。

如果高频数据用电感模型拟合，计算所得的电感值：标准电缆的为 38nH，低阻抗电缆的为 11nH。此处低阻抗电缆电感效应的减小，表明了使用双绞线的重要性。

④ 电池代用品怎么用？

前面的讨论显示了测试中布线的重要性。不过即便是最好的曲线，人们仍旧无法知道测得的阻抗中有多少是真实电池阻抗，又有多少是残留布线效应。

电池代用品能够测量布线效应。代用品是一个金属物件，有着与电池相同的几何尺寸和连接方式。它的电阻和电感应尽量小。

前面提到过的铝制和铜制代用品的电阻可以通过所用材料的体积、电阻率估算得到。估算的电阻值小于 10μΩ。测得电阻值通常比这个高，因为铝棒是用手加工的，所以不够完美，而且用于固定装置接触点的垫圈也会有小的间隙。

用与电池测试相同的线路和实验条件对代用品进行测试。图 1-94 显示了代用品的 Bode 曲线（红色数据点），还有用固定装置记录的电池谱（蓝色数据点）。

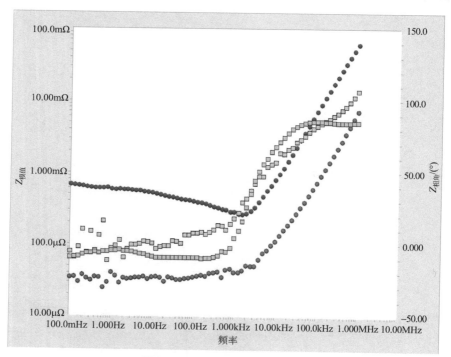

图1-94　电池和代用品阻抗谱

●代用品 - 固定装置 $Z_{模值}$；●电池 - 固定装置 $Z_{模值}$；□代用品 - 固定装置 $Z_{相角}$；■电池 - 固定装置 $Z_{相角}$

代用品的阻抗谱在低频处是电阻式的，到高频的时候变为电感式。一个串联的 RL 模型与此阻抗谱拟合良好，电阻为 34μΩ，电感为 1.3nH。

⑤ 谱减法有用吗？

非理想布线和连接引起的电阻和电感误差都产生了阻抗，与真实电解池阻抗相串联。从电池谱中减去代用品的谱可以移除这些效应。

图 1-94 显示了代用品的阻抗在各个频率段都比电池的阻抗小至少一个数量级。

原始电池谱（红色数据点）和减去代用品阻抗谱后的电池谱（蓝色数据点）Bode 曲线如图 1-95 所示。

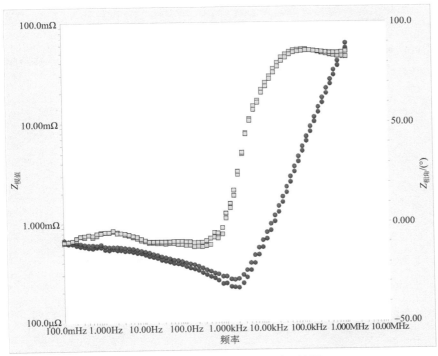

图1-95 修正后和原始的电池阻抗谱

●电池 - 固定装置 $Z_{模值}$；●减谱修正后的 $Z_{模值}$；■电池 - 固定装置 $Z_{相角}$；□减谱修正后的 $Z_{相角}$

正如预期的，这样的扣除影响非常小。对于电池和代用品的常规布线在 1kHz 以上不会引起电感，因此代用品阻抗谱的减除不会在这个频率区间对曲线有所影响。在接近 1kHz 处的阻抗的减小不是我们想要的。这可能是由代用品的非理想非零电阻引起的。

⑥ 电化学阻抗谱说明了什么？

图 1-95 为修正后和原始的电池阻抗谱图。谱图的 K-K 拟合曲线没有迹象显示测量的非线性。

电池在 1kHz 的阻抗（280μΩ）远低于电池的 500μΩ 规格参数。这是在室温和一个电压值的条件下进行的测试，不能保证在其他温度或充电态也是低阻抗。

1kHz 以上时，电池阻抗随着频率每增加一个数量级而增加一个数量级，相移接近 90°。这是一个典型的电感表现。通过减除代用品阻抗谱来修正电池谱没有改变这一行为，由此得出结论：电池本身是电感的。对于在 5～500kHz 间的原始阻抗用电感模型进行拟合，得到的 $L$ 值为 11nH。

在 0.1～1kHz 间较低的频率时，电池阻抗随着频率的增大而减小，而相位保持在 −5°～−25°。这个现象看起来不寻常，至少在用于模式阻抗的标准元件方面。最可能的解释是在大量更传统的电路元件中的参数分布里，这个分布涉及颗粒尺寸、孔洞尺寸、距离甚至反应速率常数的范围。

⑦ 低频测试。

图 1-96 显示的是电池阻抗谱延伸到 600μHz 的 Bode 曲线。这些数据是在测试上述数据超过一年时间后测得的。

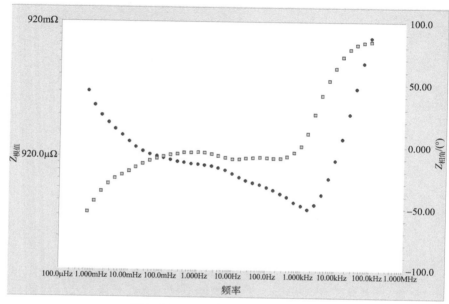

图1-96 延展到更低频的阻抗谱图

●— 电池低频 $Z_{模值}$；■— 电池低频 $Z_{相角}$

电池 EIS 等效电路模型通常包括双电层电容和极化电阻元件。

在频率低于 10mHz 时，测得的阻抗随着频率的减小而增大，相位趋向 90°。这一行为表明电容器与其他电解池阻抗并联。这个电容可能以电极 / 电解质界面的双电层电容为模型。尽管再次怀疑这个电容并不是理想的，但是它表明了元件的分布。

即使在最低可测频率 600μHz 处，没有证据表明在 EIS 模型里应有极化电阻元件。在更低频的地方，它在阻抗谱里的影响可能会出现，但是此时测量时间成了问题。

## 1.4.5 高阻抗涂层：有机涂层的电化学阻抗谱

经常能听到这样的抱怨："我是一个经验丰富的高分子化学家。我尝试用电化学阻抗法来预测涂层的耐腐蚀性能。我记录许多阻抗数据。尽管我对涂层配方做了改变，但几乎所有的图谱都一样。显然，我不能用这些结果去评价我的涂层行为。这是怎么回事？"

对于这样的抱怨，有两个常见的原因：

① 涂层质量很好，EIS 数据重现性非常好；

② 你试图做的测试超出了电化学工作站阻抗系统的能力范围。

通常，第二个原因的可能性更大。这个时候，实际是在测试仪器的性能，而不是涂层的性能。

本节讨论电化学工作站对涂层阻抗测试的影响。同样以 Gamry 电化学仪器为例，但是涉及的内容适用于任何电化学工作站的阻抗系统。最后还会提出一些具体建议，解析难以测试的涂层体系的阻抗图谱。

1.4.1 节已对涂层电容做了简单的介绍。下面作一下回顾与补充。

### 1.4.5.1　涂层电容

两块导电板被不导电介质隔开形成电容。电容大小取决于平板面积、平板之间的距离以及电介质的性质。将覆有涂层的金属浸入溶液中，金属是一块导电板，涂层是电介质，溶液是另一块导电板。

电容计算公式如式（1-51）所示。鉴于介电常数是物理常数，相对介电常数跟材料有关。表 1-5 提供了一些常用的 $\varepsilon_r$ 值。其中，水和有机涂层之间介电常数存在较大差异。因此，当涂层不断吸附水时电容大小会变化，而 EIS 可以测出这一变化。另外当涂层面积增大而厚度减小时，涂层的电容会增大。

### 1.4.5.2　真实涂层

完美优质的涂层阻抗性能我们在 1.4.1 小节中已经作了详细的讨论，此处不再赘述。但在实际应用中，大多数涂层随着浸泡时间延长性能下降，与之前讨论的完美涂层相比，会产生非常复杂的阻抗特性。

经过一段时间后，水分子会渗透进涂层，在涂层下面会形成新的溶液 / 金属界面。在这一新的界面上会发生腐蚀。

覆有涂层的金属阻抗特性已经研究得比较深入，但是失效涂层阻抗数据的解析非常复杂。此处只讨论如图 1-97 所示的简单等效电路。

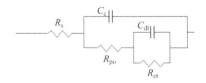

图1-97　破损涂层的等效电路图

即使是这种简单的模型也有争论。大多数研究者认为这一模型可以用来评价涂层的质量。然而，他们对这个模型的物理过程是怎样的，意见不统一。因此，

**实验电化学**

以下讨论只是这一模型解析中的一种。

$C_c$ 表示未受损涂层的电容。它的值比典型的双电层电容小很多。它的单位是 pF 或者 nF，不是 μF。$R_{po}$（多孔电阻）是在涂层中形成的导电离子通道的电阻。这些通道不一定是充满溶液的小孔。在小孔的金属一边，假设部分涂层已剥离，形成充满溶液的小孔。这里的溶液电阻与本体溶液的电阻有很大不同。小孔溶液与基体金属之间界面的模型是与由动力学控制的电荷转移反应平行的双电层电容。

通过 EIS 方法测试涂层，需要建立模型来拟合数据，由拟合得到模型参数的估计值。这些参数可以评价涂层的失效程度。

为了显示真实的数据曲线，需要反向理解这一过程。假设覆有涂层的金属样品表面积是 10cm²，涂层厚度是 12μm，总面积的 1% 已经剥离。涂层中的小孔能够成功接触这些剥离部分，表示小孔为充满溶液的圆柱体，每个直径为 30μm。

曲线中的参数如下：

$C_c$：4nF（由面积 10cm²，$\varepsilon_r=6$，厚度为 12μm 计算出）

$R_{po}$：3400Ω（假设电导率 $\kappa$ 为 0.01S/cm）

$R_s$：20Ω（假设）

$C_{dl}$：4μF（10cm² 面积中剥离 1%，40μF/cm²）

$R_{et}$：2500Ω（10cm² 面积中剥离 1%，腐蚀速率为 1mm/a 并保持不变）

由这些参数得到的 Nyquist 图如图 1-98 所示。图中有两个明显的时间常数。

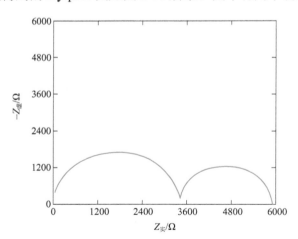

图1-98　受损涂层的Nyquist 图

图 1-99 是对应的 Bode 图，图中也可看到两个时间常数。Bode 图中没有足够高的高频来获得溶液电阻，实际上这不是问题。因为这一溶液电阻测试的是溶液和电解池形状的特点，而不是涂层的特点。

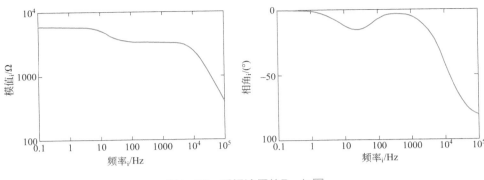

图1-99 受损涂层的Bode图

### 1.4.5.3 微小信号的测试问题

高质量较厚涂层具有几乎无限大的电阻和非常低的电容的特点。高阻抗值导致电流非常小，特别是在主要显示电阻特性的低频区。更准确来说，低电容值导致了非常小的交流电流。例如：10nF 电容在 1kHz 时的阻抗大小为 16kΩ。10mV 的扰动电位，在这一频率下，电化学工作站测得 630nA 的电流；10pF 电容（通常代表较厚涂层）在 1kHz 时的阻抗大小为 16MΩ。10mV 的扰动电位，在这一频率下，电化学工作站测得 630pA 的电流。

基本物理学及电子设计和构造的现实情况使得难以测量小电流。这一问题在高频下小的交流电时更加突出。可以通过 1.4.3 节讨论的阻抗精度图提前了解所用电化学工作站的阻抗测试极限。

在下文中将会讨论这些局限性造成的后果。

### 1.4.5.4 测试建议

如果期待 EIS 系统的最佳性能，还需仔细设计实验。

（1）法拉第屏蔽

低电流测试是必定需要法拉第屏蔽箱的，这样会减少在工作电极上拾取的电流噪声以及在参比电极上拾取的电位噪声。

法拉第屏蔽箱是围绕电解池的导电外壳。可以由金属板、细丝网甚至导电塑料制作而成。必须是连续的并且是完全围绕电解池的。不要忘记电解池的上下两个面。屏蔽箱所有零件必须电气连接。

此外，屏蔽箱必须与电化学工作站端连接。

（2）避免外部噪声源

避免电化学噪声源，尤其是以下一些情况，如：荧光灯、发动机、无线电广播发射器、电脑和显示器。

此外，还应避免在法拉第笼内使用交流电源或者计算机设备。

（3）电极导线长度和结构

电极导线的电阻必须高于要测试体系的阻抗。如果需要使用额外导线，建议使用纯 Teflon 电介质。长导线会严重降低电化学工作站的交流响应。

（4）接线放置

许多涂层测试，包括较小电容器的电解池以及电化学工作站电极导线各个接头之间的电容会引起误差。如果鳄鱼夹彼此并排放置，则会有 10pF 或者更大的电容。

如果想避免由接头放置位置而引起的额外电容，有如下方法：

① 将接头尽可能分开放置。特别注意工作电极的接头。

② 让接线从不同方向连接在电解池上。

③ 除去鳄鱼夹。极端情况下，用更小的连接器代替香蕉插头和针式插孔。

在进行小电流测试时，不用移动电极引线和接头。当电极引线移动时，噪声和摩擦起电效应都可能产生不准确的结果。

（5）电解池结构

确保电解池构造不会限制反应。电解池中电极之间绝缘材料的电阻为 $10^{10}\Omega$，不能应用于测试 $10^{12}\Omega$ 阻抗。通常，玻璃和 Teflon 是用于构建电解池的优选材料。还必须注意并联电容。应确保电极"非反应"部分尽量小。避免将电极放在一起并彼此平行。

### 1.4.5.5 怎样测试不可能体系

如果样品测试出的数据不在阻抗谱精确度图定义的区域内，能做些什么？以下这些建议或许有帮助。

（1）增大交流扰动幅值

大的扰动幅值可能会帮助你进行困难的测试，因为增大幅值会使低频限制上移，不过它对最小电容的影响较小。

需要注意的是，激励信号产生的电场会导致涂层失效。5V 的激励信号穿过 25μm 厚的涂层产生 200kV/m 大小的电场。大多数塑料（PVC 除外）要求绝缘强度超过 12MV/m。假设涂层是塑料的十分之一，则绝缘击穿不应成为影响因素，除非涂层厚度小于 5μm。

（2）增大电极面积

电极面积是一个关键的实验参数。一般来说，涂层 EIS 测试要求电极面积尽可能大。因为增大面积有两个优势：

① 涂层电容与样品面积成正比。如果 $1cm^2$ 涂层的电容不可测（10pF），

100cm² 同样涂层的电容就可达到 1nF（易测）。

② 如果涂层具有均匀的电阻率，则样品的电阻与样品面积成反比。样品面积增大 100 倍，电阻降低 1/100。

不过有时候，一些涂层有一些深度剥离的缺陷。增大面积会增加样品中存在缺陷的机会。

1.4.4 节和 1.4.5 节中所提的一些方法和技巧有助于低阻抗电池和高阻抗涂层的精确 EIS 测试，希望能够对大家的实验有所帮助。

**参考文献**

[1] Mansfeld F, Lin S, Chen Y C, Shih H J. Electrochem Soc, 1988, 135: 906.

[2] Agarwal P, Orazem M E, Garcia-Rubio L H. J Electrochem Soc, 1992, 1917: 139.

[3] Boukamp B A. J Electrochem Soc, 1995, 142: 1885.

[4] Loveday D, Peterson P, Rodgers B. JCT Coatings Tech, 2004, 1: 46-52.

[5] Loveday D, Peterson P, Rodgers B. JCT Coatings Tech, 2004, 1: 88-93.

[6] Loveday D, Peterson P, Rodgers B. JCT Coatings Tech, 2005, 2: 22-27.

[7] Barsoukov E, Macdonald J R. Impedance Spectroscopy: Theory, Experiment, and Applications. 2nd ed. Wiley Interscience Publications, 2005.

[8] Bard A J, Faulkner L R. Electrochemical Methods: Fundamentals and Applications. Wiley Interscience Publications, 2000.

[9] Scully J R, Silverman D C, Kendig M W. Electrochemical Impedance: Analysis and Interpretation. ASTM, 1993.

[10] Atkins P W, Signals and Systems. Oxford University Press, 1990.

[11] Oppenheim A V, Willsky A S. Signals and Systems. Prentice-Hall, 1983.

[12] DobbelaarJ A L, The Use of Impedance Measurements in Corrosion: The Corrosion Behaviour of Chromium and Iron Chromium Alloys. Ph-D thesis, TU-Delft 1990.

[13] Geenen F. Characterization of Organic Coatings with Impedance Measurements: A study of Coating Structure, Adhesion and Underfilm Corrosion. Ph-D thesis, TU-Delft 1990.

[14] Yeager E, Bockris J O'M, Conway B E, Sarangapani S. Comprehensive Treatise of Electrochemistry; Volume 9 Electrodics: Experimental Techniques. Plenum Press, 1984.

[15] Mansfeld F. Electrochim Acta, 1990, 35: 1533.

[16] Walter G W. Corros Sci, 1986, 26: 681.

[17] Kendig M, Scully J. Corrosion, 1990, 46: 22.

[18] Fletcher S J. Electrochem Soc, 1994, 141: 1823.

# 第 2 章
# 典型电化学实验

## 2.1 引言

本章介绍了电化学领域的 11 个典型实验，其覆盖了电分析化学、能源与腐蚀学科相关的典型实验。技术角度包括直流和交流相应的循环伏安、脉冲、电化学交流阻抗技术等。

在介绍电化学实验之前，先全面认识电化学实验相关的基本概念、理论、实验仪器和实验手段。

### 2.1.1 基本概念

以下是几个比较熟悉的电化学概念、方法等。

① 半反应（half-reactions）；

② 表观电势（或式电势，条件电势，formal potentials）❶；

③ 参比电极（reference electrodes）；

④ 能斯特方程（Nernst equation）；

⑤ 自由能计算（free-energy calculations）；

⑥ 简单双电极电化学池（simple dual-electrode cells）。

本书中涉及电化学恒电势（potentiostatic）和恒电流（galvanostatic）技术。恒电势技术是指在控制电极电势的条件下进行电流的测量；反之，恒电流技术是指在控制电流的条件下进行电势的测量。

---

❶ 表观电势（或条件电势），$E^{0'}$，与电池反应电势 $E_{cell}$ 和组分变量 $c_i$ 活度的关系见下式（$E_{cell}$ 与标准电极 $E_0$ 和活度 $a_i$ 具有类似关系）：$E_{cell} = E^{0'} - \dfrac{RT}{nF}\sum_i v_i \ln c_i$ 来源：PAC, 1974, 37, 499（IUPAC 电化学术语），505 页。DOI:https://doi.org/10.1351/goldbook.C01240.

## 2.1.2　基本理论

（1）能斯特方程

能斯特方程 ❶ 描述了电极电势和溶液浓度间的关系：

$$E = E^0 - \frac{RT}{nF} \ln Q \qquad (2\text{-}1)$$

式中，$Q$ 是浓度商，即产物的浓度 ❷ 乘以活度的积，除以反应物的浓度乘以活度的积。

在室温 25℃（298K）下，代入理想气体常数，并换算为以 10 为底的对数形式，则 $RT/F$=0.0592V，上式为：

$$E = E^0 - \frac{0.0592\text{V}}{n} \lg Q \qquad (2\text{-}2)$$

使用能斯特方程的注意事项：外加在电极上的电势已知时，它可以用来计算靠近表面的溶液中物质（如离子）的浓度。需要指出的是，该方程成立的前提是电化学反应体系对外加电势变化的响应很快，即溶液中的氧化还原反应体系与电极表面间呈准平衡关系。满足此准平衡条件的反应体系也称为"能斯特型"反应体系或可逆反应体系。

工作电极的电势高低，将决定在电极表面上能发生何种氧化还原反应过程。在非常负的电极电势下，参与反应的物质（被分析物）可被还原；反之，则被氧化。而这种氧化或还原反应发生时，流过电极的电流大小则正比于溶液中该物质的浓度。所以，将该电流与浓度作图，就得到了可探测信号（电流）与该物质浓度的标准曲线。

（2）电化学体系的异相特征

电化学体系肯定是一个异相体系。化学或者电化学反应发生在电极表面上，靠近电极的溶液会受到电极的影响。通常，溶液中受影响的范围是电极表面附近几微米内，此范围（也称扩散层）内反应物的浓度会明显偏离体相浓度。扩散层内的溶液量只占电化学池中的所有溶液量的很微小的比例，所以，扩散层内反应物浓度的变化对体相溶液的浓度影响不大。

（3）法拉第定律

法拉第 ❸ 定律表述了电化学反应过程的电荷量正比于相关半反应的化学计量比。多数半反应是仅涉及单电子传递的反应，故法拉第定律用于这类反应后可表述为：电极上每 1mol 的物质被氧化/还原，就有 1mol 的电子（电荷量

---

❶ Walther Nernst（1864—1941），物理学家，在 1888 年提出了该方程。

❷ 大部分情况下，若浓度不是很高，可以直接用浓度而非活度。

❸ Michael Faraday（1791—1867），物理学家和化学家，在 1833 年左右进行了大量电化学研究。

$Q$=96485C）进入 / 离开电极。

$$m = \frac{QM}{Fz} \tag{2-3}$$

式中，$m$是质量；$Q$是电荷量❶；$M$是摩尔质量；$F$是法拉第常数；$z$是价态数。

对于涉及多于单个电子的半反应，电荷量$Q$应等于 96485C/mol 乘以相应的电子数（如两电子反应乘以 2，以此类推）。

法拉第定律是一个积分式而非微分式，因为它建立了可观测的电流与反应物浓度间的定量关系。一般而言，浓度越高，测得的电流就越大。而当电极电势显著偏离平衡值后，电流大小反而受扩散限制，即反应物向电极表面扩散的快慢。若不搅拌溶液，反应物是在浓度梯度的推动下，需要被动地从体相溶液通过扩散层到达电极表面。扩散速率的大小取决于浓度梯度，即物质从高浓度区域向低浓度区域转移，浓度梯度越大，扩散速率越快（与气体的情形类似）。因此，待测反应物通过扩散层的浓度梯度越大，相应测得的电流就越大❷。

（4）菲克第一扩散定律

为了描述原子、分子、离子等的扩散行为，我们要用到菲克第一扩散定律：

$$J = -D\frac{dC}{dx} \tag{2-4}$$

该方程描述了稳态扩散的扩散通量$J$（单位时间内通过单位面积的物质的量），此处默认扩散方向是从高浓度到低浓度。如果把法拉第定律和菲克第一扩散定律结合起来，可以计算得到工作电极表面的扩散限制电流（$i_d$，diffusion-limited current）的一般性表达式：

$$i_d = nFAD\left(\frac{dC}{dx}\right)_0 \tag{2-5}$$

式中，$n$是参与半反应的电子数；$F$是法拉第常数，96485C/mol；$A$是电极面积，$cm^2$；$D$是待测物的扩散系数，$cm^2/s$；$(dC/dx)_0$是电极表面的浓度梯度。

式（2-5）表明电流正比于浓度梯度。

可以把所有的扩散限制电流伏安测试技术（如循环伏安、旋转圆盘伏安、计时伏安等）看作是等同的，遵循菲克第一扩散定律。这些技术的差别仅在于浓度梯度$(dC/dx)_0$是如何形成并保持的；不同之处在于每种实验技术都有其独特的电流响应。

---

❶ 此 $Q$ 不同于能斯特方程中的浓度商 $Q$。1F=96485C=96485A·s。

❷ 严格来说，电势增加时，电流的大小与反应物向电极表面扩散的快慢无关，而与（反应物分子与电极）能态的重叠性质有关。过电势太大时，电流反而会降低。

## 2.1.3　主要技术的分类

可以将最常用的伏安技术分成三大类：脉冲（或阶跃）技术、扫描技术、流体力学技术。每一类技术均很相似。对所有技术而言，电极电势在周期性地变动，待测物得以在电极表面被氧化或被还原，就产生了电极表面附近溶液中的浓度梯度，由此导致了电流响应。扫描技术常被用来研究溶液中待测物的整体电化学行为；阶跃技术则能给出定量信息；流体力学技术则通过搅拌溶液来实现浓度梯度的控制（原因如后）。

图 2-1 给出了多种电化学分析技术之间的关系，本书中涉及的以黑体标出。

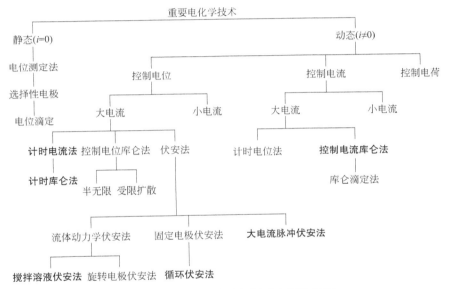

图2-1　多种电化学分析技术之间的关系

摘自 Kissinger P T, Heineman W R. Laboratory Techniques in Electroanalytical Chemistry.
New York: Marcel Dekker, 1984: 6.

[注：控制电势方法称为恒电位（potentiometric）方法。控制电流方法称为恒电流（galvanometric）方法。恒电位测量时，控制体系的电势恒定。恒电流测量时，控制体系的电流恒定。]

### （1）电势阶跃和脉冲方法

计时电流法是最简单的电化学分析技术。其中，需要人为把电势从初始值阶跃至终点值。初始电势和终点电势的选择要点：电势区间应涵盖待分析物的表观电势 $E^o$。初始电势的选择要求：流过电极的电流应尽量小。电势阶跃至终点电势后，待测物开始在电极上消耗（通过氧化或还原），导致靠近电极的待测物浓度下降，在电极表面的浓度将降至零。待测物在近电极表面溶液区域的快速消耗，导致电极表面很大的浓度梯度，这是电势刚跃迁后观察到大电流的原因。时间越长，扩散层逐渐扩展至离电极更远的溶液中，浓度梯度则逐渐降低，电流也将逐渐减小。电流峰值的大小 $[i(t)]$，正比于待测物的浓度（$C$），而其时间衰减关系有如下的 Cottrell❶ 方程给出：

$$i(t) = nFAC\sqrt{\frac{D}{\pi t}} \tag{2-6}$$

式中，$n$ 是电子传输数；$F$ 是法拉第常数，96485C/mol；$A$ 是电极面积，cm²；$C$ 是浓度，mol/L；$D$ 是扩散系数，cm²/s；$t$ 是时间，s。

通常，实验数据以 $i(t)$-$t^{-1/2}$ 的形式作图得到一条直线，该图称为 Cottrell 图。直线的斜率正比于浓度，由此可以进行待测物的定量分析。如果待测物的浓度已知，则通过直线的斜率就可以计算扩散系数。而如果待测物的浓度和扩散系数都已知，则由上式可确定电极的工作面积。

如果对上述电势阶跃计时电流法进行改进，让电势在终点电势维持一段给定的时间后，再阶跃回初始电势，该方法称为双电势阶跃计时电流法（double-potential step chronoamperometry, DPSCA）。该方法的优点在于可以研究待测物在电极表面经历氧化/还原反应后的变化。因为待测物经氧化/还原反应后的产物通常并不稳定，会发生（但不限于）分解等各种变化。DPSCA 方法将告诉我们这种分解反应是否发生以及分解反应快慢等重要信息。

另外，实验中还可以对电极施加更复杂的电势脉冲序列，如强脉冲伏安分析就采用一系列电势阶跃使得电势越来越高。这些手段能用来区分待测物氧化/还原反应的电流以及其他过程产生的电流。得到的数据可呈现为电流-时间图或电流-电势图。

（2）电势-扫描方法

电势的变化如果不采用突然阶跃的形式，还可以恒速逐渐地增加或降低。最简单的扫描实验技术是线性扫描伏安，即电势扫描方式为单向地从起始电势扫向终点电势。类似电势阶跃计时电流法，设定起始电势和终点电势的时候，要注意包含待测物的表观电势 $E^0$。扫描刚开始，待测物不会被电极影响，一旦电势扫过表观电势，待测物就会被电极电解（指被氧化或被还原，具体取决于扫描的方向）。这一反应会导致溶液中产生浓度梯度，结果是会观测到电流的变化。

扫描伏安曲线记录的电流变化，与电势阶跃计时电流实验中的类似，但是变化更平缓，因为电势不是突然阶跃变化而是逐渐变化的。类似地，电流也正比于待测物的浓度以及峰电流，可以用如下的 Randles-Ševćík 方程计算：

$$i_p = 0.4463nFAC\sqrt{\frac{nFvD}{RT}} \tag{2-7}$$

式中，$n$ 是氧化还原及应偶的半反应的电子传输数；$v$ 是电势扫描速率，V/s；

---

❶ Frederick Cottrell（1877—1948），物理化学家，于 1903 年给出了该方程。

$F$ 是法拉第常数，96485C/mol；$A$ 是电极面积，cm²；$R$ 是摩尔气体常数，8.314J/（mol·K）；$T$ 是开尔文温度，K；$D$ 是待测物的扩散系数，cm²/s。

如果温度为标准温度 25℃（298.15K），则 Randles-Ševćik 方程可简化为：

$$i_p = 2.686 \times 10^5 n^{3/2} v^{1/2} D^{1/2} AC \tag{2-8}$$

式中，常数 $2.686 \times 10^5$ 的单位为 C/（mol·V$^{1/2}$）。

Randles-Ševćik 仅适用于氧化还原体系在工作电极的电势扫描过程中能保持平衡态的情形。满足此条件的方法，可以通过采用具有快速动力学特征的氧化还原体系，或者降低电极电势的扫描速率。

上述实验得出的结果体现为电流-电势曲线图，也称为线性扫描伏安曲线。循环伏安技术是上述技术的常见翻版，差别仅在于扫描方式为在两个电势之间来回扫描的次数。换向电势是扫描方向转换处的电势。初始电势或者是换向电势之一，也或者是其间的任何电势值，但是，一般初始电势都设定为电极上无电流流过时的电势。该"中性"电势值也称为开路电势。

循环伏安技术提供了能够快速观测一个电化学体系的行为的途径。循环伏安实验开始就像线性扫描伏安一样——待测物会在初始正向扫描段被氧化（或被还原），但是，在反向扫描段则被还原（或被氧化）回到初始状态。因此，一个典型的循环伏安图上显示了两个幅度近乎相等但是符号相反的峰，原因是两个反应分别是阳极反应和阴极反应。

与双电势阶跃计时电流法（DPSCA）类似，循环伏安技术对待测物在电极表面的电解反应行为很敏感。如果待测物电解后发生分解或发生其他反应，则当反向扫描开始时，扩散层中该物质浓度低就会导致反向峰的消失。这种循环伏安曲线被称为不可逆型。不可逆型循环伏安曲线，即使看起来不像可逆型的那么好看，但对电化学分析而言也很有用。

实验中也会发现准可逆循环伏安曲线。在扫描过程中，物质电解后发生了某些非电化学反应。相比电化学扫描的时间尺度，这类反应的响应慢，导致反向扫描峰较小（不会完全消失）。

阳极溶出伏安技术的原理是，施加一个电势阶跃完成后紧跟一个线性扫描测试。在前序电势阶跃部分，电势阶跃设定为低于待测物的 $E^0$ 值并保持一段时间，以此使金属离子从高价态还原到中性金属态。在此还原过程中，金属原子在电极表面吸附导致了在表面的"富集"。随后，电势扫描从该负值转为正值（阳极化）时，金属待测物又被氧化回阳离子态。由于该氧化反应在电极表面进行，所有的吸附物均被快速氧化，结果是曲线上出现了一个比无"富集"的线性扫描尖锐得多的峰。如果工作电极采用液体汞，则该方法就称为阳极溶出极谱技术，与上述阳极溶出伏安技术不同的是，还原时金属离子不吸附于汞液滴表面，而是与汞混合汞齐化后在液滴内部"富集"。

**（3）流体动力学方法**

上述所有方法中，电极溶液要尽量保持不流动，这样的话，扩散是待测物到达电极的唯一途径。而流体动力学方法却是借助搅拌来使待测物加速到达电极的。当溶液被可控搅拌时，溶液以层流形式流向工作电极。产生层流最常用的方法就是旋转电极本身，这会在溶液中诱发涡流，溶液会被龙卷风效应吸向上方的旋转电极。

旋转电极的构造一般是在一个长圆杆的端头平齐放置一个圆盘状电极。旋转的电极让溶液保持均匀和持续搅拌。注意：紧贴电极表面的一薄层溶液（边界层）随着电极一起旋转。相对于旋转的电极，该层溶液是静止不动的。电极对溶液的持续搅拌，使得待测物被带至此静态边界层的外围，然而，待测物要最终到达电极表面，就必须扩散穿过紧靠电极的静态溶液层。因此，尽管待测物要通过对流和扩散两种过程才最终到达电极表面，但扩散过程才是电极表面电流大小的决定性因素。

旋转电极方法的一个特性就是利用旋转电极得到的扩散电流不随时间而变化。因此，电极表面的浓度梯度随时间的变化在二维方向是均匀的（循环伏安法和计时电流法则不同，因为浓度梯度不断减小，导致电流随时间延长呈衰减趋势）。因为扩散层（在边界层内）的厚度保持不变，又因为在扩散层外待测物的浓度沿二维方向也是均匀的（由于电极的持续搅拌导致的溶液层流现象），使得浓度梯度也不随时间而变化。所以，旋转电极测定的电流也称为稳态电流。

描述旋转圆盘循环伏安方法的基本方程是 Levich 方程 ❶，该方程体现了表面扩散过程和电极旋转引发的流动动力学效应二者的影响。当电极电势扫描过待测物的形式电势 $E^0$ 值时，观测到的电流从零变动到一个极限电流值，该值对应于边界层处形成的最大浓度梯度。获得的循环伏安曲线（即电流–电势图）呈 S（sigmoidal）形，中线位于形式电势 $E^0$ 值处。用 Levich 方程，可以计算极限电流 $i_L$，数值上就等于 S 曲线的底边直到上平台的垂直距离。

$$i_L=0.620nFAD^{2/3}\omega^{1/2}v^{-1/6}C \qquad (2\text{-}9)$$

式中，$i_L$ 是反应的极限电流；$v$ 是溶液的运动黏度，$cm^2/s$；$\omega=2\pi f$，$f$ 是转速，rad/s ；其他参数如前所述。

可见，极限电流正比于浓度，因而可以用于待测物浓度的定量分析。

旋转环盘电极（rotated ring-disk electrode, RRDE）技术是基于改造旋转圆盘

---

❶ Veniamin Levich（1917—1987），物理化学家，是旋转圆盘电极循环伏安方法的发明人，该方程以他的名字命名。

电极技术得到的。RRDE 上有一个导体盘和一个同心的导体环，当电极旋转时，溶液中的层流先把待测物带到盘电极表面，然后再向外经过环电极。（这是一系列所谓双工作电极方法，如果要维持圆盘和圆环电极在不同电势，就要用到两个恒电势仪。）类似前述 DPSCA 和循环伏安技术，RRDE 可用于揭示待测物发生了氧化-还原反应后，又发生了哪些变化。如果待测物在从盘电极向外到环电极的过程中，发生的不是电化学类型的反应，则盘电极就探测不到它了。因此，RRDE 这种"产生-收集"实验模式，可以提供待测物发生电化学反应后，下一步反应的速率的很有用的定量信息。

### 2.1.4　实验仪器

（1）基本装置

电化学实验所需的基本仪器设备为：与电脑连接的恒电位仪、电化学池。电化学池中发生的过程都可以用化学知识来解释。电化学池以外的过程都可以用电子学知识来解释。

电化学工作站的使用

（2）电化学工作站 / 恒电位仪

仪器置于恒电位模式时，其主要功能为控制工作电极电势并测量电流；置于恒电流模式时，其主要功能为控制电流并测量电极电势。一个典型的三电极体系恒电位仪与工作电极、参比电极和对电极（也称辅助电极）相连（上述电极均浸没于测试用溶液中），如图 2-2 所示。恒电位仪控制工作电极电势，这一电势是相对参比电极的电势值，同时测定流经工作电极与对电极之间的电流。恒电位仪的内部反馈电路能使参比电极和工作电极之间流过的电流极小。

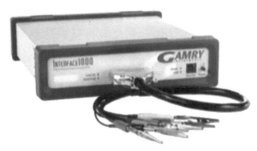

图2-2　Gamry Instruments公司Interface™ 1000型恒电位仪，上接电极接头线缆

注：现代微电子技术的发展，可让恒电位仪集恒电位和恒电流模式于一体。

使用 Gamry Instruments 恒电位仪，做三电极体系的相关实验，线缆均应按下述方式连接：

① 工作电极：绿色（工作电极接头）；蓝色（工作传感电极接头）；

② 参比电极：白色（参比电极接头）；

③ 对电极：红色（对电极接头）；橙色（对电极传感接头）；

④ 接地电极：黑色夹子。

循环伏安法需控制电极电势，因此，需要一台信号发生器来产生加到工作电极上的扫描电势或序列脉冲电势。现代的恒电位仪通常内置了扫描电势或序列脉冲电势发生器。将恒电位仪与电脑连接后，通过电脑来控制产生所需的波形。当然，也可以用外置式信号发生器，只要将其输出接口与恒电位仪的信号输入接口连接即可。若一台恒电位仪没有内置的扫描/脉冲电势发生器时，或者研究人员需要更特殊波形的时候，就可以用外置信号发生器的方法。

**（3）电化学池**

在电化学实验中，相对普通的分析化学实验而言，要额外注意一些事项，如用更干净的玻璃器皿，用更低的电解液浓度、抛光电极，以及用更纯的溶剂。

① 测试用溶液。池内的电化学液中有至少 1 种溶解在导电的电解质溶液中的待测物，导电的电解质溶液称为支持电解质溶液。支持电解质溶液的配制：常用（相对）高浓度（通常为 0.1～1mol/L）的电化学惰性的盐溶解于超纯溶剂中。因为大多数伏安实验非常灵敏，可以探测到痕量的电活性污染物，所以溶剂的纯度至关重要。从发表的电化学文献中，可以发现电化学家的确非常努力来确保所用溶液和药品的纯度。当研究对象为非水溶液体系时，研究者大多采用经过严格干燥，有时甚至经三次蒸馏的 HPLC 级（甚至更纯）的有机溶剂。

本书中多数实验设计为使用水相电解质溶液。因此，试剂级的酸和碱，经稀释至适当浓度后，可以作为电化学实验的优良溶剂；也可使用各种缓冲液和惰性盐溶液。但必须注意，实验中所用溶液必须由高纯溶剂制成，而且所用玻璃器皿须非常洁净。

分析实验中通常需用到纯化的水。地方水网供给的自来水经单级蒸馏后，可用于谱学和滴定实验，但伏安测试则需要更高纯度的水才行。高纯水可用较昂贵的包括离子交换柱的水过滤系统制得。如果实验室没有或不打算购置高纯水过滤系统，建议向供应商订购合适纯度的溶剂。

（注：实验六（循环伏安数据的对比分析）和实验十（电化学阻抗谱实验）不需使用溶液；实验七（微电极实验）需要用到非水电解质溶液。）

支持电解质添加到溶剂中，起到增加溶液电导率的作用。这样会减小待测溶液内电场的范围，以此消除待测物在电场力作用下的电迁移（这对测试不利）。虽然，相比非导电溶液和含支持电解质的导电溶液，电化学池内各电极之间的总电势差值是相同的，但支持电解质提供了额外的导电性，使得此总电势差仅局限于电极表面几纳米范围内。

虽然溶液内的电场不会完全消失，但大多数电化学家都认为，当支持电解质的浓度比待测物的浓度大至少 100 倍时，就可忽略电场对待测物的电迁移效应。在实际操作中，支持电解质的浓度约为 0.1～1.0mol/L，所以进行伏安测试时的待测物浓度很少会高于 0.01mol/L。

因此，可根据如下两点来回答"用哪种支持电解质？"的问题：

a. 所选支持电解质是否溶解于要用的溶剂中？

b. 所选支持电解质在测试电势区间是否是电化学惰性的？

如果水是溶剂，硝酸钾（$KNO_3$）是一种非常好的支持电解质，它在水中的溶解性好，且呈现电化学惰性。氯化钾（KCl）也是一种不错的电解质，但其电势窗比 $KNO_3$ 要窄。浓度为约 1.0mol/L 的强酸或强碱，因其具有良好的导电性，也是很好的电化学用溶剂。酸性溶液不是很适合，因为若需要在负电位下工作，水合氢离子的还原会干扰测试结果。

② 工作电极的选择。本书里通用的工作电极为铂电极、金电极、玻碳电极、滴汞电极、丝网印刷电极、模拟流体力学的旋转电极等。在电化学测量前工作电极一般需进行抛光处理。

## 2.1.5　恒电位仪的校准

① 如果可能，将恒电位仪背面的机箱接地线接至一个已知的良好接地点；

电化学工作站的校准

② 将电极线缆接头连接到仪器自带的 UDC4 模拟电化学池的校准端；

③ 将模拟电化学池置于校准屏蔽罩内，盖上盖子，并将电极线缆接头中的黑色接地线连接到屏蔽罩的接地线柱上，如图 2-3 所示；

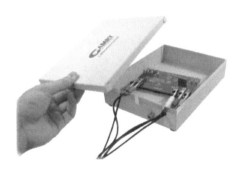

图2-3　恒电位仪校准时将电化学池置于校准屏蔽罩内

④ 运行 Gamry Framework™ 软件，如图 2-4 所示。选择"Experiment/Utilities/Calibrate Instrument"；

⑤ 选择恒电位仪"REF600-17032"，如图 2-5 所示，勾选"Both"选项，然后点击"OK"。

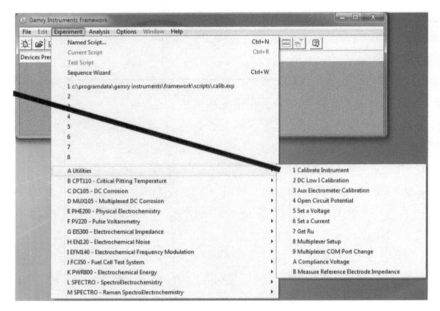

图2-4 运行Gamry Framework™软件

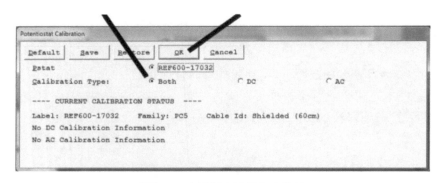

图2-5 在软件中选择恒电位仪

在点击确认几条指导提示信息后，校准将自动进行，如果校准成功会看到通知信息。如果校准失败的操作流程如下：

① 复检以下内容：

a. 确认连接的是UDC4校准端。

b. 确认接地导线连至屏蔽罩。

c. 确保机箱接地线连接到已确定的良好接地点。

② 点击"Retry"，重新启动剩下的校准步骤。点击"Ignore"，忽略可能出现的其他任何校准警告，并继续执行步骤③。

③ 查找"My Gamry Data"文件夹中的名为"PC6-#####.txt"的校准结果。

将校准文件和完整联系方式发送至邮箱：techsupport@gamry.com。

注："#####"为恒电位仪的序列号。

表 2-1 是 Gamry Instruments 公司可提供的供 10 组学生进行所有 11 种电化学实验的套件材料列表。

表2-1　Gamry Instruments公司提供的电化学实验课程的套件材料

| 配件编号 | 名称 | 数量 |
|---|---|---|
| 820-00005 | 低碳钢试样 | 30 |
| 930-00015 | Ag/AgCl 参比电极 | 1 |
| 932-00024 | 铂工作电极 | 1 |
| 932-00056 | 铂对电极 | 1 |
| 932-00009 | 铂微电极 | 1 |
| 932-00063 | 抛光布 | 1 |
| 935-00065 | 微型搅拌棒 | 1 |
| 935-00123 | 碳丝网印刷电极 | 36 |
| 935-00124 | 铂丝网印刷电极（SPE） | 60 |
| 972-00065 | 带盖比色皿 | 1 |
| 987-00099 | 学生版 DigiElch | 1 |
| 988-00049 | 学生版实验用书 | 20 |
| 988-00050 | 教师版实验用书 | 1 |
| 990-00193 | Dr. Bob 电化学池组件 | 1 |
| 990-00195 | 电极抛光组件 | 1 |
| 990-00196 | Eurocell 组件 | 1 |
| 990-00419 | 交流模拟电化学池 | 1 |
| 990-00420 | 丝网印刷电极（SPE）电化学池 | 1 |
| 990-00421 | 丝网印刷电极（SPE）比色皿用转接头 | 1 |
| 930-00045 | 参比电极桥管 | |
| 930-00014 | 石墨对电极 | |
| 930-00034 | 通气鼓泡组件（适用 Dr. Bob 电化学池） | |
| 930-00040 | 通气鼓泡组件（适用 Euro Cell 电化学池） | |
| 820-00001 | 各种不同试样架组件 | |
| 820-00004 | | |
| 820-00036 | | |
| 820-00005 | | |
| 920-00039 | | |

## 2.1.6 其他所需材料

表 2-2 是 Gamry Instruments 公司不提供，但是 10 组学生进行所有 11 种电化学实验所需的材料列表。所有化学品纯度应至少为 95%。

表2-2 Gamry Instruments公司不提供的电化学实验课所需的材料

| 名称 | 数量 |
|---|---|
| 1000mg/L 标准 Cu 离子水溶液，用质量分数为 2% 的 $HNO_3$ 配制 | 100mL |
| 1000mg/L 标准 Pb 离子水溶液，用质量分数为 2% 的 $HNO_3$ 配制 | 100mL |
| 3-甲基噻吩（单体） | 2mL/2g |
| 对乙酰氨基酚（扑热息痛）药剂 | 250mL |
| 对乙酰氨基酚（扑热息痛）片剂 | 1 瓶（50 粒） |
| 对乙酰氨基酚（扑热息痛） | 7g |
| 乙腈 | 275mL |
| 柠檬酸 | 20g |
| 透析膜 | 1 包 |
| 一次性比色皿（容量 4.5mL） | 1 |
| 二茂铁 | 1g |
| 葡萄糖 | 5g |
| 用黑曲霉制备的葡萄糖氧化酶，Ⅱ型，≥ 15000U/g 固体（无添加氧） | 10000U |
| 高氯酸 | 5mL |
| 氯化钾 | 44g |
| 铁氰化钾 | 1g |
| 邻苯二酚 | 1g |
| 磷酸氢二钠七水合物 | 5g |
| 磷酸二氢钠一水合物 | 8g |
| 硫酸钠 | 3g |
| 硫酸 | 140mL |
| 四丁基铵六氟磷酸盐 | 10g |
| 四丁基四氟硼酸铵 | 4g |
| PTFE 管（长度：10ft，外径：1/16in，内径：0.023 0.58mm）[1] | 1 包 |

[1] 用于 SPE 带盖比色皿的管材。如需将此管连至实验室内氮气系统出口端，还需准备相应配件。
注：1ft=0.3048m；1in=0.0254m。

## 2.1.7 统计学在电化学领域的应用

本书不讨论统计学，然而，我们会偶尔采用一些基本的统计分析，例如定量分析法。为了更好地采取电化学技术进行实验结果分析，建议先了解实验室中经常采用的数据统计术语与含义，包括实验平均值、标准偏差和相对标准偏差。

（1）实验平均值

系列数据平均值或样本均值（因为我们正在测量数据的一个样本，而不是全部可能的数据）中，是数据的"集中趋势"的一个版本，常称为数据的平均值。平均值（$\bar{x}$）是所有数据的总和除以数据点的数量 $n$：

$$\bar{x} = \frac{x_1 + x_2 + \cdots + x_n}{n} \tag{2-10}$$

（2）标准偏差

标准偏差（$s$）是衡量所有数据接近平均值的趋势。换句话说，标准偏差衡量数据是如何分布的。在统计分析中，使用均值来评估每个数据点的差异：

$$s = \sqrt{\frac{1}{n-1} \sum_{i=1}^{n} (x_i - \bar{x})^2} \tag{2-11}$$

式中，$\bar{x}$ 是平均值；$n$ 是数据点的数量；$i$ 是系列编号从第一个数据点（$i=1$）到最后一个数据点数据点（$i=n$）。

（3）相对标准偏差

相对标准偏差（或者 RSD）是标准偏差的特殊形式。这个度量告诉相对平均值，标准偏差有多大（或小）。也就是说，其可以衡量数据是靠近平均值还是远离平均值。

$$RSD = \frac{s}{|\bar{x}|} \times 100\% \tag{2-12}$$

式中，$\bar{x}$ 是平均值，但上述公式取平均值的绝对值；$s$ 是标准偏差。报告相对标准偏差时，常为括号内的平均百分比，例如 76.2mg±5.8%。

# 2.2　实验一　循环伏安实验

## 2.2.1　实验目的

① 学习如何装配丝网印刷电极。

② 学习如何操作 Gamry 电化学工作站。

③ 确定铁氰化钾的氧化还原电势。

④ 计算铁氰化钾的扩散系数。

### 2.2.2 实验仪器设备

① Gamry Instruments Interface™ 1000T。

② 安装在电脑上的 Gamry Instruments Framework™ 软件包。

③ 丝网印刷电极（SPE）电化学池（Gamry 990-00420）。

④ 铂丝网印刷电极（Gamry 935-00122）。

电化学工作站的
使用

### 2.2.3 试剂和化学品

**（1）溶液**

① 0.1mol/L KCl 溶液　称量 0.74g KCl 溶于 100mL 水中，从 100mL 该浓度溶液中取 80～90 等份，每份 1mL。

② 溶解于 0.1mol/L KCl 溶液中的 2mmol/L 铁氰化钾溶液　称量 0.74g KCl 和 0.06g 铁氰化铵溶于 100mL 水中，从 100mL 该溶液中取 80～90 等份，每份 1mL。

**（2）溶液除氧气**

① 用惰性气体（优选 $N_2$）分别对两种溶液除气各 10min。

② 用惰性气体保护每种溶液。

③ 马上塞紧瓶塞。

（注：实验员已先行除去了溶液中的溶解氧。除去溶液中的溶解氧可防止数据中出现虚假峰。）

注意：含氰化合物可水解生成剧毒的氰化氢气体。千万不要将铁氰化钾排入下水管道！

### 2.2.4 背景知识

循环伏安法是用于快速获得一个电化学反应的定量数据的最常用的电分析技术。循环伏安法的重要性在于它可以快速提供关于过程的异相电子传递、扩散系数和热力学信息等在内的动力学结果。循环伏安法还可给出相关的化学反应或吸附过程的数据。

对于一个电活性待测物而言，循环伏安法一般是首选的研究方法，因为它可确定待测物的氧化还原电势。该方法还可快速评估某个特定基质对氧化还原过程的影响。

常规的循环伏安实验中，溶液中的某组分被电解（氧化或还原），这需要溶液与电极接触，而且施加于电极上的电势相对于参比电极（例如甘汞电极或 Ag/AgCl 电极）要足够正或足够负。控制电势使之线性增大或减小，并以等同的线性扫描速率返回至起始电势。

　　当电极电势足够负或足够正时，溶液中的某物质可以从电极表面获得电子，或将电子传递到该表面。当电势正向或逆向扫描过待测物的表观电势（$E^0$）时，流过电极的电流就会使待测物被氧化或还原。电子传输情况就体现为电极的电路中可测量出的电流。该电流值的大小正比于溶液中待测物的浓度，所以循环伏安法可用于待测物浓度的分析测定。

　　测量结果一般用循环伏安曲线（CV）表示，表现为电流与电势间的循环曲线，$X$ 轴为电势，$Y$ 轴为电流。

　　图 2-6 为一条示例性的循环伏安图。$X$ 轴为电势，较正（即氧化）电势值靠右侧，较负（还原起始电势）电势值靠左侧。$Y$ 轴为电流，阴极（还原）电流在该轴负方向，阳极（氧化）电流在该轴正方向。

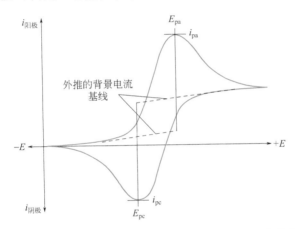

图2-6　示例性的CV曲线。该曲线表明了氧化还原反应的可逆性

（引自 Kissinger P T, Heineman W R. Laboratory Technniques in Electroanalytical Chemistry.
New York: Marcel Dekker Inc, 1984: 88）

　　伏安图中的峰看起来类似于频谱或色谱图中的峰。每个峰表示分析溶液中的特定电解过程，峰的高度与待测物的浓度成正比。循环伏安图中的峰是不对称的，前端陡峭，后端缓降。反向扫描峰与正向扫描峰总体形式相同，但因为电流流向相反，所以峰形左右翻转。

　　在循环伏安实验中，第一次扫描的初始方向可以是正（阳极）或负（阴极）方向，具体取决于待测物的性质。对于可氧化的待测物，第一次扫描从正方向开始；对于可还原的待测物，第一次扫描从负方向开始。

　　从高质量的循环伏安图中可以获得许多定量信息。首先，能考察一个氧化还原反应偶是否是电化学可逆反应。可从伏安图读取阳极扫描的峰电势（$E_{pa}$）和阴极峰电势（$E_{pc}$），并计算得到差值（$\Delta E_{peak}$）。那么，如果氧化还原反应偶是可逆反应，根据能斯特方程 $E = E^0 + 2.303[RT/(nF)]\lg[Ox/Red]$，$\Delta E_{peak}$ 与参与氧化还原反应偶的电子数之间的关系为：

$$n\Delta E_{peak}=59mV \tag{2-13}$$

式中，$n$ 是参与氧化还原反应偶的电子数。

事实上，对于铁氰化物离子的反应实验，铁氰化物离子经历的反应为可逆单电子过程，反应式如下：

$$Fe(CN)_6^{3-}(aq)+e^- \rightarrow Fe(CN)_6^{4-}(aq) \tag{2-14}$$

阳极峰值电流 $i_{pa}$ 等于阴极峰值电流 $i_{pc}$，即有如下关系式：

$$\frac{i_{pc}}{i_{pa}} = 1 \tag{2-15}$$

如果峰电流的比值偏离 1，则表明反应具有化学或电化学不可逆性。如果该比值 <1，但有扫描返回峰出现，那么此电化学反应就是准可逆的。峰电流的测量不是以 $x$ 轴作为基准，而是从背景电流基线外推至峰值电势处（见图 2-6），峰电流就是从峰顶到外推基线的垂直距离。

$$i_p = 0.4463nFAC\sqrt{\frac{nFvD}{RT}} \tag{2-16}$$

可逆氧化还原反应偶的表观电势（$E^o$）就是两个峰电势的平均值：

$$E^0 = \frac{E_{pa} + E_{pc}}{2} \tag{2-17}$$

通过 Randles-Ševćik 方程，可从伏安图中确定有关待测物浓度的定量信息［式（2-17）］。基于该式，已知待测物的浓度 $C$，可以计算峰电流 $i_p$（阳极或阴极的）。

式中　　$n$——反应偶的半反应中的电子数；

　　　　$v$——电势扫描的扫描速率，V/s；

　　　　$F$——法拉第常数，96485C/mol；

　　　　$A$——电极面积，cm²；

　　　　$R$——气体常数，8.314J/（mol·K）；

　　　　$T$——绝对温度，K；

　　　　$D$——待测物的扩散系数，cm²/s。

如温度为标准温度（25℃，298.15K），则 Randles-Ševćik 方程可简写为：

$$i_p = 2.686\times10^5 \times n^{\frac{3}{2}}AC\sqrt{v}\sqrt{D} \tag{2-18}$$

式中，常数为 $2.686\times10^5$ C/（mol·V$^{1/2}$）。

峰电流与待测物的浓度成正比。如果已知待测物浓度，则用循环伏安法可测定待测物的扩散系数。扩散系数的数值高低，说明了待测物在溶液中移动（期间与其他分子随机碰撞）的快慢程度。

## 2.2.5　实验步骤

**注意**：确保所有玻璃器皿尽可能干净。溶剂和药品应尽可能纯。在清洗玻璃器皿（尤其是最后一步的清洗）和配制溶液时，建议使用去离子水、超滤水、蒸馏水或 HPLC 级水。

（1）准备电化学池

① 将绿色（工作电极）、蓝色（工作传感电极接头）、白色（参比电极）、红色（对电极）和橙色（对电极传感接头）的香蕉插头［见图 2-8（b）］与 SPE 的接口板上对应的连接口相连。黑色地线无需连接。

② 将如图 2-7 所示的丝网印刷电极水平插入如图 2-8（a）所示接口板的连接口。

图2-7　丝网印刷电极

装置安装好后应与图 2-8（b）所示的一样。

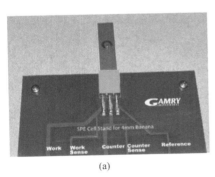
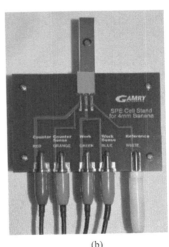

（a）　　　　　　　　　　　　（b）

图2-8　丝网印刷电极（SPE）接口板（a）和完成装置（b）

**注意**：滴加的试剂量无需过多，只需将丝网印刷电极表面的三个电极全部覆盖即可。

（2）空白溶液扫描测试

① 打开电化学工作站，在主机上打开 Gamry Framework™ 软件。

② 主机检测到电化学工作站时，选择"Experiment/Physical Electrochemistry/Cyclic Voltammetry"，打开"Cyclic Voltammetry"窗口。

③ 按图2-9所示，在"Cyclic Voltammetry"窗口设置各实验参数，文件命名为"BLANK.DTA"。

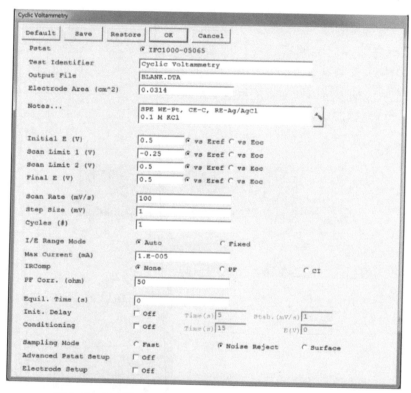

图2-9　循环伏安法测试窗口，设置参数来运行空白测试

④ 将一滴空白溶液（0.1mol/L KCl）滴在 SPE 电极上（如图 2-10 所示）。

图2-10　SPE电极上的单滴液体

⑤ 点击"OK",开始进行测试。

（3）待测溶液测试

① 用去离子水冲洗 SPE,并将冲洗液置于废液池中。然后用实验用无尘纸轻轻擦拭 SPE 以除去残留的冲洗液;

（注意:不要将水滴溅到 SPE 电路板上!）

② 将一滴 2mmol/L 铁氰化钾溶液（以 0.1mol/L 氯化钾溶液配制）滴在丝网印刷电极上;

③ 在实验窗口中,将文件名更改为"FeCN6 10mVs-1.dta";

④ 运行实验;

⑤ 重复步骤①~④,将扫描速率更改为 20mV/s,文件名称更改为"FeCN6 20mVs-1.dta";

⑥ 重复步骤①~④,将扫描速率依次更改为 30mV/s、40mV/s、50mV/s、60mV/s、70mV/s、80mV/s、90mV/s 和 100mV/s,同时相应重命名文件;

⑦ 从连接器上取下丝网印刷电极,将其弃于废物罐中;

⑧ 将待测物溶液置于废液池中（切勿倒入下水道!）。

循环伏安曲线的峰
值和面积积分分析

## 2.2.6　数据分析

（1）阴极和阳极峰电势和电流值的确定

① 在主机系统桌面上,找到并打开 Gamry Echem Analyst™ 软件。

② 使用 Echem Analyst 来确定阴极和阳极峰电势以及相应峰电流。

a. 打开需要解析的 CV 文件。

b. 用鼠标图标工具 🖰,选择峰所在区域,选择"Cyclic Voltammetry/Peak Find",继续选择"Cyclic Voltammetry/Automatic Baseline"。那么,@Vf(Vvs.Ref) 是代表电势,Height (A) 为峰电流。

c. 对曲线中阴极和阳极峰重复以上步骤进行解析。

d. 将相应数据填入表 2-3 中。

③ 对其他扫速的数据,重复步骤 2 进行分析。

（2）图表打印

① 将十个不同扫描速率的曲线打印到一张图上。

a. 打开"FeCN6 100mVs-1.dta"文件;

b. 选择"File/Overlay";

c. 选择要叠加的其他曲线;

d. 打印完整的曲线图（如图 2-11 所示）;

e. 将其放入实验报告中。

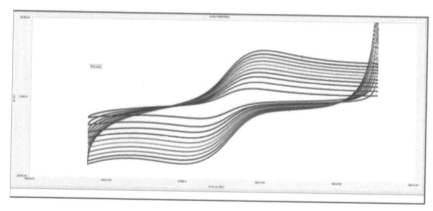

图2-11 典型的CV图（示例图）

② 使用实验老师指定的软件，绘制 $i_{pc}$- 扫速 $^{1/2}$ 图、$i_{pa}$- 扫速 $^{1/2}$ 图（如图 2-12 所示）。

③ 打印图 2-12。

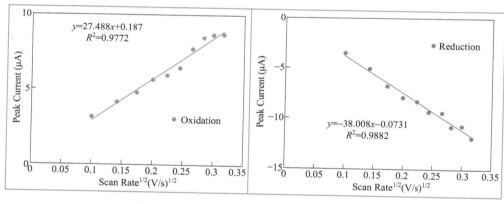

图2-12 峰电流与扫速 $^{1/2}$ 关系曲线（示例图）

④ 将其放入实验报告中。

（3）结果计算

① 根据扫速数据，计算 $\Delta E_p$、$E_{1/2}$ 和 $i_{pc}/i_{pa}$，将计算结果填入表 2-3 中；

表2-3 示例用数据表格

| 扫描速率/(mV/s) | 10 | 20 | 30 | 40 | 50 | 60 | 70 | 80 | 90 | 100 |
|---|---|---|---|---|---|---|---|---|---|---|
| $E_{pc}$/mV | | | | | | | | | | |
| $E_{pa}$/mV | | | | | | | | | | |
| $i_{pc}$/μA | | | | | | | | | | |
| $i_{pa}$/μA | | | | | | | | | | |

② 从 $i_p$- 扫速 $^{1/2}$ 图中，确定拟合直线的斜率；

a. $i_{pc}$- 扫速 $^{1/2}$ 图的斜率 =＿＿＿＿＿＿＿＿ ；

b. $i_{pa}$- 扫速 $^{1/2}$ 图的斜率 =＿＿＿＿＿＿＿＿ 。

③ 使用 Randles-Ševćik 方程和 $i_{pc}$- 扫速 $^{1/2}$ 图的斜率，计算铁氰化钾的扩散系数 $D$。

## 2.2.7　练习题

① 根据 Randles-Ševćik 方程，随着温度的升高，峰值电流将增加还是减小？为什么？

② 分子在溶液中移动的平均距离可用如下公式进行计算：

$$l = \sqrt{2Dt} \qquad (2\text{-}19)$$

式中，$l$ 为距离，cm；$D$ 为扩散系数，m²/s；$t$ 为时间，s。用得到的扩散系数值，计算待测物扩散 1mm 所需时间。

③（附加题）计算 $i_{pc}$ 和 $i_{pa}$ 的斜率的比值，基于这个数字，判断铁氰化物的反应是可逆、准可逆还是不可逆的？为什么？

## 2.2.8　实验中常见问题

① 仪器的香蕉型插头被错误连接到 SPE 板上不正确的插孔。这会导致非常严重的错误，因为所得数据不再具有分析价值。

② 扫描参数设置时，软件中的电势范围设置错误。所得数据是否具有分析价值，将取决于输入的电势和所得伏安图的形状。如果正向和反向扫描峰值在设定的电势窗口中均清晰可见，则数据可用于分析；而如果峰不存在，则需重新进行设置和测试。

**参考文献**

van Benschoten J J, Lewis J Y, Heineman W R, Roston D A, Kissinger P T, J Chem Ed, 1983, 60(9): 772.

# 2.3　实验二　电极有效工作面积的确定

## 2.3.1　实验目的

① 了解浓度-距离曲线；

② 熟悉 Cottrell 曲线和 Anson 图；

③ 学习使用 Cottrell 和 Anson 公式计算工作电极的活性面积。

### 2.3.2 实验仪器设备

① Gamry Instruments Interface™ 1000 或者 1010 型电化学工作站；

② Gamry Instruments Framework™ 软件；

③ 丝网印刷电极电化学池（Gamry 990-00420）；

④ 碳丝网印刷电极（Gamry 935-00123）。

电化学工作站的
使用

### 2.3.3 试剂和化学品

（1）配制溶液

① 0.1mol/L KCl 溶液的配制　每 100mL 水称取 0.74g KCl 溶于其中。预计 100mL 溶液量可够取用 80～90 份 1mL 的溶液。

② 2mmol/L $K_3Fe(CN)_6$ 溶液的配制　每 100mL 水称取 0.06g 铁氰化钾溶于其中。预计 100mL 溶液量可够取用 80～90 份 1mL 的溶液。

注意：实验员已将溶液中的溶解氧去除，去除溶解氧可避免干扰峰的出现。

（2）溶液除氧

① 向上述配制好的两种溶液中通惰性气体（优先选择 $N_2$）10min。

② 使溶液处于惰性气体的保护中。

③ 完成上述两步后立刻塞上塞子。

注意：含有氰根离子的化合物可水解产生有剧毒的氢氰酸，切记不要将氰化钾倒入下水道！

### 2.3.4 背景知识

计时电流法是在给定电势下测量电流随时间变化的方法。施加电势后，便会产生由两种不同电流导致的一个较强的电流响应。第一种电流是通过待测物在电极表面电解产生的，称为法拉第电流。法拉第电流会随着待测物的消耗而逐渐减小，消耗的待测物可通过扩散得到补充。第二种电流是电容电流，它与电势改变时电极表面的电荷积累（电容）相关。电容电流随时间呈指数衰减，比扩散控制的法拉第电流衰减更迅速。因此，反应时间越长，法拉第电流与电容电流比值越大。

由于计时电流法能够在较短的反应时间（s）内提供丰富的信息，因此常被用于电化学领域。将电流对时间积分可得电量，从而可得电量随时间的变化曲线图，又称计时库仑图。通过这些数据，可以计算电极有效工作面积、待测物的浓度及其扩散系数等。计时电流法还可以提供异相电子转移动力学或吸附过程动力学的信息。

计时电流实验中，初始电势值是没有电化学反应发生的电势，即开路电势（$E_{oc}$）。电极电势从开路电势一步阶跃至待测物发生氧化或还原反应的电势值。可以通过进行双电势阶跃的计时电流法，将电势阶跃到逆向电解反应发生的电势值。电势随时间变化的波形如图 2-13（a）所示，相应电流–时间响应曲线见图 2-13（b）。

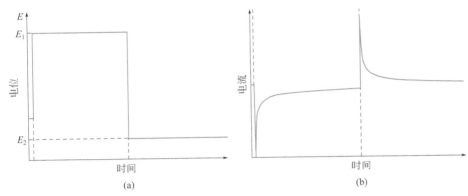

图2-13　电势随时间变化的波形（a）和相应的电流–时间响应曲线（b）

本实验中待测物为铁氰化钾，其扩散系数为 $7.60 \times 10^{-6} cm^2/s$，其单电子转移反应如下：

$$Fe(CN)_6^{3-}(aq) + e^- \longrightarrow Fe(CN)_6^{4-}(aq)$$

实验开始时，溶液中待测物处于氧化态［如图 2-14（a）］。开始电势阶跃后，电极表面的氧化态待测物被还原［如图 2-14（b）中的 $t_1$ 曲线］。由于电极表面只有还原产物而没有氧化态待测物，而本体溶液中含有大量氧化态待测物，就造成了浓度梯度。溶液中既含有氧化态待测物又含有还原产物的区域称为扩散层（diffusion layer），其厚度会随着实验的进行而增加［见图 2-14（b）中的 $t_2$ 和 $t_3$ 曲线］。

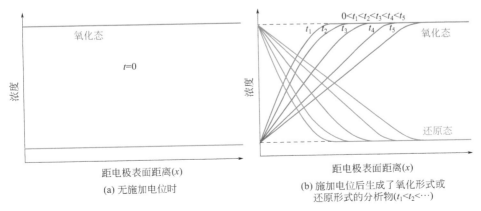

图2-14　最初以氧化态形式的产物和反应物的浓度–距离曲线

由 Cottrell 方程可知，电流和时间的平方根倒数呈线性关系（图 2-15）。计时电流法的 Cottrell 方程如下：

$$i = \frac{nFAC_0\sqrt{D}}{\sqrt{\pi t}} \tag{2-20}$$

式中，$i$ 是电流，A；$n$ 是电子转移数；$F$ 是法拉第常数，96485C/mol；$A$ 是电极有效工作面积，$cm^2$；$C_0$ 是待测物的初始浓度，$mol/cm^3$；$D$ 是待测物的扩散系数，$cm^2/s$；$t$ 是反应时间，s。

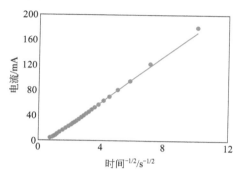

图2-15 Cotttrell 曲线（电流与时间$^{-1/2}$）

对电流-时间响应曲线积分可得计时库仑数据，即电量-时间响应曲线，如图 2-16（a）所示。计时库仑法的 Anson 方程如下：

$$Q = \frac{2nFAC_0\sqrt{Dt}}{\sqrt{\pi}} \tag{2-21}$$

式中，$Q$ 为电量，C；其他参数如前所述。电量与时间的平方根作图会得到一条直线。

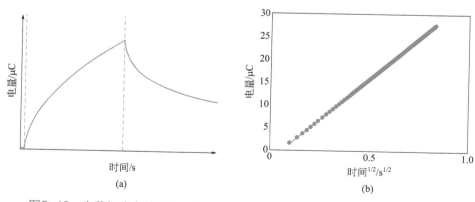

图2-16 电荷与响应时间关系曲线（a）和Anson曲线（电荷与时间$^{1/2}$）（b）

由于 Cottrell 和 Anson 曲线的斜率均与 $n$、$A$、$C_0$ 和 $D$ 四个参数相关；因此，只要其中三个参数已知，便可根据斜率确定第四个参数。

本实验中，我们利用计时电流法和计时库仑法来探究电极的表观面积和有效工作面积之间的差异。在假设电极表面完全平整以及忽略表面任何缺陷（比如划痕、沟槽或条纹）的基础上，电极的表观面积由其几何尺寸计算得到。电极的有效工作面积可以通过实验（比如循环伏安法、计时电流法和计时库仑法）获得，这时电极表面的所有微观缺陷都会有影响。

## 2.3.5　实验步骤

**注意：**确保所有玻璃器皿尽可能干净。溶剂和药品应尽可能纯。在清洗玻璃器皿（尤其是最后一步的清洗）和配制溶液时，建议使用去离子水、超滤水、蒸馏水或 HPLC 级水。

**（1）准备电化学池**

① 将绿色（工作电极接头）、蓝色（工作传感电极接头）、白色（参比电极接头）、红色（对电极接头）和橙色（对电极传感接头）鳄鱼夹与 SPE 的接口板上对应的连接口相连。黑色地线无需连接。

② 将丝网印刷电极（参考图 2-7）水平插入接口板的连接口 [如图 2-8（a）所示]。

装置安装好后应如图 2-8（b）所示的一样。

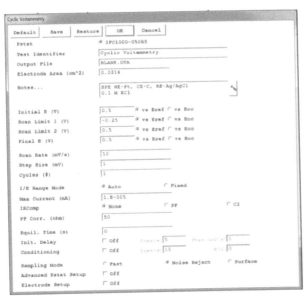

图2-17　循环伏安实验参数设置窗口

**注意：**滴加的试剂量无需过多，只需将丝网印刷电极表面的三个电极全部覆盖即可。

（2）循环伏安曲线测试

① 空白溶液测试

a. 打开电化学工作站；

b. 打开电脑上的 Gamry Framework 软件；

c. 连接好电化学工作站后，在 Gamry Framework 软件中逐级选择菜单："Experiment/Physical Electrochemistry/Cyclic Voltammetry"；

d. 按照图 2-17 设置实验参数，并将文件命名为"BLANK.DTA"；

e. 滴一滴空白溶液（0.1mol/L KCl 溶液）于 SPE 电极表面；

f. 运行实验。

② 待测溶液测试

a. 用去离子水冲洗 SPE 以去除空白溶液（至废液桶），用实验室纸巾轻轻擦拭 SPE 以去除冲洗液；

（注意：不要将水滴溅到 SPE 电路板上！）

b. 滴一滴浓度为 2mmol/L 的铁氰化钾溶液（以 0.1mol/L KCl 溶液配制）于 SPE 电极表面；

c. 将文件命名为"$K_3Fe(CN)_6$_CV"；

d. 运行实验。

③ 由循环伏安曲线读取 $E_{pc}$、$E_{pa}$、$E_{1/2}$ 值。

注意：要确保记录了所有在数据分析部分要用到的数据。

（3）计时电流曲线测试

① 空白溶液测试

a. 移除前一个样品并按上述步骤清洗 SPE；

b. 滴一滴空白溶液于丝网印刷电极表面；

c. 在 Gamry Framework 软件中逐级选择菜单："Experiment/Physical Electrochemistry/Chronoamperometry"，按照图 2-18 设置实验参数，并将文件命名为"Blank_ca.DTA"；

d. 将"Pre-step Voltage"设置为"0vs. Eref"单选按钮；

e. 将"Step 1 Voltage"和"Step 2 Voltage"的加电压方式均选"vs. Eref"；要确定"Step 1 Voltage"的设置数值，将计算得到的 $K_3Fe(CN)_6$ 的 $E_{1/2}$ 值减去 0.2V 即可；（注意：图 2-18 中 −0.1V 数值仅供参考。）

f. "Step 2 Voltage"电势值可由 $E_{1/2}$ 加 0.2V 确定；（注意：图 2-18 中 0.3V 数值仅供参考。）

g. 将"Step 1 Voltage"和"Step 2 Voltage"电势值记录在数据分析部分的表格中；

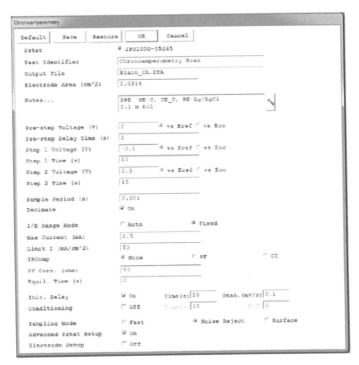

图2-18　计时电流实验参数设置

h. 点击"OK"按钮打开硬件设置窗口；

i. 按照图 2-19 进行设置，然后单击"OK"按钮；

图2-19　电化学工作站硬件参数设置

j. 运行实验。

提示：在 $E_{1/2}$ 的基础上加 0.2V 的目的是远离 $E_{1/2}$ 可确保电极表面待测物的完全电解。

② 待测溶液测试

a. 移除前一个液滴并清洗 SPE；

b. 命名"Output File Name"为"Ferricyanide_CA.DTA"；

c. 滴一滴新鲜的 $K_3Fe(CN)_6$ 溶液于丝网印刷电极表面；

d. 运行实验。

（4）计时库仑曲线测试

① 空白溶液测试

a. 移除前一个液滴并清洗 SPE；

b. 滴一滴空白溶液于丝网印刷电极表面；

c. 在"Gamry Framework"软件中逐级选择菜单"Experiment/Physical Electrochemistry/Chronocoulometry"，命名"Output File Name"为"BLANK_CC.DTA"，并参考图 2-20 设置实验参数；

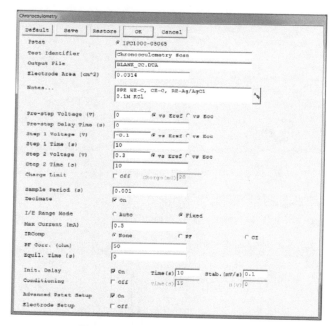

图2-20　计时库仑实验参数设置

d. 运行实验。

② 待测溶液测试

a. 移除前一个液滴并清洗 SPE；

b. 命名"Output File Name"为"Ferricyanide_CC.DTA"；

c. 滴一滴新鲜的 $K_3Fe(CN)_6$ 溶液于丝网印刷电极表面；

d. 运行实验。

（5）实验后的清理

① 清除丝网印刷电极表面的液滴，将丝网印刷电极从接口板取出并丢弃至废物桶。

② 将溶液倒入废液回收桶（切忌倒入下水道）。

③ 关闭恒电位仪。

④ 找到电脑中的如下文件夹"C:\Users\Public\Documents\My Gamry Data"，把实验数据拷出来以便进行随后的数据分析。

**注意**：含有氰根离子的化合物会水解产生有剧毒的氢氰酸。切记不要将氰化钾倒入下水道！

## 2.3.6　数据分析

（1）循环伏安法

工作电极的半径：_____。

将空白溶液和铁氰化钾溶液的循环伏安曲线重叠画在一个图中，如图 2-21 所示，打印该图，并将其附在报告中；

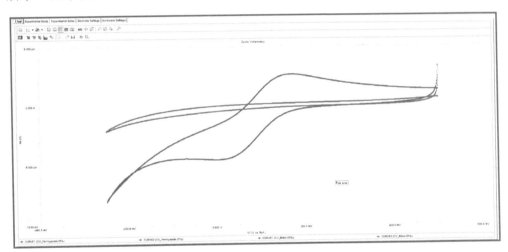

图2-21　循环伏安曲线测试示例（注：此图为示例数据）

由循环伏安曲线计算出铁氰化钾的半波电势：

$E_{pc}$：_____；

$E_{pa}$：_____；

$E_{1/2}$：_____。

（2）计时电流法和计时库仑法

写出计时电流法和计时库仑法的阶跃电势值。

计时电流法的阶跃电势值：_____；

计时库仑法的阶跃电势值：_____。

打印计时电流和计时库仑实验中的空白溶液和铁氰化钾溶液的实验结果，并附在实验报告中。

打开计时电流实验结果的第二个图表，如图 2-22 所示，打印电流对时间的平方根数据图，此图即为 Cottrell 图，如图 2-23 所示。

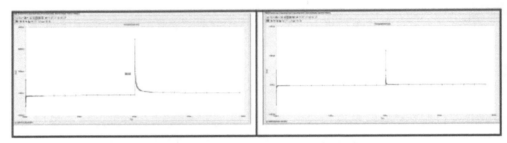

(a) 计时电流实验结果，(左)空白，(右)铁氰化物

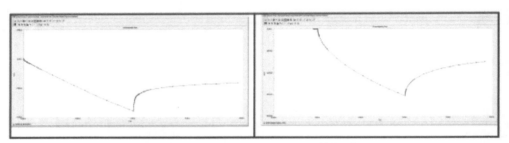

(b) 计时电流实验结果，(左)空白，(右)铁氰化物

图2-22　计时电流实验结果示意图（注：此图为示例数据）

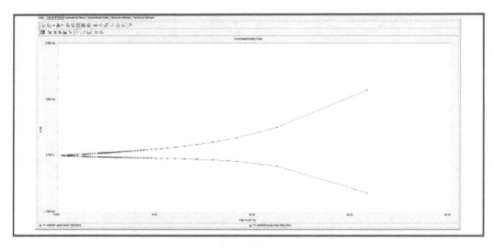

图2-23　铁氰化物的Cottrell图（注：此图为示例数据）

打开计时库仑实验结果的第二个图，打印电量对时间的平方根数据图，此图即为 Anson 图。

## 2.3.7　实验结果

① 计算 Cottrell 图和 Anson 图（图 2-24）中直线的斜率。

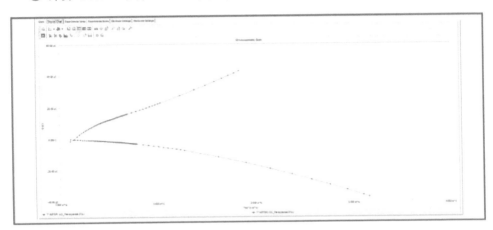

图2-24　铁氰化物的Anson图（注：此图为示例数据）

在 Echem Analyst ™软件中，用 "Select Portion of the Curve with Mouse" 功能选择要计算的范围，然后点击菜单栏中的 "Common Tools/Linear Fit"，计算结果填入表 2-4。

表2-4　计算得到的Cottrell图和Anson图中直线的斜率

| 项目 | 还原/（$\mu A/s^{1/2}$） | 氧化/（$\mu A/s^{1/2}$） |
| --- | --- | --- |
| Cottrell 图得到的斜率 | | |
| Anson 图得到的斜率 | | |

② 根据电极半径，计算电极的几何面积。

几何面积 =＿＿＿＿＿＿＿＿＿。

③ 对铁氰化钾还原反应，根据 Cottrell 图中的直线斜率，计算电极的有效工作面积（单位用 mm²）。

有效工作面积（Cottrell）=＿＿＿＿＿＿＿＿。

④ 对铁氰化钾还原反应，根据 Anson 图中直线的斜率，计算电极的真实工作面积（单位用 mm²）。

真实工作面积（Anson）=＿＿＿＿＿＿＿＿。

## 2.3.8　练习题

① 为什么工作电极的微区面积比宏观面积大？

②（附加题）浓度-距离分布［如图 2-14（b）所示］会随着时间如何变化？

要求：时间包括起始零时间（外加电势仍在作用）以及至少其他三个时间点。

### 2.3.9 实验中常见问题

在曲线选择器窗口"Curve-selector Window"中，记得要更改活性曲线"Active curve"以获得氧化和还原反应曲线的斜率。

**参考文献**

[1] Anson F C. Anal Chem, 1966, 38: 54.
[2] Konopka S J, McDuffie B. Anal Chem, 1970, 42: 1741.

# 2.4 实验三 脉冲技术的对比实验

### 2.4.1 实验目的

① 理解施加的电极电势的波形变化如何影响电流数据；
② 采用三种不同的脉冲技术测定 Cu 的 $E_{1/2}$；
③ 用标准加入法测定未知样品中 Cu 的含量。

### 2.4.2 实验仪器设备

电化学工作站的使用

① Gamry Instruments Interface™ 1000T 型电化学工作站；
② 安装在电脑上的 Gamry Instruments Framework ™ 软件包；
③ 7 个 10mL 容量瓶；
④ 移液管（1mL，2mL，3mL，4mL，5mL）；
⑤ 丝网印刷碳电极（SPE）电化学池（Gamry 部件号 990-00420）；
⑥ 碳丝网印刷电极（Gamry 部件号 935-00123）。

### 2.4.3 试剂和化学品

（1）溶液配制

① 1.0mol/L $H_2SO_4$ 的配制　取 1 个 1L 的容量瓶，加入 500mL 去离子水，再缓慢加入 54.3mL 浓硫酸，最后加去离子水稀释至刻度线。

注意：只能把酸加入水中，切记不可把水倒入浓硫酸中。

② 含 100mg/L Cu 的 0.1mol/L $H_2SO_4$ 缓冲液的配制　取 1 个 1L 的容量瓶，加入 100mL 1g/L 的 Cu 溶液（可从化学品供应商处购买），再缓慢加入 5.43mL 浓硫酸，最后加去离子水稀释至刻度线。

③ 待测样的配制　待测样可取自实际生活用水，或是为学生准备的模拟液等。本实验的 30mg/L 待测样制备：取 1 个 100mL 容量瓶，加入 3mL 1g/L 的 Cu 溶液，再缓慢加入 5.43mL 浓硫酸，最后加去离子水稀释至刻度线。

（2）溶液除氧气

① 在上述溶液中均通入惰性气体（优先选择 $N_2$）除气 10min。

② 使惰性气体充满溶液上部空间。

③ 马上盖紧瓶子。

## 2.4.4　背景知识

人体内 Cu 的累积时间超过几个月或几年，会造成铜中毒。铜污染有多种来源，包括进食了用铜质炊具烹制的酸性食物，或是饮用了含有过量 Cu 的水等。铜中毒对于 6 岁以下的儿童影响尤为严重，因为 Cu 会阻碍儿童的身心发育。而对于成年人，铜中毒则会造成记忆力衰退和情绪紊乱等。

在美国，偶尔发现了一个直到现在也一直存在的问题，即在饮用水中发现了大量 Cu 的问题。美国环境保护署（EPA）的饮用水中的 Cu 含量的干预处置上限为 1.3mg/L，也就是说，如果一旦饮用水中的铜含量超过此限度值，就必须采取措施（如过滤）来降低水中的铜含量。比如，在密歇根州弗林特市，虽然人们已经关注了城市饮用水中铅含量高的问题，而在很多水样中发现铜含量也很高。

传统的扫描技术，如循环伏安法，探测限为千分之几。为了获得更低的探测限，需要灵敏度更高的技术。脉冲伏安法应运而生。脉冲法的灵敏度要高于传统扫描技术，原因是电流在电势脉冲的最后阶段才测量。这就可以在法拉第电流测试前实现电容电流的衰减（正如计时电流法实验中所见）；而传统的循环伏安法的测试中，在法拉第充电电流测试前并没有电容电流的衰减。能获得更高的法拉第响应的原因还在于存在脉冲之间的间隔时间，这一间隔可以让表面状态得以更新。

对于所有形式的脉冲伏安法，电流响应与表面电解的待测物总量成比例。据此，峰电流依赖于如下因素：电极表面积、待测物的扩散系数、待测物的浓度。

因为峰电流对应于被电解待测物的浓度，故也依赖于脉冲的阶跃高度。也就是说，脉冲越强，发生反应的待测物就越多。

目前脉冲伏安法有三种基本类型：

（1）常规脉冲伏安法（NPV）

其中脉冲叠加在恒定的电势上。脉冲阶跃高度（或每一次脉冲的阶梯式增加）保持不变［如图 2-25（a）］。电流采样一般在每次脉冲的最后阶段进行，并对电势作图，得到的是 S 形曲线［见图 2-25（b）］。

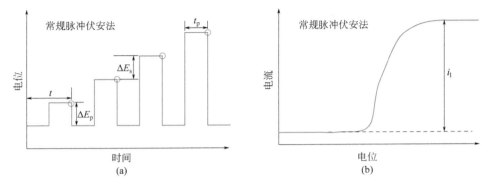

图2-25 常规脉冲伏安法中施加的电势波形（$\Delta E_p$=每次脉冲的电势阶跃；$\Delta E_s$=脉冲间的电势阶跃；$t$=周期时间；$t_p$=脉冲的持续时间）（a）和常规脉冲伏安法的电流响应伏安图（$i_l$=极限电流）（b）

极限电流和基线电流之间的差称扩散电流，因为其只受新鲜待测物向电极表面扩散的影响。

（2）差分脉冲伏安法（DPV）

脉冲叠加在线性扫描的波形上。在这种情况下，脉冲高度对于每一次脉冲来说大小都是相同的。为了获得电流-电势图，将脉冲中（图2-26的点1处）的测试电流减去脉冲刚施加完（图2-26的点2处）的测试电流。这样的取差值处理消除了背景电流的影响。伏安图看起来像色谱图中的一个峰（见图2-26）。差分脉冲伏安法中的峰电流值，是峰电势处的电流最大值减去基线外推到峰电势处的基线电流。

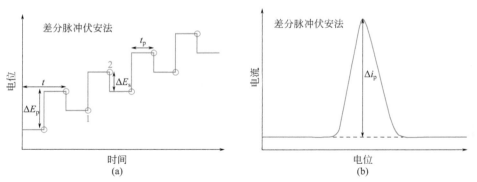

图2-26 差分脉冲伏安法中施加的电势波形（$\Delta E_p$=每次脉冲的电势阶跃；$\Delta E_s$=脉冲间的电势阶跃；$t$=周期时间；$t_p$=脉冲的持续时间）（a）和差分脉冲伏安法的电流响应伏安图（$\Delta i_p$=峰电流）（b）

（3）方波伏安法（SWV）

与差分脉冲伏安法相似，差异在于脉冲是叠加在一个梯状波形而不是线形波形上。电流也是分别在脉冲前后点进行测量，并将得到的电流与电势作图（如图2-27 所示）。

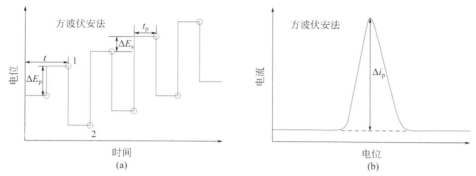

图2-27　方波伏安法中施加的电势波形（△$E_p$=每次脉冲的电势阶跃；△$E_s$=脉冲间的电势阶跃；$t$=周期时间；$t_p$=脉冲的持续时间）（a）和方波脉冲伏安法的电流响应伏安图（△$i_p$=峰电流）（b）

方波伏安法的峰电流的确定方法与 DPV 类似，都是用峰电势处的电流最大值减去基线外推到峰电势处的基线电流。

（注：方波伏安法是 G. C. Barker 于 20 世纪 50 年代后期发明的。）

随着待测物浓度增大，用差分脉冲伏安法和方波伏安法测得的峰电流将会增大，常规脉冲伏安法的极限电流也会增大。这主要是因为浓度增大会使更多待测物在电极表面电解。

当使用脉冲伏安法进行定性测试时，要用到校准曲线或标准加入样。

① 在一条校准待测样的校准曲线上，要测试几个浓度与待测样接近的标准样（至少 5 个）。测试结果以电流-浓度的关系图呈现，待测样的浓度可以通过拟合校准曲线的线性回归方程计算获得。

② 根据定量测量的标准样加入法，先测试待测样，随后将已知等份的标准样逐一添加进待测样中。将几个标准加入样的测试电流与标准加入样的浓度作图。使用线性回归拟合后，将获得的直线进行外推，其与 $x$ 轴的交点即为待测样中溶质的浓度值。

## 2.4.5　实验步骤

注意：确保玻璃器皿尽可能干净。用于配制溶液的溶剂和试剂必须尽可能纯。建议使用去离子水、超滤处理水、蒸馏水或 HPLC 级水来最后清洗玻璃器皿和配制所有溶液。

（1）校准样的配制

① 取 7 个 10mL 容量瓶，向其中 6 个分别加入 0mL、1mL、2mL、3mL、

4mL、5mL 的 100mg/L 的 Cu 标准溶液;

② 向第 7 个 10mL 容量瓶中加入 5mL 配制的待测样;

③ 向每一个容量瓶中各加入 1mL 的 1.0mol/L 硫酸溶液;

④ 加去离子水至刻度,并分别标记如下:空白样、未知样、校准样 1、校准样 2、校准样 3、校准样 4 和校准样 5。

(2)空白样测试

① 伏安电化学池的准备:

a. 将绿色(工作电极接头)、蓝色(工作传感电极接头)、白色(参比电极接头)、红色(对电极接头)和橙色(对电极传感接头)香蕉插头分别接到 SPE 池连接板上的对应插孔。将黑色(接地)的插头保持未连接状态;

b. 将碳丝网印刷电极(参考图 2-7)水平地插入 SPE 池连接板端上的对应插孔连接,如图 2-8 所示。

**注意**:当滴加试剂时,只需少量液滴能完全覆盖丝网印刷电极表面上的三个电极即可,不需要过多溶液。

② 空白样测试:

a. 打开电化学工作站,然后打开电脑上的 Gamry Framework 软件;

b. 连接好装置之后,依次点击 "Experiment/Pulse Voltammetry/Normal Pulse Voltammetry",按照图 2-28 中设置各个参数;

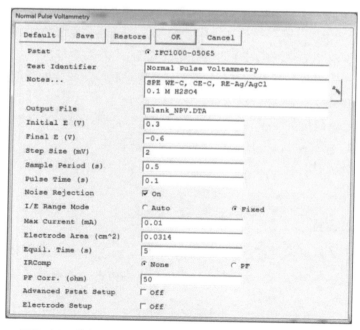

图2-28　常规脉冲伏安法的Framework软件实验设置窗口

c. 开始测试。

③ 完成常规脉冲伏安实验后，用同一液滴进行差分脉冲伏安测试。

a. 在软件中依次点击进行"Experiment/Pulse Voltammetry/Differential Pulse Voltammetry"；

b. 依照图 2-29 设置各个参数，但注意命名为"Blank_DPV.DTA"；

c. 开始测试。

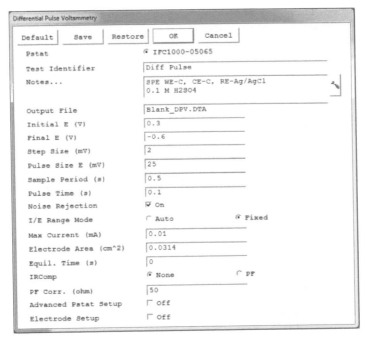

图2-29　差分脉冲伏安法的Framework软件实验设置窗口

④ 完成 DPV 实验后，使用同一液滴进行方波伏安法测试。

a. 在软件中依次点击"Experiment/Pulse Voltammetry/Square Wave Voltammetry"；

b. 依照图 2-30 设置各个参数；

c. 开始测试。

（3）校准样和待测样测试

对校准样和待测样测试时，重复对空白样进行测试的步骤①～④，注意对不同的标准物要改变为不同的输出文件名。

注意：对标准物的校准测试的顺序习惯上为由低浓度到高浓度，可以减少不同标准物间的交叉污染。

在更换待测样或标准样时，用去离子水冲洗 SPE，并将水倒入废液桶中。使用实验室无尘纸擦拭去除 SPE 上的冲洗液。

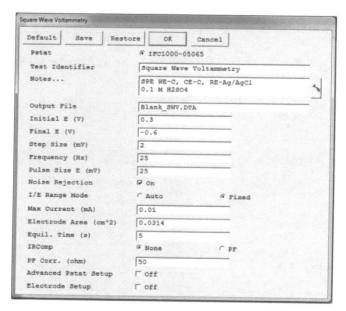

图2-30　方波伏安法的Framework软件实验设置窗口

注意：切忌将水溅到 SPE 上。

（4）实验后的清理

① 移除丝网印刷电极上的最后一滴溶液，断开 SPE 电极和电化学池的连接，将 SPE 置于废物桶内。

② 将使用后的溶液倒入废液桶（切忌直接倒入下水道）。

③ 关闭电化学工作站。

④ 将得到的数据从 "C:\Users\Public\Documents\My Gamry Data" 中复制或者移动到便携式储存设备，便于后续数据的分析。

## 2.4.6　数据分析

计算每一容量瓶中 Cu 标准液的浓度，并在表 2-5 中填写好数值。

① 要在 Gamry Echem Analyst 中分析处理 NPV 数据，点击 "Normal Pulse Voltammetry/Min/Max"，记录表中最大值与最小值的差值。

② 对于 DPV 数据：

a. 点击 "Freehand Line" 按钮 ；

b. 从峰的左边基线到峰右边基位画一条线，随后右击该线并接受选定；

c. 点击鼠标按钮 ，并选择一系列峰前后范围内的一段伏安图；

d. 依次点击 "Differential Pulse Voltammetry/Find Peaks"，然后点击 "Differential Pulse Voltammetry/Peak Baselines"，选择之前绘制的线；

e. 在表格 DPV 一栏中记录得到的峰电流值。

③ 对于 SWV 数据，分析步骤与 DPV 一样，不同之处仅在于点击"Square Wave Voltammetry"下拉菜单而非"Differential Pulse Voltammetry"下拉菜单。

表2-5　实验数据记录表格

| 项目 | 溶液中铜标准物含量 /10⁻⁶ | NPV（扩散电流） /μA | DPV（峰电流） /μA | SWV（峰电流） /μA |
|---|---|---|---|---|
| 待测样 | | | | |
| 校准样 1 | | | | |
| 校准样 2 | | | | |
| 校准样 3 | | | | |
| 校准样 4 | | | | |
| 校准样 5 | | | | |

## 2.4.7　实验结果

① 打印并附上空白样、待测样和 5 个校准样的曲线叠加图，如图 2-31 所示。

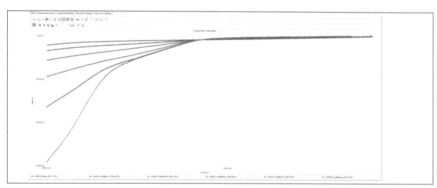

(a) 常规脉冲伏安法

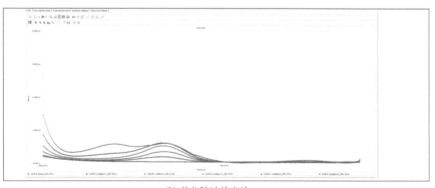

(b) 差分脉冲伏安法

图2-31

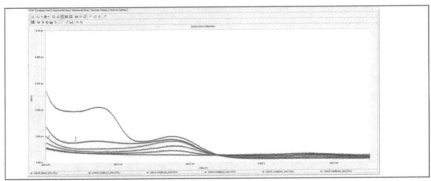

(c) 方波伏安法

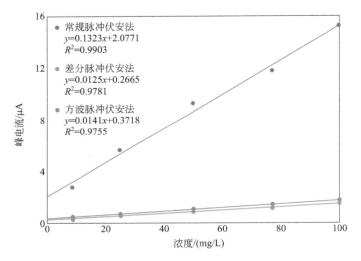

图2-31  空白样、待测样和5个校准样的曲线叠加图（注：此图为示例数据）

② 打印含三种伏安法得到的校准样扩散电流 / 峰电流-浓度图，以及相关的线性回归分析图。

③ 填写表格 2-6。

表2-6  实验数据处理结果

| 项目 | NPV | DPV | SWV |
|------|-----|-----|-----|
| 直线斜率 | | | |
| 直线的 $Y$ 轴截距 | | | |
| 待测样中 Cu 浓度 | | | |

注：不要忘记考虑稀释因子。

### 2.4.8　练习题

① 根据得到的实验数据，你认为哪一种脉冲计数最灵敏？请解释。

② 对于 DPV 和 SWV，增加脉冲的大小如何影响电流响应？

③（附加题）NPV、DPV 和 SWV 与扫描伏安法不同，脉冲伏安的电流响应与扫描速率无关。为什么？

### 2.4.9　实验中常见问题

将"I/E Range Mode"按钮设置成"Auto"模式，会导致电化学池测量过载和数据的振荡现象。确认将"I/E Range Mode"单选按钮设置为"Fixed"，同时"Max Current（mA）"设为 0.05。调至"Fixed"位置后再重新测试以采集能正确分析的数据。

**参考文献**

[1] United States Environmental Protection Agency, *Lead and Copper Rule: A Quick Reference Guide*, EPA 816-F-08-018, June 2008.

[2] United States Environmental Protection Agency Memorandum, High Lead Levels in Flint, MI - Interm Report, Del Toral, M.A., June 24, 2015.

## 2.5　实验四　溶液中离子的溶出伏安法定量分析

### 2.5.1　实验目的

① 理解沉积时间对电流响应的影响；

② 运用标准加入法分析铅的含量；

③ 对比不同样品溶液中的铅含量。

### 2.5.2　实验仪器设备

① Gamry Instruments Interface™ 1010T 型电化学工作站；

② 安装在电脑上的 Gamry Instruments Framework™ 软件包；

③ 一次性的标准紫外-可见比色皿，1cm 光程，3.5mL；

④ 丝网印刷电极（SPE）比色皿用转接头（990-00421）；

⑤ 丝网印刷电极（SPE）带盖比色皿（972-00065）；

⑥ 碳丝网印刷电极（935-00123）；

⑦ 微型搅拌棒（935-00065）；

⑧ 7 个 10mL 容量瓶；

⑨ 移液管（1mL、2mL、3mL、4mL、5mL）。

### 2.5.3 试剂和化学品

① 1.0mol/L $H_2SO_4$ 的配制　取 1 个 1L 的容量瓶，加入 500mL 去离子水，再缓慢加入 54.3mL 浓硫酸，最后加去离子水至刻度线。

注意：切记不可把水倒入浓硫酸中。

② 含 100mg/L Pb 的 0.1mol/L $H_2SO_4$ 缓冲液的配制　取 1 个 1L 的容量瓶，加入 100mL 的 100mg/L Pb 溶液（可从化学品供应商处购买），再缓慢加入 5.43mL 浓硫酸，最后加去离子水至刻度线。

③ 3～5 个待测样配制　待测样的来源任意，可取自实际生活中。取 1 个 100mL 的容量瓶，加入 50mL 的待测溶液，再缓慢加入 5.43mL 浓硫酸，最后加去离子水至刻度线。

为了去除溶液中的气体，向其中通入氩气或氮气 10min。除气后，拿走通气管并加盖密封前，应在液面上方持续通气 1min。

注：除去溶液中所溶解的氧气，可以抑制实验数据中虚假峰的出现。

### 2.5.4 背景知识

进行重金属的痕量分析具有重要意义，这体现在包括研究金属对生态的影响、对细胞的影响等众多方面。传统上，原子吸收光谱法已经被用来测定待测物的浓度。但这种方法的一个主要问题是，由于仪器一次只能设定一个波长，导致一次只能测试一种待测物。

注：1931 年，C. Zbinden 首次提出将溶出伏安法作为一种技术。

采用伏安技术，能用溶出伏安法同时测定几种分析物的浓度。溶出伏安法的原理是，通过在工作电极上施加电压，金属阳离子在电极表面还原成金属。分析过程中溶液处于搅拌状态，加速了待测物在表面的富集。富集的目的是让尽可能多的待测物吸附在电极表面（提高灵敏度），但吸附不超过一个单层（一层原子或分子）。若发生多层吸附，待测物-电极界面的相互作用将不同于待测物-待测物层的相互作用，会影响不同吸附分子层的溶出电势。

电势的扫描方式可以采用某一种波形，如线形、梯形、脉冲形、方波等。电势一旦达到一定的特定值，电极表面的待测物重新被氧化恢复到离子态，由于解吸很快，所以称待测物从电极上"溶出（strip）"了。本方法优点是因为不同金属的氧化电势有差异，所以可同时测定多种待测物。决定能同时测定的待测物数量的限制因素是在伏安曲线（定性分析用的）上能否实现不同待测物溶出峰之间的间隔足够大。

## 2.5.5　实验步骤

① 准备标准滴加校准样品（需要 7 个 10mL 容量瓶）

a. 向其中 6 个容量瓶中依次转移 4mL 未知待测样，再加入 1mL 1.0mol/L 硫酸溶液。

注意：牢记只能将酸加入水中，切忌将水倒入酸中。

b. 向 6 个容量瓶中分别移取 0mL、1mL、2mL、3mL、4mL、5mL 的 100mg/L Pb 标准溶液。

c. 加去离子水至刻度线，并分别标记为：空白、未知样、标准加入样 1、标准加入样 2、标准加入样 3、标准加入样 4 和标准加入样 5。

d. 配制空白样：转移 5mL 去离子水至最后一个容量瓶中，再加入 1mL 1.0mol/L 浓硫酸，最后加去离子水至刻度线。

② 准备伏安电化学池

a. 绿色（工作电极接头），蓝色（工作传感电极接头），白色（参比电极接头），和红色（对电极接头）的香蕉插头与 SPE 池连接端上的对应插孔连接。橙色（对电极传感接头）和黑色（接地）的插头保持未连接状态。

b. 把丝网印刷电极连接端朝前（参考图 2-7）穿过比色皿端头帽的开口（如图 2-32 所示），然后将电极插入专用的 SPE 池转接头。

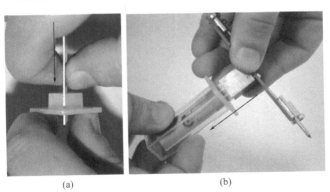

(a)　　　　　　　　　　　(b)

图2-32　将SPE插入比色皿盖中（a）和在比色皿中的SPE上连接SPE池转接头（b）

c. 把通气管穿入比色皿端头帽的小孔（注意是两个开孔中较大的那个，另一个稍小的用于出气；而且要从端头帽的外侧穿入——外侧即电极电触点露在外的端头帽那侧）。如图 2-33 所示，通气管的管端应该与 SPE 的最下边平齐，以保证搅拌棒的正常旋转。完整的装置如图 2-34 所示。

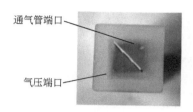

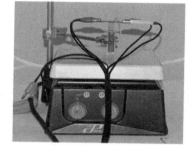

图2-33　比色皿俯视图　　　图2-34　置于搅拌设备上的装有比色皿的完整装置图

d. 将小号搅拌棒放入比色皿中。

e. 向比色皿中移取 2mL 空白溶液（0.1mol/L $H_2SO_4$），盖上盖子。

**注意**：切勿在实验运行期间接触转接头电路板。通电时接触焊接点可能会使测试点短路，导致测试出现噪声。

③ 运行实验

a. 打开恒电位仪。

b. 打开电脑上的 Gamry Framework 软件。

c. 连接好装置之后，依次点击"Experiment/Pulse Voltammetry/Square Wave Stripping Voltammetry"，按照图 2-35 中的数值设置各个参数。

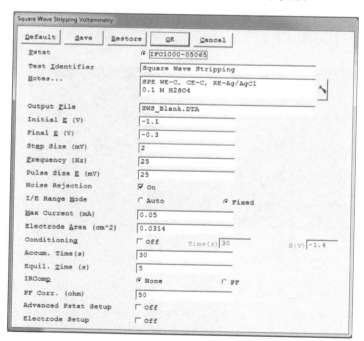

图2-35　方波溶出伏安法的实验设置窗口

d. 打开气路系统，对样品通气 5min 以去除溶液中的溶解氧。应在 5min 之后关闭气流，因为在电化学测试过程中通气会对结果有不利影响。

e. 打开搅拌装置并调节至转速挡 3。如果搅拌装置没有数值挡位设置，将转速调至最大值的 1/3 即可。

**注意：** 确保比色皿处于搅拌器的盘中心位置。否则，搅拌棒在使用过程中无法保持在比色皿底部。

f. 运行实验，在最初的积累时间（accumulation time）阶段中保持搅拌。留意实验窗口下方的计时器（图 2-36）。当发现时间结束并重置为 "Equilibrium Time"，就完全停止搅拌。

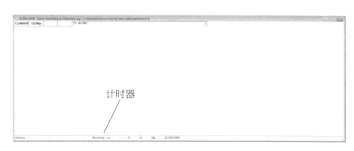

图2-36 方波溶出伏安法的实验设置窗口

④ 实验结束之后，将丝网印刷电极从溶液中取出，用去离子水冲洗。

⑤ 倒掉比色皿中的溶液，冲洗并干燥比色皿。

⑥ 移取 2mL 校准溶液 1 到电化学池中。

⑦ 在"数据分析"部分记录峰值电势。

⑧ 使用图 2-36 中的参数，改变沉积时间，分别设置为 30s，60s，120s，240s，480s 和 960s。

⑨ 运行未知样和标准样。

a. 依据步骤④冲洗 SPE。

b. 在比色皿中加入 2mL 未知溶液。

c. 将沉积时间更改回 60s。

d. 文件名更改为 "unknown_dep60_SWS.dta" 后，运行实验。

e. 对五个标准加入样重复上述过程进行校准，将文件名改为 "addition#_dep60_SWS.dta"。

⑩ 实验后的清理。

a. 将丝网印刷电极上残留的溶液去除干净，断开电极和电化学池之间的连接，将电极置于垃圾桶中。

b. 将使用后的溶液倒入合适的废液桶内（切忌直接倒入下水道）。

c. 关闭恒电位仪。

d. 将数据从 "C:\Users\Public\Documents\My Gamry Data" 中复制或者移动至便携储存设备中,便于后续分析。

### 2.5.6 数据分析

在 Gamry Echem Analyst 中分析处理数据:

① 点击 "Freehand Line" 按钮 ✎ ,从峰左侧的基线画一条线直至峰右侧的基线,右击这条线确认。

② 点击 "Mouse" 按钮 ✎ ,选择一系列峰前后范围内的一段伏安图。

③ 先点击 "Square Wave Voltammetry/Find Peaks",然后再点击 "Square Wave Voltammetry/Peak Baselines",选择之前绘制的线,在表 2-7 中记录得出的峰值电流。

表2-7 记录峰值电流

| 沉积时间/s | Pb 的峰值电流/μA |
|---|---|
| 30 | |
| 60 | |
| 120 | |
| 240 | |
| 480 | |
| 960 | |

### 2.5.7 实验结果

① 打印并附上空白样和每个沉积时间的多条曲线叠加图。

② 打印沉积时间 - 峰值电流图。

③ 打印并附上空白样、未知样和五个标准加入样的多曲线叠加图。

④ 计算每个容量瓶中 Pb 标样的浓度,并将数值记录在表 2-8 中。

表2-8 实验计算结果

| 项目 | 溶液中铅的浓度/(mg/L) | Pb 的峰值电流/μA |
|---|---|---|
| 未知样 | 0 | |
| 校正点 1 | 10 | |
| 校正点 2 | 20 | |
| 校正点 3 | 30 | |
| 校正点 4 | 40 | |
| 校正点 5 | 50 | |

⑤ 打印标准浓度加入样的结果图，包括线性回归拟合结果，记录在表2-9 中。

**表2-9 实验记录结果**

| 项目 | 数值 |
|---|---|
| 斜率 | |
| 与 $X$ 轴截距 | |
| 未知样中待测物浓度 | |

⑥ 得到分析结果后，将它们记录在列表 2-10 中，同时汇总其他小组的数据。

**表2-10 实验计算结果**

| 项目 | 样品1 | 样品2 | 样品3 | 样品4 | 样品5 |
|---|---|---|---|---|---|
| 试验 1 | | | | | |
| 试验 2 | | | | | |
| 试验 3 | | | | | |
| 试验 4 | | | | | |
| 试验 5 | | | | | |

⑦ 计算每个样品的平均值和标准差并记录在表 2-11 中。

**表2-11 实验记录结果**

| 项目 | 样品1 | 样品2 | 样品3 | 样品4 | 样品5 |
|---|---|---|---|---|---|
| 平均值 | | | | | |
| 标准偏差 | | | | | |

## 2.5.8 练习题

① 为什么延长沉积时间会影响电流？
② 预计增加沉积时间对测试的灵敏度会产生什么影响？
③ 沉积时间过长可行吗？为什么？
④（附加题）除了响应电流线性的改变，如何判断沉积时间是否已经过长？

## 2.5.9 实验中常见问题

将 "I/E Range Mode" 设置成 "Auto" 会导致电化学池测量过载和测试振荡现象。将 "I/E Range" 单选按钮设置为 "Fixed"，同时 "Max Current (mA)" 设为 0.05。调至 "Fixed" 位置后再重新采集能用于正确分析的数据。

**参考文献**

A J Bard, Faulkner L R. Electrochemical Methods: Fundamentals and Applications. 2nd ed. New York: Wiley, 2001: 458-464.

## 2.6　实验五　对乙酰氨基酚的电化学定量检测实验

### 2.6.1　实验目的

检测两类商用止痛药（片剂和液体制剂）中对乙酰氨基酚的含量。

### 2.6.2　实验仪器设备

① Gamry Instruments Interface™ 1000 型电化学工作站；
② Gamry Instruments Framework™ 软件包；
③ 丝网印刷电极（SPE）电化学池（990-00420）。
④ 铂丝网印刷电极（935-00124）。
⑤ 容量瓶（1L：1 个；100mL：2 个；25mL：6 个）。
⑥ 移液管（0.5mL、1.0mL、2.0mL）。

电化学工作站的
使用

### 2.6.3　试剂和化学品

① 对乙酰氨基酚原液配制　取 1 个 1L 容量瓶，加入 500 mL 去离子水。再加入 4.0mL 浓高氯酸。

注意：记住将酸加入水中这一原则。

再加入 6.04g 对乙酰氨基酚至上述溶液中，以去离子水定容至刻度。

（注：对乙酰氨基酚首次合成于 1877 年，但直到 1887 年才被作为药物使用。在北美，人们称其为对乙酰氨基酚，而在英国称为扑热息痛。）

② 氯化钾。
③ 七水合磷酸氢二钠。
④ 一水合柠檬酸；
⑤ 商用对乙酰氨基酚液体制剂；
⑥ 商用对乙酰氨基酚片剂。

### 2.6.4　背景知识

几类止痛药的主要活性成分是对乙酰氨基酚，又称醋氨酚（acetaminophen）或扑热息痛（paracetamol）。患者用的剂型包括片剂、胶囊和液体制剂。本实验目的是用循环伏安法测定单剂量止痛药中对乙酰氨基酚的含量。将实验结果与生产商给出的含量进行对比。

对乙酰氨基酚是最常用的一般疼痛止痛药。视片剂和胶囊型剂型而定，单剂量止痛药中对乙酰氨基酚含量从 80mg（儿童剂量）到 650mg（成人用长时间起效胶囊）不等。液体制剂中的含量介于 16～22mg/mL。

对乙酰氨基酚在电极表面发生不可逆电化学反应（可逆电化学反应参见本书实验一中有关铁氰化钾的循环伏安实验）。但不像铁氰化钾，对乙酰氨基酚的氧化反应是一个两电子过程。在酸性水溶液中，氧化后的对乙酰氨基酚转变为 4-乙酰醌亚胺的水化形式，如图 2-37 所示。

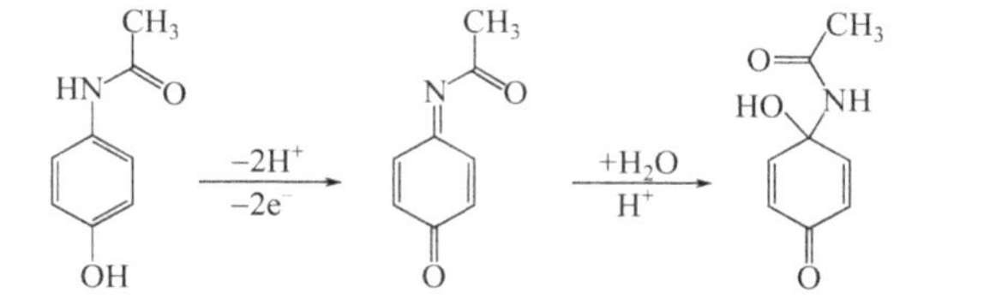

图2-37　对乙酰氨基酚的氧化反应

由于该化学反应逆反应的进行在动力学上很困难，因此，对乙酰氨基酚的电化学反应基本上是不可逆的。因此，中间产物 4-乙酰醌亚胺与水分子结合生成一水合 4-乙酰醌亚胺。通常，这类紧接电化学反应后又发生化学反应的反应类型，被称为 EC 反应或 EC 机制（其详细机理将在 2.7 节的实验部分讨论）。

在此反应的循环伏安图中，在正向扫描曲线上有 1 个峰，但是在电势反向扫描时并没有阴极峰。原因如下：对乙酰氨基酚的氧化产物又经历了化学反应，因此就被消耗而没有可被还原的物质。这导致观察到了不寻常的伏安图。不过，阳极峰仍可用于确定对乙酰氨基酚的浓度，原因是正向扫描并不受其中的化学反应的影响。

## 2.6.5　实验步骤

（1）酸性缓冲溶液的配制

① 配制 1L 酸性缓冲溶液。缓冲溶液能保持的 pH 值为 2.2，离子强度为 0.5mol/L。其组成如下：

a. 0.5mol/L KCl 溶液；

b. 0.04mol/L $Na_2HPO_4 \cdot 7H_2O$ 溶液；

c. 0.1mol/L $C_6H_8O_7 \cdot H_2O$ 溶液。

② 在"数据分析"部分，记录并计算每种加入的化学药品的最终浓度。

（2）对乙酰氨基酚标准溶液的配制

① 用 10mL 对乙酰氨基酚原液配制 5 份 10mL 不同浓度的对乙酰氨基酚标准溶液（用酸性缓冲溶液稀释至刻度）；

② 记录每次移液管量取的对乙酰氨基酚原液体积，并计算出每份标准溶液中对乙酰氨基酚的浓度，见表2-12。

表2-12　每份标准溶液中对乙酰氨基酚的浓度

| 项目 | 对乙酰氨基酚原液的体积/mL | 容量瓶容积/mL | 近似的标准溶液浓度/（mmol/L） |
|------|------|------|------|
| 标准溶液 1 | | | |
| 标准溶液 2 | | | |
| 标准溶液 3 | | | |
| 标准溶液 4 | | | |
| 标准溶液 5 | | | |

（3）标准溶液循环伏安曲线的测试

注意：首先进行"（4）片剂和液体制剂止痛药的循环伏安曲线测试"部分的步骤① a~① d，以保证在用标准液进行实验的同时片剂止痛药有足够时间可以完全溶解。

① 将绿色（工作电极接头）、蓝色（工作传感电极接头）、白色（参比电极接头）、红色（对电极接头）和橙色（对电极传感接头）鳄鱼夹与 SPE 上对应的连接口相连，黑色地线无需连接；

② 将丝网印刷电极（参考图 2-7）水平插入电化学池的连接口，如图 2-8 所示；

注意：无需在丝网印刷电极表面滴加过多反应溶液，只要保证三个电极均没入溶液中即可。

③ 打开电化学工作站，然后打开 Gamry Framework 软件；

④ 连接好装置之后，逐级选择菜单 "Experiment/Physical Electrochemistry/Cyclic Voltammetry"；

⑤ 将一滴空白溶液（酸性缓冲溶液）滴在 SPE 电极表面；

⑥ 按照图 2-38 设置实验参数，并进行循环伏安测试；

⑦ 实验完毕后，使用无尘纸轻轻擦拭 SPE 电极表面以除去空白溶液，并用去离子水冲洗 SPE 电极，再用无尘纸轻拭以除去冲洗液；

⑧ 将一滴 1 号标准溶液滴在 SPE 电极表面，将文件命名为 "Standard 1"，重复步骤⑥、⑦；

⑨ 对剩余标准溶液，重复步骤⑧，每次测试都要更改为相应的文件名。

（4）片剂和液体制剂止痛药循环伏安曲线的测试

① 片剂

a. 取一片止痛药，称量，数据记录在"数据分析"部分；

b. 用研钵和研杵将止痛药研碎；

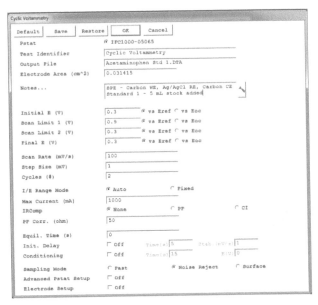

图2-38　循环伏安曲线的测试参数设置

c. 将研碎的止痛药倒入 100 mL 容量瓶中；

d. 向容量瓶中加入 75 mL 酸性缓冲溶液，并搅拌 30min；

e. 将搅拌后的溶液过滤进 100 mL 容量瓶中，以酸性缓冲溶液定容至刻度；

f. 根据药瓶标签上的信息，在"实验结果"部分记下单位剂量对乙酰氨基酚的含量，计算配制溶液中对乙酰氨基酚的浓度；

g. 将片剂待测液稀释到标定溶液的浓度范围；

h. 将稀释后待测液浓度记录在"数据分析"部分的"待测液的配制记录"表中；

i. 将 1 滴稀释后的待测液滴在 SPE 电极表面，按照（3）中步骤⑥、⑦进行循环伏安测试。

**注意：** 如果待测液浓度一开始就位于标准溶液浓度范围之内，无需重新配制待测溶液。如果观察到的峰电流高于浓度最高的标准溶液的峰电流，或者峰电流低于浓度最低的标准溶液的峰电流，就需要重新配制溶液，使其浓度位于标准溶液浓度范围内。将重新配制待测液的数据也记录在表格中。

② 液体制剂

a. 根据市售液体止痛药上的成分标签，记下单位剂量中对乙酰氨基酚的质量，计算液体止痛药中对乙酰氨基酚的浓度；

b. 要确保配制的待测液被稀释至标定曲线标准溶液浓度范围内，用移液管移取适量液体止痛药于 100mL 容量瓶中，以酸性缓冲溶液定容至刻度；

c. 将稀释后待测液浓度记录在数据分析部分的测试溶液表格中；

d. 将 1 滴待测液滴在 SPE 电极表面，按照（3）中步骤⑥、⑦进行循环伏安曲线测试；

e. 如果待测液的循环伏安峰电流值高于或低于标准溶液的峰电流值，需重新配制待测液，使其浓度位于标准溶液浓度范围之内。

**注意：**如果待测液浓度位于标准溶液浓度范围之内，则无需重新配制待测溶液。将新配制的待测液的数据也记录在表格中。

（5）实验后的清理

① 将所有溶液倒入废液池中；

② 将丝网印刷电极彻底清洗干净，并置于废物桶中；

③ 关闭电化学工作站；

④ 从电脑中的文件夹 "C:\Users\Public\Documents\My Gamry Data" 拷贝实验数据至便携式存储装置，以便后续分析。

## 2.6.6 数据分析

（1）酸性缓冲溶液

酸性缓冲溶液的配制记录列于表 2-13 中。

循环伏安曲线的峰值和面积积分分析

**表2-13 酸性缓冲溶液配制记录表**

| 试剂 | 质量/g | 浓度/（mg/L） |
|---|---|---|
| KCl | | |
| $Na_2HPO_4 \cdot 7H_2O$ | | |
| $C_6H_8O_7 \cdot H_2O$ | | |

（2）标准溶液

标准溶液的配制记录列于表 2-14 中。

**表2-14 标准溶液配制记录表**

| 项目 | 移取的对乙酰氨基酚原液体积/mL | 容量瓶容积/mL | 标准溶液浓度/（mmol/L） |
|---|---|---|---|
| 标准溶液 1 | | | |
| 标准溶液 2 | | | |
| 标准溶液 3 | | | |
| 标准溶液 4 | | | |
| 标准溶液 5 | | | |

**注意：**把 0.613g 对乙酰氨基酚加入 100mL 容量瓶，并用酸性缓冲液定容至刻度来配制对乙酰氨基酚原液，最终浓度为 40.6mmol/L。

完整单片剂的质量：_____。

（3）待测液

片剂与液体制剂待测液的配制记录分别列于表 2-15 和表 2-16 中。

表2-15　待测液的配制记录表（片剂）

| 片剂 | 片剂原液体积/mL | 容量瓶容积/mL |
| --- | --- | --- |
| 待测液 1 | | |
| 待测液 2 | | |
| 待测液 3 | | |

表2-16　待测液的配制记录表（液体制剂）

| 液体制剂 | 液体制剂原液体积/mL | 容量瓶容积/mL |
| --- | --- | --- |
| 待测液 1 | | |
| 待测液 2 | | |
| 待测液 3 | | |

注意：以上待测液的浓度值如位于标准溶液浓度范围内，则无需重新配制。

## 2.6.7　实验结果

① 打开 Gamry Echem Analyst 分析软件。

② 用软件确定所有测试液和标准液中对乙酰氨基酚氧化反应的峰电势值和峰电流值，标准液数据填入表 2-17 中。

表2-17　实验测试值

| 项目 | 峰电势/mV | 峰电流/μA |
| --- | --- | --- |
| 标准溶液 1 | | |
| 标准溶液 2 | | |
| 标准溶液 3 | | |
| 标准溶液 4 | | |
| 标准溶液 5 | | |

a. 将校准曲线附在实验报告中；

b. 拟合校准曲线，并求其斜率；

c. 校准曲线斜率为：_____；

d. 样品溶液

将待测溶液峰电流和峰电势的测试结果分别记录在表 2-18 和表 2-19 中。

表2-18　待测液的测试结果记录表（片剂）

| 片剂 | 峰电势/mV | 峰电流/μA |
|---|---|---|
| 待测溶液1 | | |
| 待测溶液2 | | |
| 待测溶液3 | | |

表2-19　待测液的测试结果记录表（液体制剂）

| 液体制剂 | 峰电势/mV | 峰电流/μA |
|---|---|---|
| 待测溶液1 | | |
| 待测溶液2 | | |
| 待测溶液3 | | |

注意：以上待测液的浓度值如位于标准溶液浓度范围内，则无需重新配制。

③ 计算单位剂量片剂和液体制剂止痛药中对乙酰氨基酚含量。

片剂止痛药标签中注明的单位剂量对乙酰氨基酚含量：＿＿＿＿＿＿＿＿；

液体制剂止痛药标签中注明的单位剂量对乙酰氨基酚含量：＿＿＿＿＿＿＿＿；

单位片剂止痛药中对乙酰氨基酚含量计算值：＿＿＿＿＿＿＿＿；

单位液体制剂止痛药中对乙酰氨基酚含量计算值：＿＿＿＿＿＿＿＿。

将各组的实验结果列在表 2-20 中，并进行比较。

表2-20　各组的实验结果

| 组别 | 单位片剂对乙酰氨基酚含量 | 单位液体制剂对乙酰氨基酚含量 |
|---|---|---|
| 1 | | |
| 2 | | |
| 3 | | |
| 4 | | |
| 5 | | |
| 6 | | |
| 7 | | |

根据上面各组的实验结果数据，计算本次实验每个样品的平均值和标准偏差，并列在表 2-21 中。

表2-21　实验结果平均值和标准偏差

| 项目 | 片剂 | 液体制剂 |
|---|---|---|
| 平均值 | | |
| 标准偏差 | | |

## 2.6.8 练习题

① 实验可能的误差来源有哪些？并将这些误差按照操作误差、仪器误差和方法误差进行分类。

② 将班级测试结果与厂家成分标签的标注值进行比较，为什么这些结果之间存在差异？

③（附加题）如果医生建议体重为 68kg 的病人，每千克体重应摄取 13mg 对乙酰氨基酚，则病人每次应服用多少毫升液体止痛药？（用计算所得浓度计算。）每次应服用几片片剂止痛药？

## 2.6.9 实验中常见问题

若没有足够的时间使片剂完全溶解并不影响实验的进行，该溶液仍可进行循环伏安测试，只是最终测试结果存在较大误差，将会导致实验结果低于真实值。

**参考文献**

Miner D J, Rice J R, Riggin R M, Kissinger P T. Voltammmetry of Acetaminophenand Its Metabolites. Anal Chem, 1981, 53: 2258.

# 2.7 实验六 循环伏安数据的对比分析

## 2.7.1 实验目的

① 熟悉 DigiElch 电化学模拟软件；
② 学习用循环伏安法对不同反应机制进行研究；
③ 使用 DigiElch 软件处理循环伏安数据获得动力学参数。
注：此实验大约需要 2h。

## 2.7.2 实验仪器设备

① DigiElch 电化学模拟软件；
② DigiElch 许可证。

## 2.7.3 背景知识

（1）控制电流的机制

电化学系统很复杂。溶液中常包含多个氧化还原反应偶，有些反应会使电极表面发生变化（例如，铂电极表面形成铂氧化物层），并且溶液中某些物质会改变已生成的反应产物。电化学反应的动力学会让问题进一步复杂化。

理论上所有的电化学反应都有一个动力学上的极限，该极限制约着反应的最快速率。对于许多体系，电化学反应动力学过程非常快，每个原子或分子在到达电极表面的瞬间就会发生反应。那么，反应物在电极表面的浓度就降为零，而电化学池中的电流就仅取决于反应物到达电极的速率。一般来说，如果扩散是反应物在溶液中传输的机制，此类体系通常称为受扩散控制或质量传递控制。本书中几乎所有的实验都是此类电化学体系。

对于另外一些体系，电化学反应很缓慢，电极表面反应物的浓度不再为零。此时，驱动扩散进行的浓度梯度不会很大，观测到的电流总是小于扩散控制预期的电流。此类体系通常受动力学控制。通常，腐蚀实验的对象为动力学控制体系。

无论电化学池中电流的控制机制如何，电流总是与电极表面材料的通量成正比（菲克定律）。

（2）反应机制的模拟

当电化学家要研究电化学反应的动力学时，通常使用软件来模拟其中的过程。本实验中要使用的模拟软件为 ElchSoft 开发的 DigiElch 软件。DigiElch 能够模拟可以设计任意数量的电荷转移步骤和化学反应的反应机制。根据软件中内置的反应机制，不同的变量可供调整，包括电子转移的动力学常数、化学反应平衡常数（包括正向和逆向反应速率）。模拟的最终结果是绘制出电流对电压的曲线，与实验数据进行比较以确定各反应的动力学参数。

（3）电子转移（E）机制

理想情况下，电化学家希望进行的实验中，电化学反应的产物能稳定存在。这类反应称为可逆反应，其循环伏安曲线包含两个峰，一个对应氧化过程，另一个对应还原过程。可逆反应完全受控于反应物到达电极表面的质量传递。所以，鉴于唯一的参数是反应物和产物的扩散常数，两个峰峰电流的比值应接近 1，两峰的差值理论上等于 $59/n$ mV（$n$ 是对应的电极反应的转移电子数）（如图 2-39 所示）（因为扩散速率并不相等，故该比例并不等于 1）。正向和逆向反应的速率由被氧化和还原了的物质的扩散速率决定。例如，本书实验一中的反应就是可逆电子转移反应，是用铁氰化钾进行的循环伏安测试。

铁氰化钾是一种无机化合物，其单电子转移可逆电化学反应为：

$$Fe(CN)_6^{3-}(aq)+e^- \rightleftharpoons Fe(CN)_6^{4-}(aq)$$

以下为一般性的 E 反应机制：

$$O+ne^- \underset{}{\overset{k_s}{\rightleftharpoons}} R$$

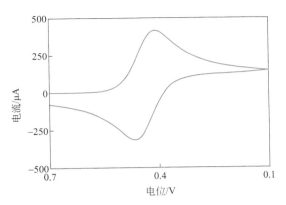

图2-39　单电子转移可逆反应的循环伏安曲线

式中，O 为氧化物质；$e^-$ 为转移的电子；$n$ 为转移的电子数；R 为被还原得到的物质；$k_s$ 为电子转移的标准速率常数，cm/s。

$k_s$ 可定性描述参与电解反应的待测物与工作电极表面之间的电子交换过程。因此，$k_s$ 值不但与待测物自身有关，也与工作电极有关。电子转移过程的 $k_s$ 值较大（1～10cm/s），表明会更快达到平衡；反之，$k_s$ 值较小（<1cm/s）的反应被称为慢反应。

**（4）电子转移-化学反应（EC）机制**

有些反应属于不可逆反应，原因是逆反应在发生前，产物就分解了（或自身又发生了反应）。随着物质间相互反应，逆反应的峰值电流降低，原因是可用于电解离的产物在次级副反应中被消耗而减少了：

E：$$O+ne^- \underset{k_s}{\rightleftharpoons} R$$

C：$$R \xrightarrow{k_{EC}} P \text{ roducts}$$

式中，O 为氧化物质；$e^-$ 为转移的电子；$n$ 为转移的电子数；R 为被还原得到的物质；$k_s$ 为电子转移反应（E 机制）的标准速率常数，cm/s；$k_{EC}$ 为化学反应（C 机制）的标准速率常数，单位为 cm/s。

**注意：** 此例中 O 为稳定存在的初始反应物质。R 也有可能是稳定存在的初始反应物质，而 O 不仅是反应物，还会发生后续的化学反应。

此时，正向电化学反应的速率由菲克第二扩散定律确定：

$$\frac{\partial[O]}{\partial t} = D_O \frac{\partial^2[O]}{\partial x^2} \qquad (2\text{-}22)$$

而要确定逆向电化学反应速率，必须考虑次级化学反应偶，因为该反应偶也在消耗 R：

$$\frac{\partial[R]}{\partial t} = D_R \frac{\partial^2[R]}{\partial x^2} - k_{EC}[R] \qquad (2\text{-}23)$$

$k_{EC}$ 是化学反应（C 机制）的速率常数，它是正向（$k_f$）和逆向（$k_b$）速率常数的比值。如果速率常数 $k_{EC}$ 较大，则可能就无法观察到逆向电化学反应。不过，随着扫描速率的增大，实验的时间尺度缩短，则可以通过 CV 曲线的峰观察到逆向反应（图 2-40）。

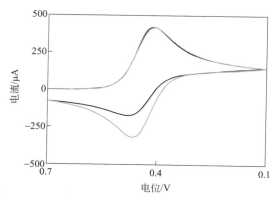

图2-40 循环伏安曲线对比：可逆单电子转移反应（蓝色），
产物与化学反应偶联的单电子转移反应（黑色）

本书中对乙酰氨基酚的循环伏安实验就是 EC 机制反应的一个例子（图 2-41）。

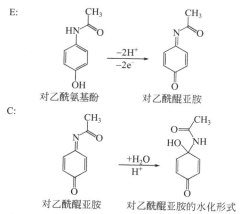

图2-41 对乙酰氨基酚氧化的电子转移反应（E机制）和化学反应（C机制）

**注意**：$k_{EC}$ 的大小与实验持续时间相关。如果扫描速率足够小，化学反应可以发生，则逆向峰不可见。此外，随着扫描速率的增大，化学反应所占的时间更少，则待测物仍可用于逆向的电化学反应，导致逆向峰的出现。因此，逆向峰出现与否取决于 $k_{EC}$ 与扫描速率之间的关系。

**（5）电子转移-化学反应-电子转移（ECE）机制**

对于符合 EC 机制的反应，化学反应的产物不经历任何电子转移反应。而对于符合 ECE 机制的反应，化学反应的产物也会经历电子转移反应。这在 CV 图中表现为不同电势处出现了新的电化学偶：

E₁：$$O+ne^- \underset{}{\overset{k_{s1}}{\rightleftharpoons}} R$$

C：$$R \xrightarrow{k_{ECE}} S$$

E₂：$$S+e^- \underset{}{\overset{k_{s2}}{\rightleftharpoons}} T$$

式中，O 为氧化物质；$e^-$ 是转移的电子；$n$ 是转移的电子数；R 是还原物种；S 是化学反应的产物；T 是次级电子转移反应的产物；$k_{s1}$ 是电子转移反应（E₁）的标准速率常数，cm/s；$k_{ECE}$ 是化学反应（C）的标准速率常数；$k_{s2}$ 是次级电子转移反应（E₂）的标准速率常数，cm/s。

注意：此例中 O 为稳定存在的初始反应物质，R 也有可能是稳定存在的初始反应物质，而 O 则会经历后续的化学反应。

确定是否符合 ECE 机制的关键，在于直到第一个电子转移反应和化学反应发生时，在 CV（图 2-42）图中才可观察到第二个电子转移反应。这是因为在 EC 机制发生之前，没有可用于第二次电子转移的反应物。ECE 机制反应的例子（图 2-43）如 4- 硝基苯酚的催化加氢反应。

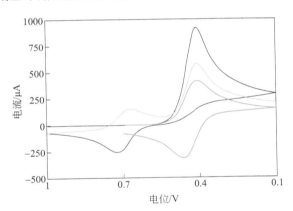

图2-42　对比循环伏安图：可逆单电子转移反应（蓝色）；产物与化学反应偶联的单电子转移反应（$E_{1,1/2}=0.3V$）的第一圈扫描（黑色），其中化学反应的最终产物在 $E_{1/2}=0.7V$ 时也经历了单电子转移反应；第二圈扫描（灰色）显示不但出现了还原峰（其对应于 $E_{2,1/2}=0.7V$ 时的电子转移反应），而且 0.4V 时的还原峰峰值降低

## 2.7.4　实验步骤

（1）DigiElch 软件设置

① 将 DigiElch 授权加密狗插入计算机的 USB 插槽；

② 打开 DigiElch 程序，等待 DigiElch 验证加密狗；

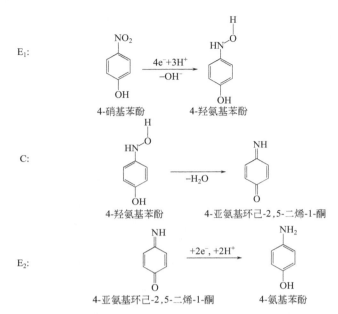

图2-43 4-硝基苯酚加氢反应中涉及的第一次电子转移反应（$E_1$）、
化学反应（C）和第二次电子转移反应（$E_2$）

③ 如 DigiElch 要求进行网络搜索获得软件的更新版本，点击"No"，如图 2-44 所示。

（2）电子转移反应：铁氰化物的还原

① 创建"CV-Simulation"文档。

a. 在"DigiElch Documents"菜单中，点击"DigiElch"图标旁边的下拉箭头，如图 2-45 所示；

图2-44 DigiElch显示的进行网络搜索  图2-45 在"DigiElch Documents"菜单中，
获得软件的更新版本  点击"DigiElch"图标旁边的下拉箭头

b. 点击"Add CV-Simulation Document"以创建一个空白文档，如图 2-46 所示。

② 点击"Edit"按钮，打开"CV-Properties"窗口，如图 2-47 所示。

③ 填写"CV-Properties"对话框中的内容，如图 2-48 所示。

图2-46　创建一个空白文档

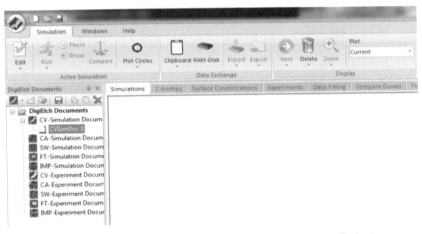

图2-47　点击"Edit"按钮，打开"CV-Properties"窗口

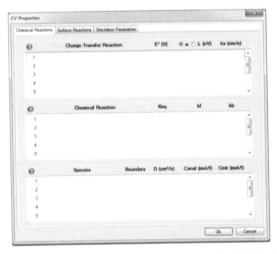

图2-48　填写"CV-Properties"对话框中的内容

a. 在"Chemical Reactions"选项卡中"Charge-Transfer Reaction"下，点击第一行会打开一个新的对话框；

b. 如图2-49所示输入反应式，然后点击"OK"；

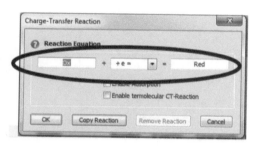

图2-49　输入反应式，然后点击"OK"

**注意**：请确认键入的反应式完全如图2-49所示，否则模拟将不会运行。

c. 返回"Chemical Reactions"选项卡后，输入信息，如图2-50所示；

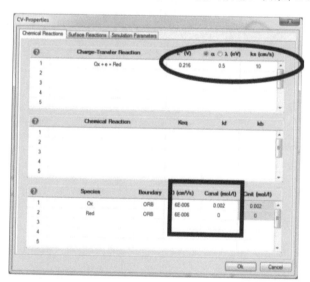

图2-50　在"Chemical Reactions"选项卡中输入信息

d. 点击"Simulations Parameters"选项卡，输入信息，如图2-51所示；

e. 点击"OK"；

f. 点击"Run"运行模拟，如图2-52所示；

**注意**：如果模拟不能运行，点击"Edit"，打开"CV-Properties"窗口，复检所有参数设置是否正确。

g. 模拟运行后，点击鼠标右键进行图形复制，然后转到"Experiment"选项卡进行粘贴。图形粘贴完后，返回"Simulation"选项卡。

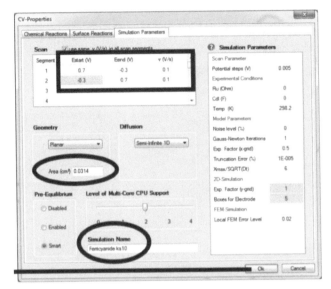

图2-51　输入测试信息窗口

图2-52　点击"Run"运行模拟

④ 进行动力学研究来考察电子转移反应的标准速率常数对 CV 曲线形状的影响。做法：在"CV-Properties"对话框的"Chemical Reactions"选项卡中更改 $k_s$（cm/s）参数，分别设置为 100、1、0.5、0.1、0.05、0.01、0.005 和 0.001，并依次运行。注意每次扫描前，需要在"Simulations Parameters"选项卡中更改"Simulation Name"，以使文件名反映 $k_s$ 值的变化。每次模拟运行后，复制图形并将其粘贴到"Experiment"选项卡中。

⑤ 所有 $k_s$ 值模拟后的结果叠加到一起后，点击鼠标右键进行打印（如果计算机当前连接到打印机）或截屏保存（稍后打印）。

（3）EC 反应：对乙酰氨基酚的反应

① 创建新的"CV-Simulation"文档。

a. 在"DigiElch Documents"菜单中，点击"DigiElch"图标旁边的下拉箭头，如图 2-53 所示；

b. 点击"Add CV-Simulation Document"以创建一个空白文档，如图 2-54 所示。

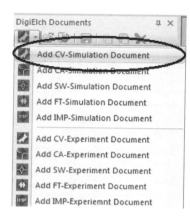

图2-53 点击"DigiElch"图标旁边的下拉箭头 　　　　图2-54 创建一个空白文档

② 点击"Edit"按钮打开"CV-Properties"窗口，如图 2-55 所示。

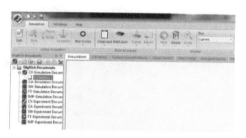

图2-55 点击"Edit"按钮打开"CV-Properties"窗口

③ 填写"CV-Properties"对话框内的内容，如图 2-56 所示。

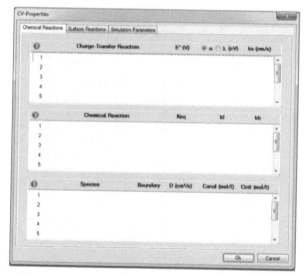

图2-56 填写"CV-Properties"对话框内的内容

a. 在"Charge-Transfer Reaction"下"Chemical Reactions"选项卡中，点击第一行，打开一个新的对话框；

b. 勾选"Enable termolecular CT-Reaction"选项，输入反应式，然后点击"OK"，如图 2-57 所示；

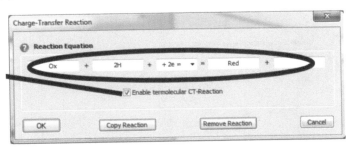

图2-57 勾选"Enable termolecular CT-Reaction"选项

c. 输入反应式，然后点击"OK"，如图 2-58 所示；

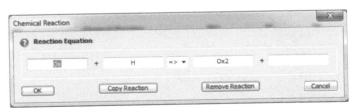

图2-58 输入反应式窗口

d. 返回"Chemical Reactions"选项卡，输入信息，如图 2-59 所示；

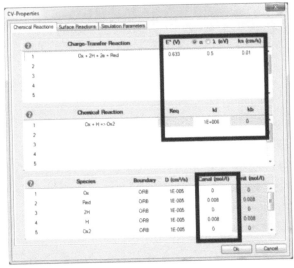

图2-59 Chemical Reactions选项卡信息

e. 点击"Simulations Parameters"选项卡，改动信息，点击"OK"按钮，如图 2-60 所示；

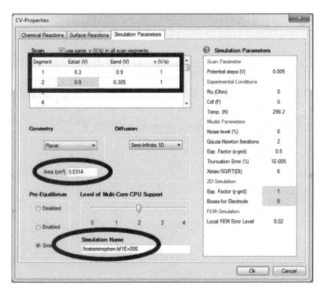

图2-60 "Simulations Parameters"选项卡信息

f. 点击"Run"按钮运行模拟，如图 2-61 所示；

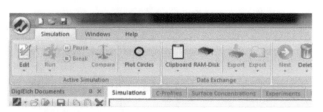

图2-61 点击"Run"运行模拟

注意：如果模拟不能运行，点击"Edit"，打开"CV-Properties"窗口，复检所有参数设置是否正确。

g. 模拟运行后，点击鼠标右键复制图形，然后转到"Experiment"选项卡进行粘贴，图形粘贴成功后返回"Simulation"选项卡。

④ 进行动力学研究来考察电子转移反应的标准速率常数对 CV 曲线形状的影响。做法：在"CV-Properties"对话框的"Chemical Reactions"选项卡中更改 $k_f$ 参数。分别设置 $k_f$ 为 1E+006 至 0.1（每次变化为 10 倍），并依次运行。注意每次扫描前，需要在"Simulations Parameters"选项卡中更改"Simulation Name"，以使文件名反映 $k_s$ 值的变化。每次模拟运行后，复制图形并将其粘贴到"Experiment"选项卡中。

⑤ 将所有 $k_f$ 值模拟结果叠加到一起后，点击鼠标右键进行打印（如果计算机当前连接到打印机）或截屏保存（稍后打印）。

（4）ECE 反应：4- 硝基苯酚的氢化

① 创建新的 "CV-Simulation" 文档。

a. 在 "DigiElch Documents" 菜单中，点击 "DigiElch" 图标旁边的下拉箭头，如图 2-62 所示；

b. 点击 "Add CV-Simulation Document" 以启动一个空白文档，如图 2-63 所示。

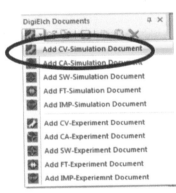

图2-62　点击"DigiElch"图标旁边的下拉箭头　　图2-63　创建空白文档

② 点击 "Edit"，打开 "CV-Properties" 窗口，填写 "CV-Properties" 对话框中的内容，如图 2-64 所示。

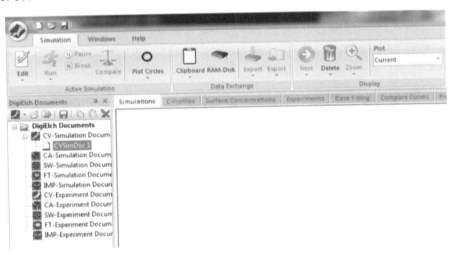

图2-64　填写"CV-Properties"对话框中内容

a. 在 "Chemical Reactions" 选项卡中 "Charge-Transfer Reaction" 下，点击第一行，打开一个新的对话框；

**实验电化学**

b. 勾选"Enable termolecular CT-Reaction"选项，输入反应式，然后点击"OK"，如图 2-65 所示；

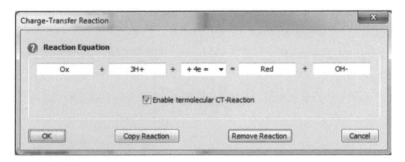

图2-65　勾选"Enable termolecular CT-Reaction"选项

c. 输入反应式，然后点击"OK"，如图 2-66 所示；

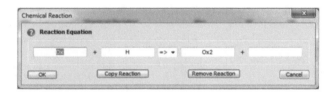

图2-66　输入反应式窗口

d. 返回"CV-properties"对话框的"Charge Transfer Reaction"下，点击第二行，打开一个新的对话框，勾选"Enable termolecular CT-Reaction"选项，输入反应式，然后点击"OK"；

e. 返回"Chemical Reactions"选项卡，输入信息，如图 2-67 所示；

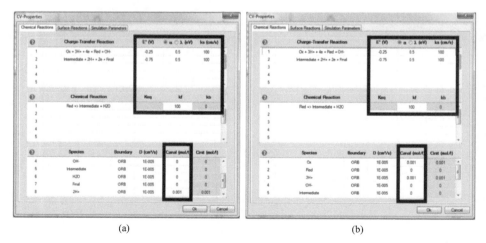

(a)　　　　　　　　　　　　　　(b)

图2-67　"Chemical Reactions"选项卡信息

f. 点击"Simulations Parameters"选项卡，输入信息，点击"OK"，如图2-68所示；

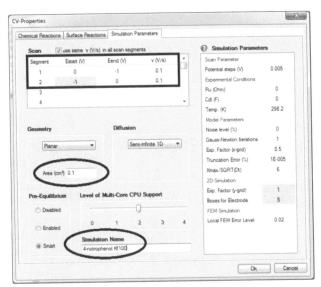

图2-68 点击"Simulations Parameters"更改对应信息

g. 点击"Run"运行模拟，如图2-69所示；

图2-69 点击"Run"运行模拟

注意：如果模拟不能运行，点击"Edit"，打开"CV-Properties"窗口，复检所有参数设置是否正确。

h. 模拟运行后，点击鼠标右键复制图形，然后转到"Experiment"选项卡进行粘贴，图形粘贴成功后，返回"Simulation"选项卡。

③ 进行动力学研究来考察电子转移反应的标准速率常数对 CV 曲线形状的影响。做法：在"CV-Properties"对话框的"Chemical Reactions"选项卡中更改 $k_f$ 参数，分别设置为100、50、5、1、0.75、0.5、0.25、0.1、0.05 和 0.01，并依次运行。注意每次扫描前，需要在"Simulations Parameters"选项卡中更改"Simulation Name"，以使文件名反映 $k_s$ 值的变化。每次模拟运行后，复制图形并将其粘贴到"Experiment"选项卡中。

④ 所有 $k_s$ 值模拟后的结果叠加到一起后，点击鼠标右键进行打印（如果计算机当前连接到打印机）或截屏保存（稍后打印）。

## 2.7.5 数据分析

（1）E 机制：铁氰化物的还原

写出"DigiElch"中该化学反应式中如下项代表的化学品的名称。

Ox：_____；

Red：_____。

问题：降低电子转移的动力学参数对于铁氰化物 CV 曲线（图 2-70）的形状有什么影响？

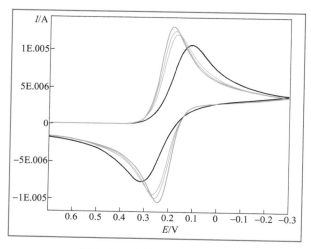

图2-70　铁氰化合CV曲线

（2）EC 机制：对乙酰氨基酚的反应

写出"DigiElch"中该化学反应式中如下项代表的化学品的名称。

Ox：_____；

Ox2：_____；

Red：_____。

问题：改变正向化学反应速率对对乙酰氨基酚 CV 曲线（图 2-71）的形状有什么影响？

（3）ECE 机制：4- 硝基苯酚的氢化

写出"DigiElch"中该化学反应式中如下项代表的化学品的名称。

Ox：_____；

Red：_____；

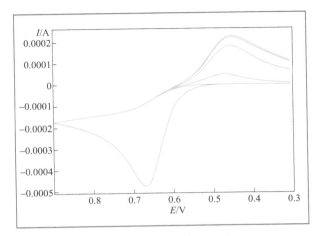

图2-71　对乙酰氨基酚CV曲线

Intermediate：_____；

Final：_____。

问题：改变正向化学反应的速率对 4- 硝基苯酚 CV 曲线的形状有什么影响？

## 2.7.6　实验结果

（1）铁氰化物数据分析

① 打开一个新的"CV-Simulation"文档，然后转到"Experiment"选项卡，如图 2-72 所示。

图2-72　步骤1和步骤2操作示意图

② 点击"Import"下的下拉箭头，然后点击"File"（*.txt，*.dat，*.dta），打开"Select/Define Import-Filter..."窗口。

③ 在此窗口中，确认从"Select Import-Filter"的下拉列表中选择了"Gamry-

CV dta-Files",然后点击"OK",如图 2-73 所示。

④ 在"Import file(s)"对话框中,找到主计算机硬盘上的"My Gamry Data"文件夹,选择"Sample Cyclic Voltammetry-Ferricyanide.DTA"文件,然后点击"Open",实验数据将显示在"Experiments"选项卡中。

⑤ 点击"Simulations"选项卡,然后点击"Edit"按钮,点击"Charge-Transfer Reaction"第 1 行,然后点击"Charge-Transfer Reaction"对话框中的"OK"(如图 2-74),开始填写行内内容。在选项卡的其余部分,更改或输入所有物质的"$E^0(V)$、$D(cm^2/s)$ 和 Canal(mol/l)"参数,与图 2-75 所示一致。

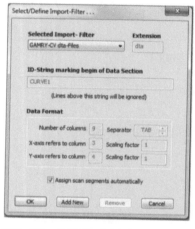

图2-73　步骤③对应的操作示意图

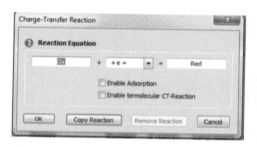

图2-74　步骤⑤对应的操作示意图(一)

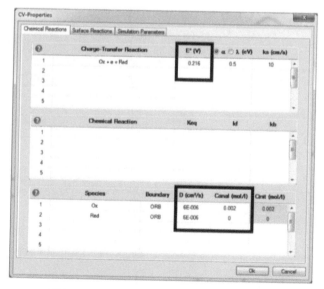

图2-75　步骤⑤对应的操作示意图(二)

⑥ 在"Simulation Parameters"选项卡中，更改"Estart(V)，Eend(V)，v(V/s)，Area(cm²) 和 Simulation Name"，与图 2-76 所示一致。

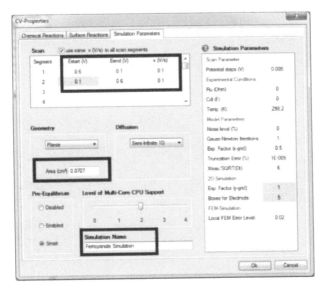

图2-76　步骤6对应的操作示意图

⑦ 点击"OK"，运行模拟。

⑧ 点击鼠标右键复制数据，然后转到"Experiment"选项卡，点击右键粘贴数据。

问题：两 CV 曲线的差别是什么？

⑨ 返回"Simulations"选项卡，并编辑反应的 $k_s$(cm/s) 参数，尝试与实验数据文件中看到的峰值间距相匹配。

问题：当 $k_s$(cm/s) 值为多少时，模拟值与实验数据的匹配最好？

（2）抗坏血酸数据分析

① 打开 1 个新"CV-Simulation"文档，然后转到"Experiment"选项卡。

② 点击"Import"下的下拉箭头，然后点击"File"（*.txt，*.dat，*.dta），打开"Select/Define Import-Filter..."窗口。

③ 在此窗口中，确认从"Select Import-Filter"下拉列表中选择了"Gamry-CV dta-Files"，然后点击"OK"。

④ 在"Import file(s)"对话框中，选择"Sample Cyclic Voltammetry-ascorbic acid.dta"文件，然后点击"Open"。实验数据将显示在"Experiments"选项卡中。

⑤ 点击"Simulations"选项卡，然后点击"Edit"按钮。

⑥ 点击"Charge-Transfer Reaction"第 1 行，按图 2-77 设置方程式，点击"OK"。

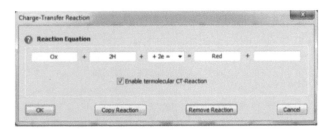

图2-77　设置方程式（一）

⑦ 点击"Chemical Reaction"区域第 1 行，按图 2-78 设置方程式，点击"OK"。

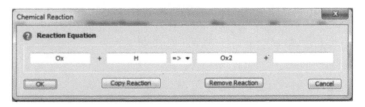

图2-78　设置方程式（二）

在选项卡的其余部分，更改或输入所有物质的"$e^0$(V)、$k_s$(cm/s)、$k_f$ 和 Canal (mol/l)"参数，与图 2-79 所示一致。

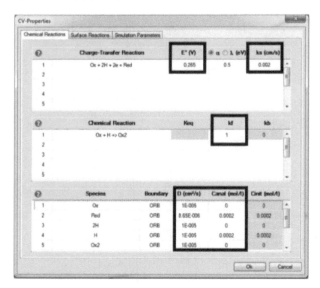

图2-79　更改或输入参数

在"Simulation Parameters"选项卡中，更改"Estart(V)、Eend(V)、v(V/s)、Area(cm²) 和 Simulation Name"，与图 2-80 所示一致。

点击"OK"，运行模拟；

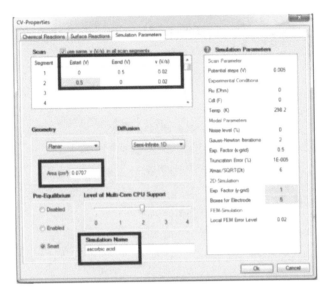

图2-80　更改参数

⑧ 点击鼠标右键复制数据，然后转到"Experiment"选项卡，点击右键粘贴数据。

问题：两 CV 曲线的差别是什么？

⑨ 返回"Simulations"选项卡，进入"Chemical Reaction"选项卡，并改变电荷转移反应的 $\alpha$ 参数，尝试与实验数据的氧化峰形状相匹配。

问题：当 $\alpha$ 值为多少时，模拟与实验数据最为匹配？

⑩ 返回"Chemical Reaction"选项卡，编辑 $k_f$ 值以尝试使得还原峰消失来匹配实验数据。

问题：当 $k_f$ 值为多少时，还原峰会消失？

## 2.7.7　实验中常见问题

① 如果忘记更改每个模型所需的参数和文件名可以返回到相应的缺失处，更改参数和文件名后模拟并加到叠加图中。

② 在"Simulations"选项卡中点击"Delete"按钮，不仅会删除该模拟数据，还会清除所有的"CV-Property"属性参数。如果遇到这种情况，则需重复进行该部分实验的所有操作步骤。

**参考文献**

[1] Rudolph M. DigiElch ver. 2.0, Friedrich-Schiller-Universität, Jena, Germany, 2005.
[2] Messersmith S J. J Chem Ed, 2014, 91: 1498.

## 2.8 实验七 微电极实验

### 2.8.1 实验目的

① 了解宏观线性扩散和微观会聚扩散的区别；
② 理解扩散如何影响循环伏安曲线的形状；
③ 理解实验的时间尺度如何影响循环伏安曲线的形状。

### 2.8.2 实验仪器设备

电化学工作站的
使用

① Gamry Instruments Interface™ 1000 型电化学工作站；
② Gamry Instruments Framework ™软件包；
③ Dr. Bob 电化学池（Gamry 部件号 990-00193）；
④ Pt 工作电极（Gamry 部件号 932-00024）；
⑤ Pt 微电极（Gamry 部件号 935-00009）；
⑥ Ag/AgCl 参比电极（Gamry 部件号 930-00015）；
⑦ Pt 微电极（Gamry 部件号 932-00009）；
⑧ 抛光布（Gamry 部件号 932-00063）。

### 2.8.3 试剂和化学品

① 乙腈；
② 0.1mol/L 四丁基六氟磷酸铵 $[(CH_3CH_2CH_2CH_2)_4N(PF_6)]$；
③ 溶解于 0.1mol/L 四丁基六氟磷酸铵中的二茂铁溶液：2mmol/L、5mmol/L、10mmol/L、15mmol/L、20mmol/L，粒径为 0.5μm 的氧化铝抛光粉（Gamry 部件号 935-00064）。

### 2.8.4 背景知识

本实验探究微电极对循环伏安曲线形状的影响。迄今为止我们所使用的电极都是宏观电极。与宏观电极相比，微电极是指直径小于 100μm 甚至几微米的工作电极，但最常用的微电极直径为 5～10μm。除了尺寸较小外，微电极的优势还包括更小的溶液电阻效应和快速的时间响应。微电极是活体研究的最佳选择，能减少创伤。此外，体液电阻通常高于体外研究用溶液的电阻。基于上述原因，微电极常用于高电阻的活体和体外研究体系。

慢扫速（<1000mV/s）下的循环伏安曲线形状通常为"S"形，如图 2-81 所

示。微电极的一般循环伏安曲线呈"S"形——左侧较平坦，随着待测物被还原，电流逐渐增大并保持恒定。与宏观电极行为不同的是，微电极循环伏安曲线上不出现电流峰。微电极的峰电流之所以可以保持恒定，是由于有足够的待测物扩散至微电极表面并发生反应。反之，对于宏观电极，由于电极表面的待测物已经耗尽，而通过溶液扩散至表面的待测物不足，电流就会减小。

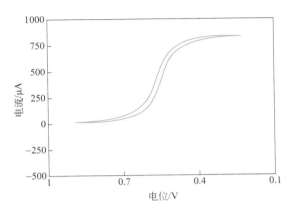

图2-81　微电极的典型循环伏安曲线

因为实验时间不够长，不足以让本体溶液中的待测物扩散至电极表面，导致电极表面消耗的待测物无法得到补充。时间尺度与待测物的扩散系数有关，定义如下：

$$l = (2D_0 t)^{1/2} \tag{2-24}$$

式中，$l$ 为分子扩散的平均距离，cm；$D_0$ 为待测物的扩散系数，$cm^2/s$；$t$ 为时间，s。

根据时间尺度的不同，扩散分为两种形式：线性扩散与会聚扩散。

如果实验的时间尺度足够短，使得 $l$ 小于电极半径，那么工作电极仅"看到"的是宏观线性扩散的影响，如图 2-82（a）所示。

如果实验的时间尺度足够长，使得 $l$ 大于电极半径，那么待测物将以微观的

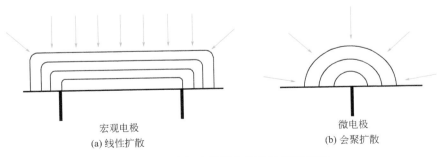

图2-82　电极表面发生的两种扩散形式

会聚扩散形式到达工作电极表面，如图 2-82（b）所示。因为会聚扩散过程中电极表面始终有待测物，因此电流可达到稳态值，计算表达式如下：

$$i_{ss}=4nFDC_br_0 \qquad (2\text{-}25)$$

式中，$i_{ss}$ 为稳态电流，A；$n$ 为反应涉及的电子转移数；$F$ 为法拉第常数，96485C/mol；$C_b$ 为待测物浓度，mol/cm³；$r_0$ 为电极半径，cm。

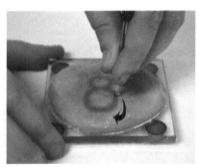

工作电极的打磨

## 2.8.5　实验步骤

（1）溶液的配制

① 0.1mol/L 四丁基六氟磷酸铵空白溶液的配制：称取 9.68g 四丁基六氟磷酸铵于 250mL 容量瓶中，用乙腈定容至刻度。

② 配制二茂铁溶液。

a. 取 5 个 25mL 容量瓶，分别称取如下质量的二茂铁：

1 号瓶 9mg 二茂铁、2 号瓶 23mg 二茂铁、3 号瓶 47mg 二茂铁、4 号瓶 70mg 二茂铁、5 号瓶 93mg 二茂铁。

b. 记录实际称量的二茂铁质量于表 2-23 中。

③ 用已配制的 0.1mol/L 四丁基六氟磷酸铵溶液定容至刻度。

（2）搭建实验装置

① 组装工作电极（如图 2-83 所示）：

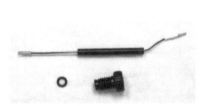

(a) 工作电极组装　　　　(b) 工作电极抛光

图2-83　工作电极组装与抛光

a. 将 O 形圈套在黑色套管电极上；

b. 将电极连带 O 形圈套入 7#ACE-Thred ™螺母中。

② 用粒径 0.5μm 的氧化铝粉对微电极的玻璃端进行抛光。抛光时，手握微电极使其始终垂直于抛光布，同时在抛光布表面以画"8"字形式移动。

注意：抛光时会对电极施加压力，所以手应尽量握住微电极的最末端，以降低电极断裂的风险。

③ 将 15mL 0.1mol/L 四丁基六氟磷酸铵空白溶液倒入电化学池中。

④ 将电极放入电化学池中，如图 2-84 所示。

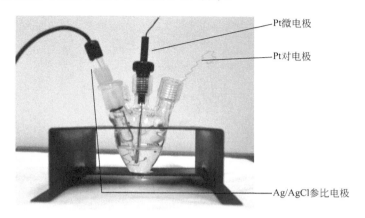

图2-84　电化学池装置照片

⑤ 将绿色（工作电极接头）和蓝色（工作传感电极接头）鳄鱼夹与工作电极相连，白色（参比电极接头）鳄鱼夹与参比电极相连，红色鳄鱼夹与对电极相连。不要连接黑色（浮动接地）和橙色（对电极传感接头）鳄鱼夹，并确保它们没有与其他电极或鳄鱼夹碰触短接。

（3）不同扫速下的测试

① 打开电化学工作站；

② 在主机上打开 Gamry Instrument Framework™ 软件；

③ 连接好装置之后，逐级选择菜单栏"Experiment/Physical Electrochemistry/Cyclic Voltammetry"，并按照图 2-85 设置实验参数；

④ 运行实验；

⑤ 取出电极并用去离子水冲洗干净；

⑥ 将电化学池内四丁基六氟磷酸铵溶液倒入废液桶；

⑦ 将浓度为 2mmol/L 的二茂铁溶液（以 0.1mol/L 四丁基六氟磷酸铵配制）倒入电化学池内；

⑧ 将文件命名为"2mM Fc 50mVs-1.DTA"，运行实验；

⑨ 继续测试不同扫速（100mV/s，500mV/s，1000mV/s，5000mV/s）的循环伏安曲线，记得更改文件名；

⑩ 每次扫速测试完毕后，取出电极并用去离子水冲洗干净；

⑪ 将溶液倒入废液桶（切忌倒入下水道内）。

（4）不同待测物浓度的测试

① 将扫速重新设置为 50mV/s，替换溶液为 5mmol/L 的二茂铁溶液（以

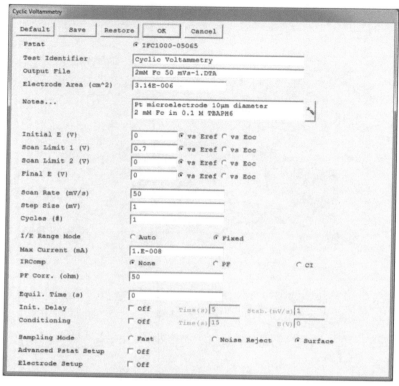

图2-85 首次循环伏安测试的参数设置窗口

0.1mol/L 四丁基六氟磷酸铵配制）；

② 运行 CV 测试，继续测试 10mmol/L、15mmol/L、20mmol/L 浓度溶液的循环伏安曲线，记得更改文件名；

③ 每个浓度的 CV 测试完毕后，取出电极并清洗。

（5）实验后的清理

① 将所有溶液倒入废液桶中；

② 将丝网印刷电极彻底清洗干净，并置于废物桶中；

③ 关闭电化学工作站；

④ 找到电脑内的"C:\Users\Public\Documents\My Gamry Data"文件夹，将数据移动或拷贝到便携式储存装置内，留待后续分析。

## 2.8.6 数据分析

Pt 微电极半径：5μm。

（1）峰形分析

① 用 Gamry Echem Analyst ™软件打开不同扫速下的每个循环伏安文件，如

图 2-86 所示。

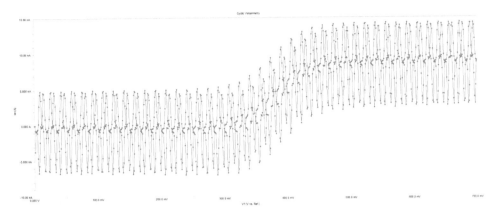

图2-86　循环伏安文件（平滑处理前的数据）

② 平滑原始数据。

a. 选择菜单栏 "Common Tools/Smooth Data"，如图 2-87 所示；

图2-87　选择菜单栏 "Common Tools/Smooth Data"

b. 在 "Smooth Current Data" 对话框中，选择 "Sliding Window" 单选按钮，确认 "Sliding Window Width" 为 20 points 后，点击 "Ok" 按钮，如图 2-88 所示。

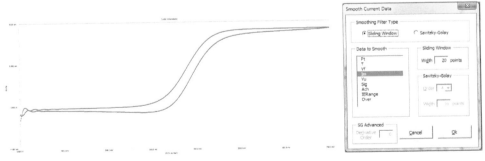

图2-88　数据处理（平滑处理后的数据）

③ 确定每个循环伏安曲线形状是属于线性扩散还是会聚扩散。

④ 如果属于线性扩散，则按照实验一（循环伏安实验）中的方法进行数据分析，将 $E_{pc}$、$E_{ac}$、$i_{pc}$、$i_{pa}$ 记录在表 2-22 中。

⑤ 如果属于会聚扩散，则将 $i_{ss}$ 记录在表 2-22 中。

表2-22　不同扫速的循环伏安测试结果记录

| 扫速/（mV/s） | 50 | 100 | 500 | 1000 | 5000 |
|---|---|---|---|---|---|
| 扩散类型 | | | | | |
| $E_{pc}$/mV | | | | | |
| $E_{pa}$/mV | | | | | |
| $i_{pc}$/μA | | | | | |
| $i_{pa}$/μA | | | | | |
| $i_{ss}$/μA | | | | | |

⑥ 将 6 个不同扫速的循环伏安曲线重叠于一个图中，打印该图，并附在报告中，如图 2-89 所示。

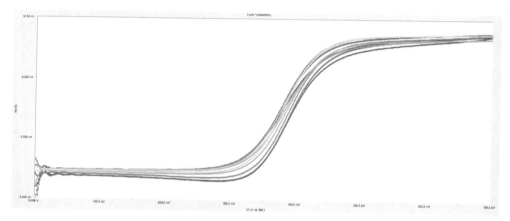

图2-89　不同扫速的循环伏安曲线（此图为示例图）

（2）浓度依赖关系

① 根据实际称量的二茂铁质量，计算每种二茂铁溶液的浓度；

② 打开各浓度的二茂铁溶液的循环伏安曲线文件；

③ 读取这些曲线的稳态电流值 $i_{ss}$，并记录在表 2-23 中；

表2-23　循环伏安测试曲线得到的稳态电流值 $i_{ss}$

| 溶液标号 | 二茂铁的质量/g | 计算的浓度/（mol/L） | $i_{ss}$/μA |
|---|---|---|---|
| 1 | | | |
| 2 | | | |
| 3 | | | |
| 4 | | | |
| 5 | | | |

④ 将 5 种不同浓度的二茂铁溶液的循环伏安曲线重叠于一个图中，打印该图，并附在报告中，示例图见图 2-90。

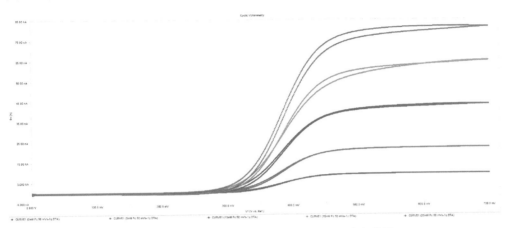

图2-90　5种不同浓度的二茂铁溶液的循环伏安曲线

## 2.8.7　实验结果

时间依赖的扩散形式：

① 计算每个扫速下的循环伏安持续时间，并记录在表 2-24 中；

② 有了实验时间数据，计算待测物分子扩散的平均距离，并记录在表 2-24 中；

③ 比较待测物分子扩散的平均距离和所用电极的半径，并注明 Pt 微电极处于线性还是会聚扩散控制。把所有信息填入表 2-24 中。

表2-24　实验测试结果记录

| 扫速/（mV/s） | 50 | 100 | 500 | 1000 | 5000 |
| --- | --- | --- | --- | --- | --- |
| 实验持续时间 /s | | | | | |
| 待测物分子扩散的平均距离 /cm | | | | | |
| 扩散类型 | | | | | |

## 2.8.8　练习题

① 稳态电流公式中不含时间变量。查看实验数据，其是否与 $i_{ss}$ 和实验的时间尺度无关这一理论模型吻合？

② 根据"结果分析"部分的计算，是否观察到所预期的循环伏安曲线形状？（提示：比较两个表格中每个扫速下记录的扩散类型。）

③（附加题）如果一个常规电极的半径为 3mm，计算扫速为多少时，反应才可以满足会聚扩散的条件？

### 2.8.9 实验中常见问题

① 务必在每次循环伏安测试前，对电极表面进行抛光。如果抛光效果欠佳，则会导致循环伏安曲线形状不呈现 S 形。可能会发生电流增大或者正反扫描的斜率最大处的电势差变大。

② 循环伏安曲线必须经 Echem Analyst 软件平滑，才能获得稳态电流值。否则，将无法确定基线的位置。

**参考文献**

Sur U K, Dhason A, Lakshminarayanan V. J Chem Ed, 2012, 89(1): 168.

## 2.9　实验八　碳酸饮料中葡萄糖的电化学检测

### 2.9.1 实验目的

① 测定一罐碳酸饮料中葡萄糖的含量；
② 了解生物传感器的主要组件；
③ 校准曲线法和标准加入法在定量分析中的应用。

### 2.9.2 实验仪器设备

① Gamry Instruments Interface™ 1000T 型电化学工作站；
② 安装在电脑上的 Gamry Instruments Framework™ 软件包；
③ Dr. Bob 电化学池组件（Gamry 部件号 990-00193）；
④ 铂工作电极（Gamry 部件号 932-00024）；
⑤ 铂对电极（Gamry 部件号 935-00056）；
⑥ 银-氯化银参比电极（Gamry 部件号 930-00015）。

### 2.9.3 试剂和化学品

① 透析管。

② 1mol/L 葡萄糖储备液：

取 1 个 50mL 容量瓶，加入 25mL 去离子水，再加入 4.50g D-葡萄糖，最后加去离子水至刻度线。

③ 0.05mol/L 磷酸盐缓冲溶液（pH 7.0）：

取 1 个 1L 容量瓶，加入 500mL 去离子水，再依次加入 2.92g 一水合磷酸钠和 7.73g 七水合磷酸氢二钠，最后加去离子水至刻线。

④ 10000U/mL 的葡萄糖氧化酶溶液：

用 ≥15000U/g 的固体葡萄糖氧化酶配制溶液。取 1 个 5mL 容量瓶，加入称量好的 2.59g 葡萄糖氧化酶，最后加去离子水至刻度线。

$$m(\text{GOx}) = \frac{10000\text{U}}{\text{mL}} \times 5\text{mL} \times \frac{\text{g}}{x\text{U}} \qquad (2\text{-}26)$$

其中 $x$ 是试剂瓶标签上标注的 g/U 的数值。

（注：检查所用试剂瓶上的标签，有的标签标注的可能是 U/g，据此调整加入容量瓶中酶的质量。）

⑤ 几种不同的含糖碳酸饮料（罐装，体积为 355mL 或更小）。

## 2.9.4　背景知识

本实验将探索生物传感器（biosensor）的作用。生物传感器是利用生物分子（例如酶）来帮助探测目标分子的装置。世界上最常用的生物传感器是血糖仪（图 2-91）。

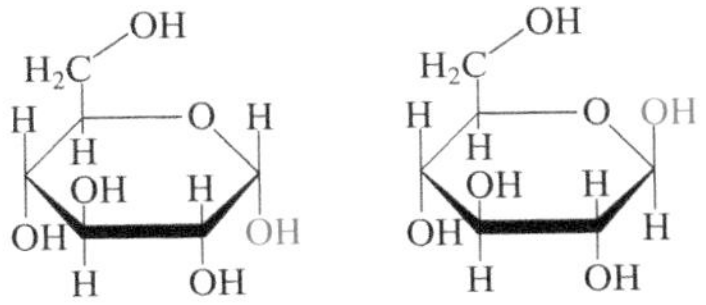

图 2-91　D- 葡萄糖的结构，其中用蓝色突显示出 $\alpha$ 及 $\beta$ 异构体中—OH位置的不同，
左边是 $\alpha$ 型，右边是 $\beta$ 型

（注：血糖监测市场超过 40 亿美元 / 年，而血糖监控和控制市场则超过 100 亿美元 / 年。）

血糖仪是一种电化学生物传感器，它并不直接测量血糖，测量的是葡萄糖在葡萄糖氧化酶（GOx）作用下产生的过氧化氢的量。

$$\beta\text{-D-}葡萄糖 + O_2 \xrightarrow{\text{GOx}} \beta\text{-D-}葡萄糖酸内酯 + H_2O_2$$

（注：葡萄糖氧化酶是以二聚体形式构造的蛋白质。）

生物传感器的优势在于依靠酶进行探测的高选择性。如果传感器不具备选择性，在进行定量测试之前，分析人员需要采取预处理来消除干扰。GOx 酶的选择性极高，甚至可以区分出 D- 葡萄糖的 $\alpha$ 及 $\beta$ 异构体。

生物淤积（biofouling）是生物传感器面临的另一个常见问题。生物淤积由外来物在传感器上的积聚所致，导致信号衰减或者完全闭塞。这种现象类似于血小板黏附在心脏支架上造成动脉阻塞。我们在生物传感器中引入半透膜来保护 GOx 和电极表面。半透膜允许小分子（如葡萄糖）通过，同时阻止大分子扩散到工作电极表面。

在计时电流法实验中，当电极表面溶液浓度改变（通过加入标准物或是达到了电解电位）时，电流会经历先急剧增大随后降低并趋于平稳的过程。电流急剧增大是由电极的充电电流导致的，缓慢降低并趋于平稳是由电子转移产生的法拉第电流造成的。当有新的分析物扩散至电极表面时，电流就不再继续降低且趋于平稳。

在本实验中，在先后加等份的标准溶液及样品到溶液中时，要保持电势恒定。图 2-92 是这种多步运行的实验举例，可以看出，随着每一等份的加入，电流经历先急剧增大再趋于平稳的过程。加入后，待电流变平稳时，记录稳态电流。

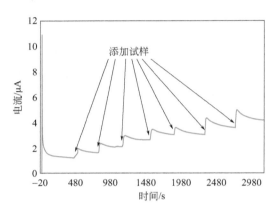

图2-92　计时电流随加入每一等份溶液的变化

## 2.9.5　实验步骤

### （1）准备酶电极

① 取一根 3cm 长的透析管，将其浸泡在磷酸盐缓冲液（PBS）中至少 5min，如图 2-93 所示。

图2-93　未浸泡的透析管

② 用食指与拇指搓捻透析管使其张开，然后裁剪成平片。

③ 将 1 个密封圈穿过电极末端，放在约整个电极管 2/3 长度的位置。

④ 将 #7 ACM 螺母（螺纹向上）经过电极末端一侧套至电极上，如图 2-94 所示。

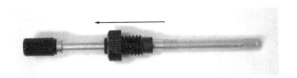

图2-94　工作电极安装

⑤ 把工作电极倒置，在末端滴加 10μL（大约一滴）的 GOx 溶液，如图 2-95
所示。

⑥ 用透析膜覆盖 GOx 溶液，此时注意不要让液滴从末端滑落，然后用另一
个密封圈固定透析膜，如图 2-96 所示。（这一步骤可能需要两个人协作完成：一
个人拿电极，另一个人在电极和透析膜上安装密封圈。）

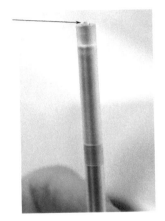

图2-95　工作电极的准备（一）

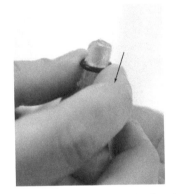

图2-96　工作电极的准备（二）

⑦ 先后用去离子水和 PBS 溶液冲洗电极。

⑧ 将电极浸泡在 10mL 的 PBS 溶液中至少 10min。

⑨ 按照图 2-97 组装电化学池，注意要在池中加入 50mL 空白（PBS）溶液。

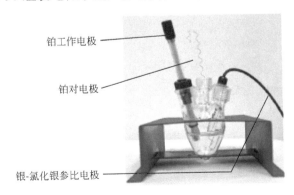

铂工作电极

铂对电极

银-氯化银参比电极

图2-97　组装完成的电化学池

⑩ 将绿色（工作电极接头）和蓝色（工作电极感应接头）鳄鱼夹与工作电极连接，将白色（参比电极接头）鳄鱼夹与参比电极连接，将红色鳄鱼夹连接 Pt 对电极。不连接黑色（接地）与橙色（对电极感应接头）的鳄鱼夹，不要让它们与别的电极或者鳄鱼夹产生电接触。

⑪ 在"Chronoamperometry"设置窗口中，按图 2-98 设置各个参数。

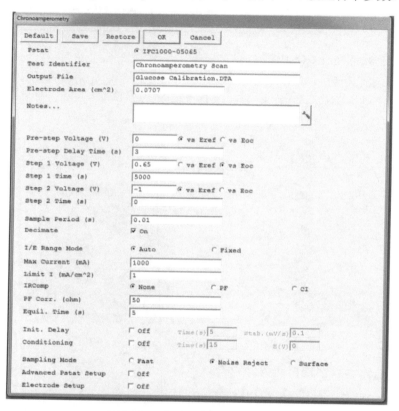

图2-98 初次运行时的设置窗口

⑫ 施加 0.65V 的电压，直到电极的电流响应变稳定。当电流的变动在 5s 内不超过 0.05μA 时，记录下该电流值。

注意：在电极连接或断开连接前，切记不要施加电压。电源有电击危险。另外，通电会使工作电极表面的酶失活。

（2）建立校准曲线

① 待电流稳定后，加入 20μL PBS 溶液，然后在"数据分析"部分记录下此时的响应电流作为空白值。

② 用每次加入 20μL 葡萄糖原液的标准液加入法，建立葡萄糖的校准曲线。每加入一份葡萄糖溶液，搅拌 5s 使溶液混合均匀，观察电流值，待其稳定（即

5s 内电流变动不超过 0.05μA）后记录。

③ 继续加入等份溶液，重复该过程直到确定响应电流开始偏离线性。同样，待 5 s 内电流变动不超过 0.05μA 时，记录下电流值。

（注：电极状态恢复的方法：将校准瓶中的溶液换成新鲜的 PBS 溶液，然后将电极浸泡在其中直至响应电流稳定。）

（3）对碳酸饮料进行测试

① 将电极置于新鲜 PBS 空白溶液中。

② 待电流稳定后（5s 内电流变动不超过 0.05μA）记录数据。

③ 在空白溶液中加入 50μL 碳酸饮料。

④ 在"实验结果"部分，记录下使用碳酸饮料的名称和标签上标注的总含糖量。

⑤ 电流稳定之后（5s 内电流变动不超过 0.05μA），记录数据。

⑥ 判断碳酸饮料中是否存在干扰现象：中途加入 10μL 葡萄糖原液，并记录电流值。

⑦ 重复步骤①～⑤共 3 次，完成对碳酸饮料的分析。

（4）实验后的清理

① 将使用后的溶液倒入相应的废液桶。

② 将彻底冲洗后的丝网印刷电极置于废物桶中。

③ 关闭电化学工作站。

④ 将数据从"C:\Users\Public\Documents\My Gamry Data"中复制或者移动至便携式储存设备，便于后续分析。

## 2.9.6　数据分析

（1）校准曲线

实验结果记录在表 2-25 中。

表2-25　实验测试记录表

| 溶液加入的序号 | 加入的葡萄糖液总量/μL | 葡萄糖浓度/（mmol/L） | 响应电流/μA |
|---|---|---|---|
| 空白 | | | |
| 1 | | | |
| 2 | | | |
| 3 | | | |
| 4 | | | |
| 5 | | | |
| 6 | | | |

续表

| 溶液加入的序号 | 加入的葡萄糖液总量/μL | 葡萄糖浓度/（mmol/L） | 响应电流/μA |
|---|---|---|---|
| 7 | | | |
| 8 | | | |
| 9 | | | |
| 10 | | | |
| 11 | | | |
| 12 | | | |
| 13 | | | |
| 14 | | | |
| 15 | | | |
| 16 | | | |
| 17 | | | |
| 18 | | | |
| 19 | | | |
| 20 | | | |

可能在前 20 个加入样内就达到非线性区，那么就没必要读取后面的电流值了。

（2）碳酸饮料

碳酸饮料样品测定结果记录在表 2-26～表 2-28 中。

**表2-26　实验1记录表**

| 项目 | 加入样品的体积/μL | 故意掺入液体的体积/μL | 故意掺入液体的浓度/（mmol/L） | 响应电流/μA |
|---|---|---|---|---|
| 未知加入样 | 50 | | | |
| 故意掺入样 | | 10 | 1000 | |

**表2-27　实验2记录表**

| 项目 | 加入样品的体积/μL | 故意掺入液体的体积/μL | 故意掺入液体的浓度/（mmol/L） | 响应电流/μA |
|---|---|---|---|---|
| 未知加入样 | 50 | | | |
| 故意掺入样 | | 10 | 1000 | |

**表2-28　实验3记录表**

| 项目 | 加入样品的体积/μL | 故意掺入液体的体积/μL | 故意掺入液体的浓度/（mmol/L） | 响应电流/μA |
|---|---|---|---|---|
| 未知加入样 | 50 | | | |
| 故意掺入样 | | 10 | 1000 | |

## 2.9.7　实验结果

（1）创建校准曲线

① 绘制响应电流−葡萄糖浓度校准曲线，如图 2-99 所示。

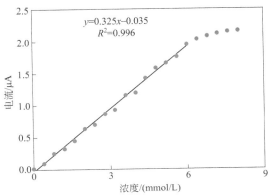

图2-99　响应电流−葡萄糖浓度校准曲线示意图（注：该图为示例数据）

② 确定校准曲线线性部分对应的方程式并记录。

校准曲线方程：＿＿＿＿＿＿＿＿。

③ 打印图表，附在报告上。

（2）测定碳酸饮料中葡萄糖含量

碳酸饮料名称：＿＿＿＿＿＿＿＿；

碳酸饮料标签标注总含糖量：＿＿＿＿＿＿＿＿。

① 结合测得的校准曲线和饮料的响应电流结果，计算饮料的葡萄糖浓度并记录。

② 应用标准液加入法，使用下式计算葡萄糖浓度。

$$c_x = \frac{i_1 c_s V_s}{(i_2 - i_1)V_x} \tag{2-27}$$

式中，$c_x$ 和 $c_s$ 分别是未知样（饮料）和掺入液的浓度；$V_x$ 和 $V_s$ 分别是未知样（饮料）和掺入液的体积；$i_1$ 和 $i_2$ 是加入掺入液前后的响应电流。

③ 分别计算两种方法的 RSD（有关 RSD 的解释见本章引言部分），并记录在表 2-29 中。

表2-29　实验测试结果记录

| 方法 | 实验1葡萄糖浓度 /（mmol/L） | 实验2葡萄糖浓度 /（mmol/L） | 实验3葡萄糖浓度 /（mmol/L） | RSD/% |
| --- | --- | --- | --- | --- |
| 校准曲线法 | | | | |
| 标准液加入法 | | | | |

④ 分别用两种方法计算一罐（355mL 或更小）饮料中葡萄糖的总量，实验结果记录在表 2-30 中。

表2-30　实验测试结果记录

| 方法 | 实验1葡萄糖总量/g | 实验2葡萄糖总量/g | 实验3葡萄糖总量/g |
| --- | --- | --- | --- |
| 校准曲线法 | | | |
| 标准液加入法 | | | |

## 2.9.8　练习题

① 为什么计算的一罐碳酸饮料的葡萄糖含量低于瓶身上标注的葡萄糖含量？

② 根据数据，你认为哪种校准方法更加准确？响应电流与别的实验小组相近还是不同？测得的葡萄糖浓度与别的小组相近还是不同？为什么不同小组的响应电流不同，但是葡萄糖浓度却可能相近？

③（附加题）生物传感器不一定是电化学型的，也可以是其他类型的，如光谱型。在另外一种技术（光谱法）中，并不通过电化学方法测定过氧化氢含量，而是后续让过氧化氢与亚铁氰化物进行反应：

$$H_2O_2 + 亚铁氰化物（无色）\longrightarrow H_2O + 铁氰化物（黄色）$$

与电化学法相比，光谱法有哪些优势和劣势？

## 2.9.9　实验中常见问题

① 把 GOx 液滴从电极表面上碰掉了。这个问题容易被发现，因为加入葡萄糖溶液后，会发现电流不再增大。出现这种情况时，需要重新装配电极。

② 安装半透膜的时候在膜下方有残留的气隙。这个问题也容易被发现，因为当加入葡萄糖溶液后，也会发现电流不再增大。出现这种情况时，也需要重新装配电极。

③ 使用了过期的 GOx 导致活性降低。这个问题也容易被发现，因为当加入葡萄糖溶液后，也会发现电流不再增大，或与浓度的增大呈非线性关系。出现这种情况，需要用新鲜的 GOx 来重新配制 GOx 原液。

④ 计算错误。

**参考文献**

Gooding J J, Yang W, Situmorang M. J Chem Ed, 2001, 6 (78): 788.

# 2.10  实验九  聚合物单体的电化学聚合反应实验

## 2.10.1  实验目的

① 用电化学聚合方法，从 3-甲基噻吩单体合成聚 3-甲基噻吩；
② 理解电解液浓度、沉积时间及电势对聚合物形成的影响。

## 2.10.2  实验仪器设备

① Gamry Instruments Interface™ 1000T 型电化学工作站；
② Gamry Instruments Framework™ 软件及已安装了该软件的计算机；
③ 标准 UV-Vis 一次性比色皿；
④ SPE 电化学池转接头（990-00421）；
⑤ 带盖比色皿（972-00065）；
⑥ 17 个 Pt 丝网印刷电极（935-00124）；
⑦ 0℃的冰浴。

## 2.10.3  试剂和化学品

① 0.05mol/L 3-甲基噻吩单体，0.05mol/L 四丁基四氟硼酸铵（TBABF4），溶于乙腈溶液中，0℃冰浴。

将 25mL 乙腈倒入 50mL 容量瓶中，加入 242μL 3-甲基噻吩单体、0.823g TBABF4，再加入乙腈至刻度。实验过程中，一直将溶液置于冰浴中保存。

② 0.05mol/L 3-甲基噻吩单体，0.075mol/L 四丁基四氟硼酸铵（TBABF4），溶于乙腈溶液中，0℃冰浴。

将 25mL 乙腈倒入 50mL 容量瓶中，加入 242μL 3-甲基噻吩单体、1.23g TBABF4，再加入乙腈至刻度。实验过程中，一直将溶液置于冰浴中保存。

③ 0.05mol/L 3-甲基噻吩单体，0.1mol/L 四丁基四氟硼酸铵（TBABF4），溶于乙腈溶液中，0℃冰浴。

将 25mL 乙腈倒入 50 mL 容量瓶中，加入 242μL 3-甲基噻吩单体、1.65g TBABF4，再加入乙腈至刻度。实验过程中，一直将溶液置于冰浴中保存。

④ 0.005mol/L 儿茶酚，溶于 0.01mol/L 硫酸中。（注：儿茶酚的常见名称为邻苯二酚。）

将 50mL 去离子水倒入 100mL 容量瓶中，缓慢加入 56μL 0.01mol/L 硫酸。加入 55mg 儿茶酚，再加入去离子水至刻度。

注意：3-甲基噻吩、儿茶酚有刺激性气味。建议实验过程中，实验装置和化学品应放在通风橱中。

## 2.10.4 背景知识

在分析化学中，薄膜（thin-layer films）常用来分离目标待测物与干扰物质。选择薄膜来吸附待测物或吸附干扰物质时，应考虑到薄膜的如下性质：薄膜的离子电荷、薄膜的多孔特性以及薄膜的亲、憎水性。

具有离子选择特性的薄膜，要么带正电，要么带负电。例如，带正电的薄膜会排斥阳离子、吸引阴离子。如果薄膜的选择性基于多孔特性，小分子能进入孔内，大分子则不能。而如果薄膜的亲、憎水性（即润湿性，或与水的亲和力）起作用，则应该用憎水性薄膜来吸附水溶液中的有机化学物质。

制备薄膜的常用方法有浸渍提拉法、旋涂法以及电化学聚合法。浸渍提拉法的一般流程为：把待涂膜的样品浸入高分子溶液中，再从溶液中提拉出，待溶液挥发后，在表面会成膜。浸渍提拉法的优点是简单，不需要特殊设备；但缺点是重现性差，因为实验变量如浸渍时间、提拉速度及挥发干燥过程等均较难控制。旋涂法的流程为：把一滴高分子溶液滴到旋转的表面上，离心力将溶液向外围甩出，就形成了很薄的薄膜（厚度为微米级，甚至更小）。旋涂法的优点是液滴尺寸、旋转时间、转速等易控制，所以所得膜厚度的重现性好；但缺点是设备要求高，不但需要特殊的旋转台来控制实验变量，而且也需要一个保护罩以防样品飞脱造成危险。

电化学聚合方法可以使高分子单体在想要覆膜的表面上直接聚合成膜。聚合反应的发生可以通过不同途径激活，如使用其他化学物质，或紫外光辐照，或施加电势（电势高低视高分子单体不同而定）。电化学聚合方法的优点，体现在可以通过组合不同类单体的用量来调控薄膜的性质，如既具有疏水性也能带正电；缺点是重现性差，相比其他方法，需要考虑控制更多的实验变量。

本实验将考察在电化学聚合过程中几个易控制的变量。实验原料为 3-甲基噻吩单体，通过聚合生成聚 3-甲基噻吩薄膜。为了评价所得薄膜的优劣，要用该薄膜来测试儿茶酚的循环伏安曲线。

## 2.10.5 实验步骤

注意：实验用的单体，不使用时，应把盛放单体溶液的容器置于 0℃冰浴中保存。使用前，应测量其温度，确认满足实验要求。

（1）单体的电化学聚合

① 准备伏安电化学池（voltammetry cell）

a. 把下述不同颜色的香蕉插头分别插入 SPE 池转换头的对应插孔内，绿色——工作电极端，蓝色——工作传感电极端，白色——参比电极端，红色——对电极端。下面两个插头不要连接：橙色——对电极传感端，黑色——接地端。

b. 把丝网印刷电极（参见图 2-7）连接端朝前穿过比色皿［如图 2-32（a）所示］用端头帽的开口，然后将电极插入专用的 SPE 池连接头［如图 2-32（b）所示］。

c. 把通气管穿入比色皿用端头帽的小孔（注意是两个孔中较大的那个，另一个稍小的用于出气；而且要从端头帽的外侧穿入——外侧即电极电触点露在外的端头帽那侧）。通气管穿入的长度要求：管端应与 SPE 的最下边平齐。

d. 把一个小号搅拌子放入比色皿里，然后把比色皿放在搅拌器上并用夹子和铁架台固定好。

e. 在比色皿中加入 2mL 溶液，把比色皿用端头帽盖到比色皿上。通气管的管端应该是与 SPE 的最下边平齐的，这样搅拌子才能正常工作。整个装置完成后应该如图 2-34 所示。

注意：在正式测试过程中，切忌触碰池连接头测试板的上端，如果测试过程中有电流流过时，触碰了电触点可能会使得测试板短路，导致测试噪声。

② 进行实验

a. 打开电化学工作站。

b. 在电脑上打开 Gamry Instruments Framework™ 软件。

c. 装置连好就绪后，在 Gamry Instruments Framework™ 软件中依次点击"Experiment/Physical Electrochemistry/Chronoamperometry"。

d. 参考如图 2-100 的软件界面截屏设置参数。

e. 通气并持续除气 5min 以除去溶液中的氧气。5min 后要停止通气，因为电化学测量过程中通气会影响实验结果。

f. 开始实验。

g. 电化学聚合反应实验完成后，把丝网印刷电极从溶液中拿出，电极用乙醇冲洗后放置好以备用。

h. 将比色皿中的液体倒入废液桶内，比色皿用乙醇冲洗并干燥。

i. 对 18 种不同的实验条件参数均重复步骤 c.～h. 进行实验。如表 2-31 的实验条件参数供参考。

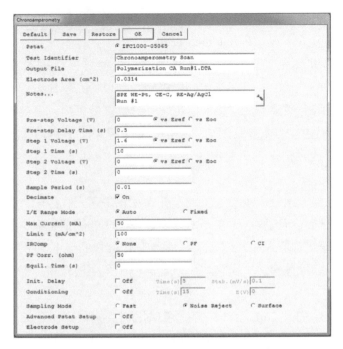

图2-100　本实验的软件初始设置界面窗口

**表2-31　实验条件**

| 编号 | 施加电压/V | 沉积时间/s | 电解质浓度/（mol/L） |
|---|---|---|---|
| 1 | 1.6 | 10 | 0.05 |
| 2 | 1.6 | 10 | 0.075 |
| 3 | 1.6 | 10 | 0.10 |
| 4 | 1.6 | 15 | 0.05 |
| 5 | 1.6 | 15 | 0.075 |
| 6 | 1.6 | 15 | 0.10 |
| 7 | 1.6 | 20 | 0.05 |
| 8 | 1.6 | 20 | 0.075 |
| 9 | 1.6 | 20 | 0.10 |
| 10 | 1.7 | 10 | 0.05 |
| 11 | 1.7 | 10 | 0.075 |
| 12 | 1.7 | 10 | 0.10 |
| 13 | 1.7 | 15 | 0.05 |
| 14 | 1.7 | 15 | 0.075 |
| 15 | 1.7 | 15 | 0.10 |
| 16 | 1.7 | 20 | 0.05 |
| 17 | 1.7 | 20 | 0.075 |
| 18 | 1.7 | 20 | 0.10 |

（2）循环伏安测试

依如下步骤，对 0.005mol/L 儿茶酚（溶于 0.01mol/L 硫酸中）进行循环伏安测试。

① 在软件中依次点击 "Experiment/Physical Electrochemistry/Cyclic Voltammetry"。

② 参考如图 2-101 的软件界面截屏，在软件界面中进行数据设置。

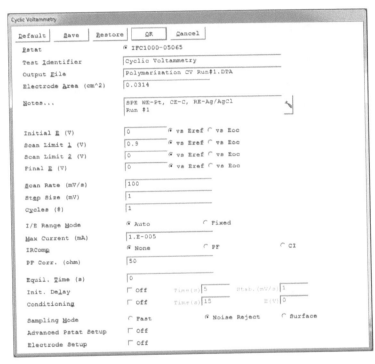

图2-101　CV实验的软件设置界面窗口

（3）实验后的清理

① 将所有溶液倒入废液桶内。

② 将用过的丝网印刷电极（要彻底冲洗）置于废物桶内。

③ 关闭恒电位仪。

④ 找到电脑中的如下文件夹 "C:\Users\Public\Documents\My Gamry Data"，把实验数据拷出来以便进行随后的数据分析。

## 2.10.6　数据分析

电势峰的分析：

① 打开 Gamry Echem Analyst ™软件。

② 用软件确定阴极和阳极峰的电势值，确定阴极峰和阳极峰的电流值。

a. 打开待分析的循环伏安曲线；

b. 选择峰所在的区域并点击菜单中"Cyclic Voltammetry/Peak Find"；

c. 点击"Cyclic Voltammetry/Automatic Baseline"，得到的 @Vf(V vs. Ref) 是峰电势值，Height(A) 是峰电流值；

d. 对该曲线的阴极和阳极峰重复上述步骤。另外，也对所有 18 次实验获得的 CV 曲线进行同样的分析处理；

e. 计算阴极和阳极峰的电势差值（seperation），并记录在表 2-32 内。

表2-32　阴极与阳极峰的电势差值

| 编号 | 施加电压/V | 沉积时间/s | 电解质浓度/（mol/L） | $E_{pa}$/mV | $E_{pc}$/mV | 峰间距/mV |
|---|---|---|---|---|---|---|
| 1 | 1.6 | 10 | 0.05 | | | |
| 2 | 1.6 | 10 | 0.075 | | | |
| 3 | 1.6 | 10 | 0.10 | | | |
| 4 | 1.6 | 15 | 0.05 | | | |
| 5 | 1.6 | 15 | 0.075 | | | |
| 6 | 1.6 | 15 | 0.10 | | | |
| 7 | 1.6 | 20 | 0.05 | | | |
| 8 | 1.6 | 20 | 0.075 | | | |
| 9 | 1.6 | 20 | 0.10 | | | |
| 10 | 1.7 | 10 | 0.05 | | | |
| 11 | 1.7 | 10 | 0.075 | | | |
| 12 | 1.7 | 10 | 0.10 | | | |
| 13 | 1.7 | 15 | 0.05 | | | |
| 14 | 1.7 | 15 | 0.075 | | | |
| 15 | 1.7 | 15 | 0.10 | | | |
| 16 | 1.7 | 20 | 0.05 | | | |
| 17 | 1.7 | 20 | 0.075 | | | |
| 18 | 1.7 | 20 | 0.10 | | | |

## 2.10.7　实验结果

需要绘制三个图，分别是峰电势差值-外加电势图（图 2-102）、峰电势差值-沉积时间图（图 2-103）和峰电势差值-电解液浓度图（图 2-104）。把这三个图附在报告后面。

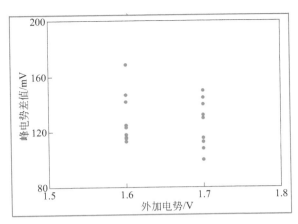

图2-102 峰电势差值-外加电势图

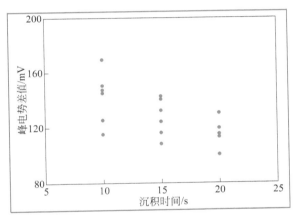

图2-103 峰电势差值-沉积时间图

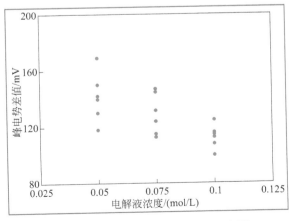

图2-104 峰电势差值-电解液浓度图

## 2.10.8　练习题

① 增加外加电势、沉积时间或电解液浓度分别对电势差值有何影响？

② 对峰电势差值影响最大和最小的变量分别是什么？为什么？

③ 峰电势差值减小，表明聚合物膜的物理特征发生了什么变化？

④（附加题）是否有在本实验中没有研究的其他变量会影响电化学聚合反应？

## 2.10.9　实验中常见问题

① 如果溶液使用前温度不是 0℃，则聚合反应的速率会很低，就导致电极表面上的聚合物很少，则所有批次实验中都会观察到峰电势差值增加了。

② 在循环伏安实验中，如果仪器发生了"CA 过载"（CA Overload）或曲线上出现了红色数据点，则表明乙腈没有被充分地从膜上洗脱掉，这会阻碍溶液中的儿茶酚进入膜内。建议重新用乙醇冲洗 SPE。如果还存在问题，尝试用实验室里的氮气吹干冲洗后的 SPE。

③ 如果时间不够，可以在 SPE 后面靠顶部的位置写上实验批次号，这样后续可以再进行 CV 分析。

### 参考文献

Lunsford S K. J Chem Ed, 2005,12 (82): 1830.

# 2.11　实验十　电化学阻抗谱实验

## 2.11.1　实验目的

① 了解电容和电阻串联、并联的效果；

② 模拟电化学阻抗谱数据。

## 2.11.2　实验仪器设备

① Gamry Instruments Interface™ 1000T 型电化学工作站；

② 安装在电脑上的 Gamry Instruments Framework™ 软件包；

③ Gamry Instruments AC 模拟电化学池（Gamry 部件号 990-00419）；

④ 2 个 2.7V 3F 电容；

⑤ 20Ω 1/4W（或更高额定功率）电阻；

⑥ 100Ω 1/4W（或更高额定功率）电阻。

### 2.11.3　背景知识

电化学阻抗谱（EIS）是电化学表/界面研究的一种非常常用的方法。EIS 技术是一种"两步走"技术：

① 第一步或第一部分工作是当施加小振幅交流（AC）电压时，记录电化学表、界面的电响应；

② 第二步或第二部分工作是用数据与理论电子电路拟合，而该电路的设计是要"等效"于实际体系。

在第一部分中（即施加 AC 电压于样品），体系浸没在电解液中，施加一个 AC 电压而且控制 AC 频率从高频（1MHz 或更高）逐步降至低频（约 1Hz 或更低），频率改变通常为对数序列形式。理想的电阻其响应相对 AC 输入无延迟且在幅度上无损失，但是所有实际的电子组件（包括腐蚀中的表面）对 AC 输入的响应在幅度上有损失，在时间上有轻微的延迟（即相移）。电化学体系如何对 AC 输入信号进行响应，就给出了很多体系内部的物理和化学结构信息。因此，我们不能用理想的欧姆定律公式来描述电化学界面：

$$R=E/I$$

式中，$R$ 代表体系的电阻；$E$ 是施加于体系的电势；而 $I$ 是体系的响应电流。反之，我们必须考虑体系相对施加电势的实际相移。

现在，我们用正弦波来描述施加于体系的 AC 扰动电势：

$$E=E_0 \sin(\omega t) \tag{2-28}$$

式中，$E$ 是施加于体系的电势；$E_0$ 是 AC 振幅；$t$ 是时间；$\omega$ 是径向频率（$\omega=2\pi f$）。电化学体系的响应（图 2-105）为

$$I=I_0 \sin(\omega t+\phi) \tag{2-29}$$

式中，施加的 AC 电势的相移为 $\phi$。扰动信号的振幅一直保持很小，这样电化学池的响应就呈准线性。在准线性体系中，电化学池的频率响应与扰动信号的

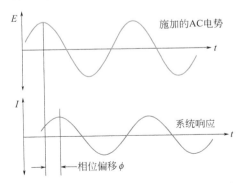

图2-105　施加的AC电势（曲线上）；体系的响应在位相和振幅上有偏移（曲线下）

相等。

我们不能用术语"电阻"去描述电化学体系抵抗电流流动的能力，因为无法实现理想电阻。相反地，我们要引入一个概念——阻抗（$Z$），类比于电感器或电线圈。阻抗可以用复数来描述：

$$Z(\omega)=Z_0(\cos\phi+j\sin\phi)$$

式中，$j$ 是虚数。注意该式中有一个实部（$\cos\phi$）和一个虚部（$j\sin\phi$）。如果以实部为 $X$ 轴，虚部为 $Y$ 轴，就可以绘制出奈奎斯特（Nyquist）图（图 2-106）。

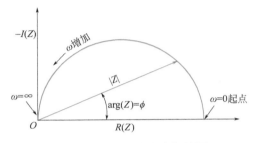

图2-106 典型的奈奎斯特图

（注：阻抗的概念是物理学家、数学家、电子工程师 Oliver Heaviside（1850—1925）于 1886 年首次提出的。）

（注：奈奎斯特图以电子工程师 Harry Nyquist（1889—1976）名字命名。）

在奈奎斯特图中，阻抗 $Z$ 的绝对值是矢量的长度。矢量和 $X$ 轴间的夹角称为相位角 $\phi$（也常用 $\omega$）。奈奎斯特图有一个问题：无法确定曲线上每一点的频率。因此，另一个常用的是波特（Bode）图，波特图中一般包含 2 条差异明显的曲线，常分别画出，但有时候也会重叠画出，图 2-107 显示了两种不同画法。横轴为频率 $f$ 的对数 $\lg f$。纵轴对于阻抗曲线用的是阻抗模值（$|Z|=Z_0$）的对数，对于相移曲线用的是相移（线性坐标）。

（注：波特图是电子工程师和发明家 Hendrik Bode（1905—1982）首次提出的。）

阻抗实验可通过两种方法进行：恒电位法或恒电流法。在恒电位 EIS 实验中，控制施加电势正弦波的振幅，测量待测体系的电流响应。在恒电流 EIS 实验中，控制施加电流正弦波的振幅，测量待测体系的电势响应。在选择合适的技术时，需要控制小信号而测量强信号，这样能减少实验噪声。这就要求实验一般是选择恒电位 EIS；然而，在本实验中我们选用的是恒电流 EIS，主要是因为本实验体系的电流响应很小。

EIS 测试的第二部分，是分析奈奎斯特图或波特图。研究者先建立一个包含电阻、电容和其他电子元件的模拟电路模型。用该模型来计算该网络的响应，并将该响应与实验数据进行比较。随后，研究者要尝试解释等效电路中各元件所代

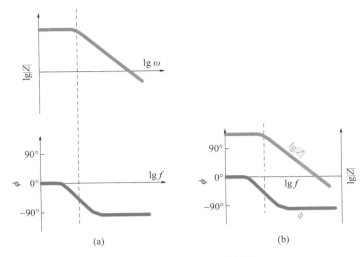

图2-107　典型的波特图

（a）叠加图，上图为 lg|Z|-lg$\omega$ 图，下图为相移 $\phi$-lg$f$ 图；（b）叠加图，lg|Z| 和相移 $\phi$ 与 lg$f$ 作图

表的物理或化学含义。电路模型中的每一种元件都对应系统中一个真实的体系参数。这意味着元件只有在有物理意义的前提下才能进入模型中，否则即便是加入该元件后的模型能与实验数据吻合得更好也是不行的。

下面是一些电路元件：

① 溶液电阻（溶液中离子对电流的电阻）；

② 双电层电容（在导体表面吸附了离子后产生的电容）；

③ 极化电阻（在电极表面发生的电化学反应的电阻）；

④ 涂层电容［金属表面的绝缘涂层（如油漆）在电解液和下面金属间产生的电容］。

另外还有很多其他物理化学电路元件。等效电路有不少模型，本书不作详细介绍。可以想象不同种体系的特征，例如，腐蚀中或锈蚀中的金属表面覆盖有含有洞/孔的破损保护涂层。因此，EIS 是一种常用的研究和模拟腐蚀金属表面行为的技术，而对表面有涂层的情况尤其适合。

本实验将考察电化学池模型中的电容和电阻两种元件。

## 2.11.4　实验步骤

电化学阻抗谱测试

① 打开电化学工作站。

② 打开电脑上的 Gamry Instruments Framework™ 软件进行电容测试。

③ 电容测试。

a. 准备 1 号电容测试，将绿色（工作电极接头）和蓝色（工作传感电极接头）

鳄鱼夹与电容的负极端相连。另一端与红色（对电极接头）、橙色（对电极传感接头）和白色（参比电极接头）鳄鱼夹相连，如图 2-108 和图 2-109 所示。

注意：极性要正确。连接错误会烧坏电容。

b. Framework 软件检测到电化学工作站与电脑相连后，对电容进行充电：点击 "Experiment/Physical Electrochemistry/Chronopotentiometry"。依照图 2-110 设置各个参数。

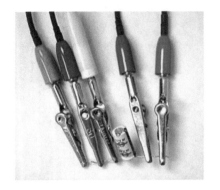 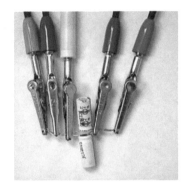

图2-108　与恒电位仪连接的单个电容　　图2-109　两个与电化学工作站并连的电容

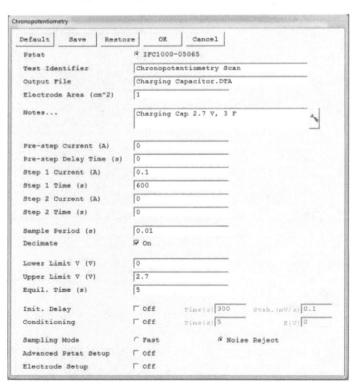

图2-110　计时电位测量法的实验设置窗口

c. 运行实验。

d. 实验结束后，依次点击"Experiment/Electrochemical Impedance/Galvanostatic EIS"。依照图 2-111 设置各个参数。

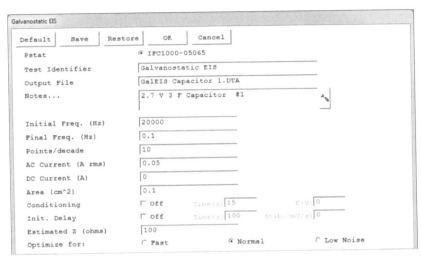

图2-111　恒电流下的电化学阻抗实验设置窗口

e. 运行第二个实验。

f. 对于 2 号电容（如图 2-109）重复步骤 a.～e.，注意将输出文件名从"1μF Capacitor 1"改为"2μF Capacitor 2"。

g. 将两个电容并联，确保两个电容的两端方向一致，重复步骤 a.～e.，将输出文件名改为"Capacitor in parrallel"。

注意：确保两个电容和鳄鱼夹间的良好接触，与鳄鱼夹相连前，将两个电容的导线拧在一起。

h. 将两个电容串联，如图 2-112 所示，确保两个电容的两端方向一致，重复步骤 a.～e.，将输出文件名改为"Resistor in parallel"。

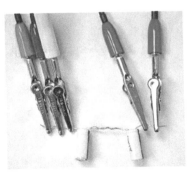

图2-112　两个与电化学工作站串联的电容

④ 进行电阻测试。

a. 准备 20Ω 电阻以备测试，并将绿色（工作电极接头）和蓝色（工作传感电极接头）鳄鱼夹与电阻的一端导线相连。另一端与红色（对电极接头）、橙色（对电极传感接头）和白色（参比电极接头）鳄鱼夹相连，如图 2-113 所示。

b. 电阻不需要充电，因此不必进行计时电位测量。依次点击"Experiment/Electrochemical Impedance/Galvanostatic EIS"。按照图 2-111 设置各个参数。

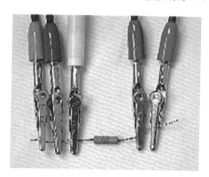

图2-113　与电化学工作站连接的单个电阻

c. 运行实验。

d. 对于 100Ω 电阻，重复步骤 a.～c.，注意将输出文件名从"Resistor 1"改为"Resistor 2"。

e. 将两个电阻并联，重复步骤 a.～c.，将输出文件名改为"Resistor in parallel"。

⑤ EIS 模拟电化学池作为 Randles 电化学池的测试。

a. 将电化学工作站与 AC 模拟电化学池的 EIS 模拟电化学池一侧相连接，具体如图 2-114 所示（AC 模拟电化学池是非常好的 Randles 电化学池）。

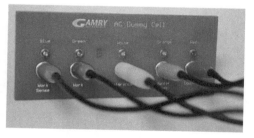

图2-114　连接通用模拟电化学池（EIS模拟电化学池一侧）与电化学工作站

注意：不要让不同的鳄鱼夹互相接触！

b. 由于 AC 模拟电化学池不需要充电，因此不需要进行计时电位测量。点击"Experiment/Electrochemical Impedance/Potentiostatic EIS"。按照图 2-115 设置各个参数。

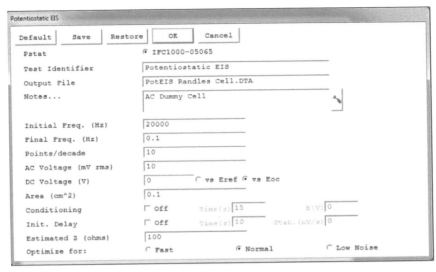

图2-115　恒电位下的电化学阻抗测试设置窗口

c. 运行实验。

⑥ 当所有实验完成后，关闭电化学工作站。将测试数据从 "C:\Users\Public\Documents\My Gamry Data" 中复制或移动到便携式储存设备中，以便后续的数据分析。

## 2.11.5　数据分析

① 打开 Gamry Echem Analyst™ 软件。

② 用 Echem Analyst 确定电容的电容值。

a. 打开 "Capacitor 1" 数据文档。

b. 创建合适的电子模型电路。

阻抗谱数据的　　阻抗谱的自动
导出　　　　　拟合

点击 "Galvanostatic Impedance/Model Editor"。在 "Model Editor" 窗口，打开 "Fuel Cell.MDL" 模型。鼠标右击两个恒相位元件（ ▭ ）并删除；

点击两次顶部的 "Capacitor" 按钮（ ▯ ）并将它们放到恒相位元件所在位置。如图 2-116 所示绘制模型，并将模型存为 "Capacitor.MDL"。关闭模型编辑器。

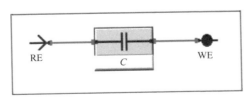

图2-116　Capacitor. MDL模型

c. 在 Echem Analyst™ 软件中，点击"Galvanostatic Impedance/Fix a Model（Simplex Method）"，选择建立的"Capacitor.MDL"模型。打开的新窗口包含所有模型中的电路元件。点击"AutoFit"按钮并运行模型。

d. 当"Impedance Fit by the Simplex Method"窗口显示模型的模拟完成后，在"实验结果"部分的表格中记录下两个电容的总和数值。

e. 打开其他电容的数据文档，对每个电容重复步骤 b.～d.。

f. 根据已知电容，计算电容串/并联的总电容值，均记录在表 2-33 中。

③ 用 Echem Analyst 确定电阻的阻值。

a. 打开电阻 1 数据文档。电阻模型已经在软件中创建了。通过点击"Galvanostatic Impedance/Model Editor"查看并绘制如图 2-117 所示模型，打开"R.MDL"模型。

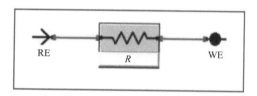

图2-117　R.MDL 模型

b. 在 Echem Analyst™ 软件中，依次点击"Galvanostatic Impedance/Fit a Model（Simplex Method）"并选择创建的"R.MDL"模型。打开的新窗口包含了模型中所有的电路元件。点击"AutoFit"按钮并运行模型。

c. 待"Impedance Fit by the Simplex Method"窗口显示模型模拟已经完成后，在"实验结果"部分的表格中记录下两个电阻和电容的总值。

d. 打开其他电阻的数据文档，并对每个电阻重复步骤 b.～c.。

e. 根据已知电阻，计算电阻串/并联的总电阻值，并记录在表 2-34 中。

④ 用 Echem Analyst 测定 Randles 电化学池的电阻和电容值

a. 打开 Randles 电化学池数据文档。电阻模型已在软件中创建。通过点击"Galvanostatic Impedance/Model Editor"查看和绘制图 2-118 所示的模型，打开"randles.MDL"模型；

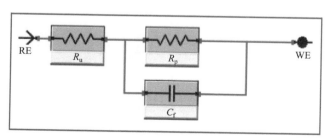

图2-118　randles.MDL模型

b. 在 Echem Analyst™ 软件中，依次点击 "Galvanostatic Impedance/Fit a Model（Simplex Method）"，选择建立的 "randles.MDL" 模型。新打开的窗口包含了模型的所有电路元件。点击 "AutoFit" 按钮并运行模型；

c. 在 "Impedance Fit by the Simplex Method" 窗口显示模型的模拟已经完成后，在 "实验结果" 部分的表格中记录两个电容的总值；

d. 计算 Randles 电化学池的电阻 $R_u$ 和电阻 $R_p$。在奈奎斯特图中，$R_u$ 与时间常数移动相关（0Ω 起），而 $R_p$ 则代表 RC 时间常数半圆的直径值；

e. 计算电容值 $C_f$。为了利用波特图选项计算电容值，将 Y 轴由 $Z_{相角}$ 改为 $-Z_i$。该图绘制的是虚部阻抗–频率图。记录下最大负虚部阻抗的频率值。电容值能从径向频率中计算得到，因已知 $\tau = RC = 1/\omega$（max）。在 "实验结果" 部分将计算值记录在 Randles 电化学池的相应表 2-35 中。

## 2.11.6  实验结果

电容、电阻和 Randles 电化学池测试结果见表 2-33～表 2-35。

表2-33  电容测试结果记录表

|  | 模型总电容值/F | 计算总电容值/F |
| --- | --- | --- |
| 电容 1 |  |  |
| 电容 2 |  |  |
| 并联电容 |  |  |
| 串联电容 |  |  |

表2-34  电阻测试结果记录表

|  | 模型总电阻值/Ω | 计算总电阻值/Ω |
| --- | --- | --- |
| 电阻 1 |  |  |
| 电阻 2 |  |  |
| 并联电阻 |  |  |
| 串联电阻 |  |  |

表2-35  Randles电化学池测试结果记录表

| 电路元件 | 模型值 | 计算值 |
| --- | --- | --- |
| 电阻 $R_u$ |  |  |
| 电阻 $R_p$ |  |  |
| 电容 $C_f$ |  |  |

### 2.11.7　练习题

① 为什么在 EIS 测试中扰动信号的振幅越小越好？

② 对于 Randles 电化学池测量，如果加入第 3 个电阻与其他电路元件串联，则奈奎斯特图和波特图会如何变化？画出加入额外电阻的电路模型。

③ 模型中的所有元件必须有物理意义才能使模型有效，如代表电解液、涂层、孔隙、工作电极等。Randle 电化学池中的电路元件分别代表什么？

④（附加题）如果在 Randles 电化学池中串联第 2 个 RC 环（并联的电容-电阻对），奈奎斯特图会是怎样的？

### 2.11.8　实验中常见问题

① 在 EIS 测试前不对电容充电。

② 电容和电阻的连接有问题，在串联和并联连接时没有把引脚拧在一起。这会导致数据噪声。确保正确连接并重新运行实验。

参考文献

Barsoukov E, Macdonald J R. Impedance Spectroscopy: Theory, Experiment, and Applications. 2nd ed. Hoboken NJ: John Wiley & Sons, 2005.

## 2.12　实验十一　不同pH条件下的低碳钢腐蚀

### 2.12.1　实验目的

① 学习进行两种不同类型的腐蚀实验；

② 从极化曲线测定 Tafel 常数、腐蚀电流和极化电阻；

③ 确定不同 pH 值下低碳钢的腐蚀速率。

电化学工作站的
使用

### 2.12.2　实验仪器设备

① Gamry Instruments Interface™ 1000T 型电化学工作站；

② 安装在主机上的 Gamry Instruments Framework™ 软件包；

③ Eurocell 电化学池组件套装（990-00196），套装内包括：桥管（930-00045）、石墨对电极（935-00014）、通气鼓泡组件（930-00040，930-00033）、样品架组件（820-00001，820-00004，820-000036，820-00005，920-00039）；

④ 银-氯化银参比电极（Gamry 部件号 930-00015）；

⑤ pH 计；

⑥ 低碳钢试样（820-00005）。

工作电极的制备

## 2.12.3 试剂和化学品

① 0.1mol/L $H_2SO_4$　先向 100mL 容量瓶中加入 50mL 去离子水，然后缓慢加入 0.54mL 浓 $H_2SO_4$，继续向容量瓶注入去离子水至刻度线处。

② 0.05mol/L $H_2SO_4$+0.05mol/L $Na_2SO_4$　先向 100mL 容量瓶中加入 0.71g $Na_2SO_4$ 和 50mL 去离子水，然后缓慢加入 0.27mL 浓 $H_2SO_4$，继续向容量瓶注入去离子水至刻度线处。

③ 0.1mol/L $Na_2SO_4$　先向 100mL 容量瓶中加入 1.42g $Na_2SO_4$，继续向容量瓶注入去离子水至刻度线处。

（注：低碳钢是一种含有少量碳（约 0.05%～0.25%）的钢合金。）

**注意**：浓硫酸腐蚀性极强，处理不当可导致严重烧伤。其危害的特点是不仅会造成化学灼伤，还会造成脱水引起的二次热灼伤。浓硫酸会腐蚀皮肤、纸张、金属，甚至石头。如果浓硫酸与眼睛直接接触，会导致永久性失明。如果被摄入，可能会引起内部灼伤、不可逆的器官损伤，甚至会导致死亡。暴露于高浓度的硫酸气溶胶中，会导致严重的眼睛和呼吸道刺激及组织损伤。

## 2.12.4 背景知识

腐蚀是通过化学过程导致的材料逐渐被破坏的过程。最为大家熟知的腐蚀过程是生锈（铁腐蚀）。在生锈的过程中，铁（如汽车保险杠上的铁）与空气中水滴里的溶解氧相互作用，形成了铁氧化物。铁的腐蚀为 4 电子转移过程，其中铁被氧化，总反应方程式为：

$$2Fe(s) + O_2(g) + 2H_2O(l) \longrightarrow 2Fe^{2+}(aq) + 4OH^-(aq)$$

就铁生锈过程而言，铁作为阳极被氧化。阴极反应为氧得到电子的还原反应。

总的腐蚀反应与溶液的 pH 有关。在酸性或碱性并有溶解氧的条件下，一般的反应方程式如下：

$$M + \frac{m}{4}O_2 + mH^+ \longrightarrow M^{m+} + \frac{m}{2}H_2O \qquad pH < 7$$

$$M + \frac{m}{4}O_2 + \frac{m}{2}H_2O \longrightarrow M^{m+} + mOH^- \qquad pH \geqslant 7$$

式中，M 为金属；$m$ 是参与反应电子数。

图 2-119 给出了不同 pH 值下腐蚀的总过程。图 2-119（a）为酸性条件下金属的氧化过程。图 2-119（b）为中性及碱性条件下金属的氧化过程，其中氧气被还原为氢氧根离子。

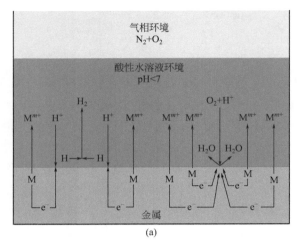

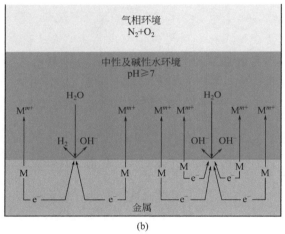

图2-119　气相环境置于容器内的金属腐蚀过程示意图

（a）酸性溶液；（b）中性及碱性溶液。引自E. E .Sstansbury和R. A. Buchanan

（见本节后的参考文献）

图2-119也表明，不论pH值高低，腐蚀过程可分成如下4步（可能同时发生）：

① 阳极位点的金属氧化反应；

② 金属阴极位点上溶液中氧化剂的还原反应；

③ 阴极和阳极位点之间电子转移过程；

④ 溶液中离子扩散过程。

金属腐蚀速率的快慢受以上4步中最慢过程控制。因为有两个同时发生的电荷转移反应，所以对金属的测量电势值是阴极和阳极电势间的混合电势。该混合电势称为腐蚀电势（$E_{corr}$）。在腐蚀电势下，阳极和阴极反应的速率相等，系统处于平衡状态。

本实验将考察不同 pH 值下低碳钢的腐蚀行为并测定其腐蚀速率。实验中用到两种不同的测试技术，第一种为线性极化电阻技术，通过软件中的线性扫描伏安法进行测试。实验时，在非常接近腐蚀电势（±20mV 范围内）处进行扫描。腐蚀电势是阳极和阴极反应速率相等时的电势值，该电势处电流值为零。此零电流点电势，也称为开路电势。以电流和电势值作图应该得到一条直线。直线斜率的单位为电阻（$R=E/I$）。因此，此斜率称为极化电阻。反应的腐蚀电流可应用 Stern-Geary 方程获得：

$$i_{corr} = \frac{1}{R_p} \times \frac{\beta_a \beta_c}{2.303(\beta_a + \beta_c)} \tag{2-30}$$

式中，$i_{corr}$ 为腐蚀电流；$R_p$ 为极化电阻；$\beta_a$ 为阳极 Tafel 常数；$\beta_c$ 为阴极 Tafel 常数。

本书实验二中已介绍过电化学阻抗谱（EIS）测试实验。在获得腐蚀电流之后，可应用 EIS 来确定腐蚀速率。根据法拉第定律（$Q=nFM$），电流量直接正比于反应中涉及的物质的量。对于腐蚀过程，最有用的是当量质量（EW）的概念，对于原子物种，EW=AW/n（其中 AW 是物质的摩尔质量）。因为，$M=m/$AW，法拉第定律可写为：

$$m = (EW)\frac{Q}{F} \tag{2-31}$$

式中，$m$ 为已反应金属的质量。据此可用质量损失量计算腐蚀速率。

根据表达式 $Q=$ 电流 × 时间 $=it$，可将腐蚀电流 $i_{corr}$ 代入法拉第定律方式。此外，基于单位电极表面积和密度，并以代表腐蚀速率单位的常数代替法拉第常数，可以得到下式：

$$CR = \frac{i_{corr} K(EW)}{dA} \tag{2-32}$$

式中，CR 为腐蚀速率，mm/a；$i_{corr}$ 为腐蚀电流，A；EW 为当量质量，低碳钢样品为 27.92g/eq；$K$ 为腐蚀单位常数，$1.288 \times 10^5$ mm/（A·cm·a）；$d$ 为电极材料的密度，g/cm³；$A$ 为电极的面积，cm²。

## 2.12.5　实验步骤

（1）溶液 pH 值的测量

使用 pH 计测量每种溶液的 pH 值，并将其记录在"实验结果"部分。

（2）电化学池的设置

① 装配通气鼓泡组件（如图 2-120 所示）。通气鼓泡装置由 5 部件组成：气体流量适配器、气体鼓泡管、O 形圈、两个 #7 ACE-Thred™ 螺栓、一个 ACE-Thred-to-Hose 转换接头（两部分组成）。

(a) 未装配的部件

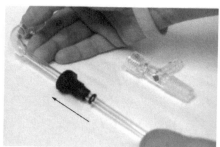

(b) 已装配的组件

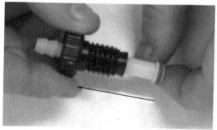

(c) 已装配的组件

(d) 装配通气鼓泡组件

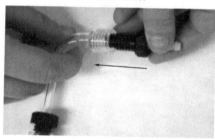

(e) 装配通气鼓泡组件

(f) 装配完成的通气鼓泡装置

图2-120　装配通气鼓泡组件

a. 将 #7 ACE-Thred™ 螺栓和 O 形圈先后套到气体鼓泡管上。

b. 将软管接头接入第二个 #7 ACE-Thred™ 螺栓来完成 ACE-Thred-to-Hose 转换头的装配。

c. 将气体鼓泡管插入气体流量适配器中，并稍微紧固 #7ACE-Thred™ 螺栓（请勿完全紧固，以便调整其在电化学池中的高度）。

d. 将 ACE-Thred-to-Hose 转换接头用手指旋入气体鼓泡管的顶端。

② 装配对电极（如图 2-121 所示）。对电极由三部分构成：石墨棒、O 形圈和 #7 ACE-Thred™ 螺栓。

a. 将 O 形圈套到石墨棒上。

b. 将 #7 ACE-Thred™ 螺栓套到石墨棒上（O 形圈接触到的是螺栓头端而不是螺纹端）。

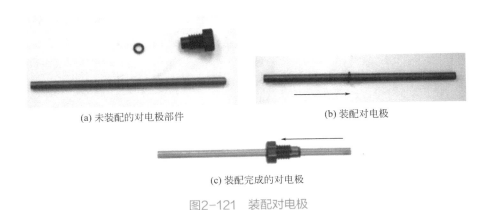

(a) 未装配的对电极部件　　　　　(b) 装配对电极

(c) 装配完成的对电极

图2-121　装配对电极

③ 装配参比电极桥管（如图 2-122 所示）。参比电极桥管组件由 6 部分组成：桥管、参比电极、#7 ACE-Thred™ 螺栓、#1 ACE-Thred 螺栓和 2 个不同尺寸的 O 形圈。

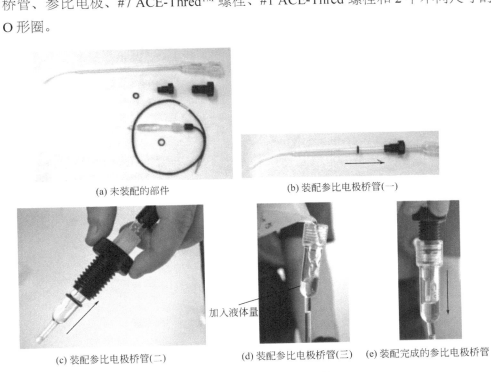

(a) 未装配的部件　　　　　　　(b) 装配参比电极桥管(一)

加入液体量

(c) 装配参比电极桥管(二)　　(d) 装配参比电极桥管(三)　(e) 装配完成的参比电极桥管

图2-122　装配参比电极桥管

a. 将 #7 ACE-Thred™ 螺栓和小 O 形圈套到桥管上。

b. 将较大的 O 形圈和 #1 ACE-Thred™ 螺栓套到参比电极上。

c. 将较大的桥管中加入电解液（无溶剂的空白溶液），溶液加入量的判断：加至桥管上部滴斗部分的底部与侧面印刷字之间长度的一半。

注意：清除参比电极和桥管中的气泡时（若肉眼可见），请将电极或桥管直立，用手指轻轻敲打气泡所在位置，直到气泡浮至顶部。

d. 将参比电极尖端朝前放入桥管的大开口端，并紧固 #1 ACE-Thred™ 螺栓至手指无法拧动，参比电极固定装配完成。

④ 装配样品架组件（如图 2-123 所示）。样品架组件由 8 部分组成：样品、有螺纹的不锈钢棒、Teflon 定心垫圈、玻璃管、六角形接头、24/40-8mm 转换接头、O 形圈和转接螺栓。

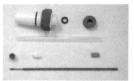
(a) 未装配的部件

(b) 装配样品架组件(一)

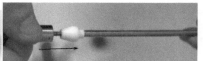
(c) 装配样品架组件(二)

(d) 装配样品架组件(三)

(e) 装配样品架组件(四)

(f) 装配样品架组件(五)

(g) 装配样品架组件(六)

(h) 装配完成的样品架组件

图2-123　装配样品架组件

a. 将 Teflon 定心垫圈置于不锈钢棒的较窄端。

b. 用手指将样品端紧固于不锈钢棒的较窄端。

c. 将不锈钢棒插入玻璃管中，直至玻璃管插入 Teflon 定心垫圈中。

d. 一手握住样品端，向下旋入六角形接头，确保它直至接触玻璃管前始终居中（如果不锈钢棒不居中，六角形接头将不能被很好地紧固。而处于正确居中位置时，在玻璃管中的不锈钢棒不能被摇动）。

注意：切勿用扳手紧固六角形接头，过大的扭矩会使玻璃管破裂。

e. 将玻璃组件滑动通过转换接头的底部，让六角形接头部分先进入。

f. 当玻璃管体通过转换接头时，将 O 形圈套到玻璃管上，然后再重新套上转换接头螺母以防玻璃管从转换接头上掉落（请勿完全紧固转换接头螺母，以便后面要调整其在电化学池中的高度）。

⑤ 组装电化学池组件（如图 2-124 所示）

a. 将 Eurocell 置于 Eurocell 架上。

注意：组装完成的 Eurocell 组件较重，为保证其放置稳定需要 Eurocell 架。

b. 将约 50mL 的样品测试用溶液（0.05mol/L $Na_2SO_4$+0.05mol/L $H_2SO_4$）加入 Eurocell 中。

c. 将黄色聚乙烯塞子置于最右侧的 14/20 多孔玻璃开口中。

d. 将通气鼓泡装置置于最左侧的 14/20 多孔玻璃开口中。

(a) 组装电化学池组件(一)

(b) 组装电化学池组件(二)

(c) 组装电化学池组件(三)

(d) 调整高度使通气鼓泡管浸没于溶液中

(e) 调整高度使石墨棒浸没于溶液中

(f) 按照文中所述调整高度

图2-124

 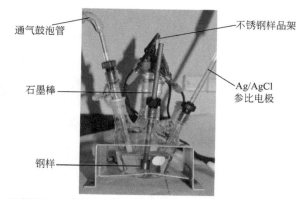

(g) 调整管的高度，使管尖
端浸没于溶液中并指向钢样品

(h) 装配完成实验装置。黄色溶液仅起指示作用。通气鼓泡管现
置于溶液上方的气体保护位置，除气时，需降低使其插入溶液中

图2-124 组装电化学池组件

e. 调整通气鼓泡管的高度，直至浸没在样品溶液中，然后紧固 #7 ACE-Thred 螺栓。

f. 将对电极组件插入左侧 #7 ACE-Thred™ 端口，调整石墨棒的高度，使其能在你紧固螺栓前就浸没在样品溶液中。

g. 将组装好的样品架放入 Eurocell 的中央 24/40 端口，注意调整好高度使液面的水平高度高于钢样品但要低于玻璃管起始端，然后紧固转换接头螺母。

h. 将桥管组件放入右侧 #7ACE-Thred™ 端口，调整桥管高度。让玻璃管的弯曲端指向钢样。

如图 2-124（h）所示为组装完成待用的电化学池。

⑥ 如上所示，将绿色（工作电极接头）和蓝色（工作电极感应接头）连接到不锈钢棒样品架上；将红色（对电极接头）和橙色（对电极传感接头）连接到石墨棒上；并将白色（参比电极接头）连接到 Ag/AgCl 参比电极上。

（3）进行两种实验技术测试

① 运行线性扫描实验：打开 Gamry Instruments Framework™ 软件，依次点击 "Experiment/ Physical Electrochemistry/Linear Sweep Voltammetry"，参见图 2-125 进行参数设置。

电化学阻抗谱测试

极化曲线测试

② 运行恒电位 EIS 实验：图 2-126 为恒电位 EIS 测试的参数设置界面。

③ 将溶液置于相应的废液桶中，然后用去离子水冲洗电化学池和电极。

④ 分别用 0.1mol/L $H_2SO_4$ 和 0.1mol/L $Na_2SO_4$ 溶液，重复步骤①～③。

（4）实验后的清理

① 将所有溶液置于合适的废液桶中；

② 将彻底冲洗的丝网印刷电极弃于废物桶中；

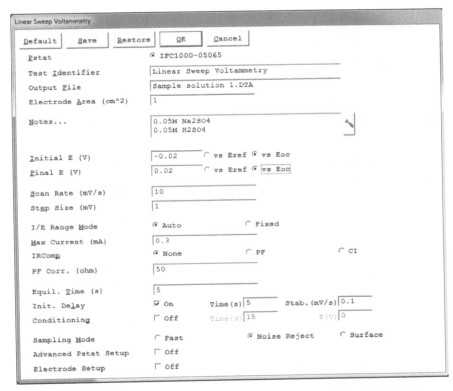

图2-125　Framework软件中的线性扫描伏安法测试的参数设置界面

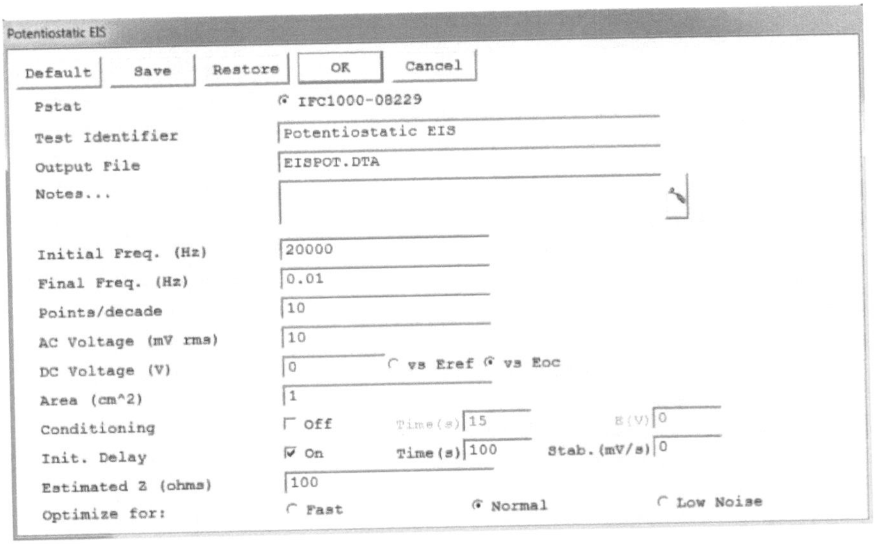

图2-126　Framework软件中的EIS参数设置界面

③ 关闭电化学工作站；

④ 将测试数据由 "C:\Users\Public\Documents\My Gamry Data" 文件夹复制或移动到便携式存储设备中，以便后续的数据分析。

### 2.12.6 数据分析

（1）线性扫描伏安法

① 打开 0.05mol/L $Na_2SO_4$+0.05mol/L $H_2SO_4$ 溶液的线性扫描伏安测试数据；

② 使用 "Select Portion of Curve using the Mouse" 按钮，在曲线上 0V 附近选择两个点（一个高于 0V，另一个低于 0V），点击 "Common Tools/Linear Fit"。所得线的斜率就等于反极化电阻。计算极化电阻，并将其记录在的 "实验结果"部分；

③ 应用 Stern-Geary 方程（假设 $\beta_a=\beta_c=0.12$），由极化电阻确定 $i_{corr}$，并将其记录在 "实验结果" 部分；

④ 最后，使用各项重排后的法拉第定律方程式计算以 mm/a 为单位的腐蚀速率，并将其记录在 "实验结果" 部分。

（2）电化学阻抗谱

① 打开 EIS 测试数据。

② 在 "Model Editor" 界面，有两种可以应用的模型（"exp11model A" 和 "exp11model B"）。打开图 2-127 所示的两个模型并绘图。

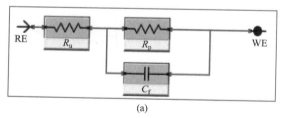

(a)

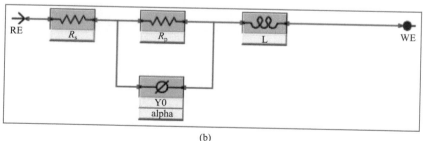

(b)

图2-127　模型exp11model A（a）和模型exp11model B（b）

③ 将所得测试数据与两模型进行拟合匹配。与应用 LPR 获得的极化电阻值

进行比较，确定匹配较佳的模型。记录下该模型的名称，并将拟合电阻记录在"实验结果"部分（请注意，拟合的 $R_p$ 值不包括表面积）。

④ 应用 Stern-Geary 方程（假设 $\beta_a=\beta_b=0.12$），由极化电阻确定 $i_{corr}$，并将其记录在"实验结果"部分。

⑤ 最后，应用各项重新排列的法拉第定律方程式计算以 m/a 为单位的腐蚀速率，并将其记录在"实验结果"部分。

（3）pH 依赖性

应用 0.1mol/L $H_2SO_4$ 和 0.1mol/L $Na_2SO_4$ 溶液的线性扫描伏安数据，计算腐蚀速率，并将其记录在"实验结果"部分的 pH 相关表格中。

## 2.12.7　实验结果

实验时将实验结果分别记录在表 2-36 和表 2-37 中。

表2-36　实验记录（一）

| 项目 | LPR | EIS |
|---|---|---|
| 极化电阻 /Ω·cm² | | |
| $i_{corr}$/μA | | |
| 腐蚀速率 /(m/a) | | |

表2-37　实验记录（二）

| 项目 | 0.1mol/L $H_2SO_4$ | 0.05mol/L $H_2SO_4$+0.05mol/L $Na_2SO_4$ | 0.1mol/L $Na_2SO_4$ |
|---|---|---|---|
| pH | | | |
| 腐蚀速率 /(m/a) | | | |

## 2.12.8　练习题

① 两种测试技术所得实验腐蚀速率值是否一致？

② pH 对腐蚀有什么影响？对其他金属的影响一样吗？

③（附加题）对于 EIS 实验，哪个模型匹配度较差。此模型匹配度较差的原因是什么？

④（附加题）针对 pH 对腐蚀的影响，在极端 pH 下的腐蚀速率是否会达到平台值？为什么？

## 2.12.9　实验中常见问题

① 鳄鱼夹与不锈钢棒之间连接不好将导致噪声数据或数据点中出现水平线。

要正确连接鳄鱼夹，然后重新运行实验。

②　在计算中未正确处理好单位。

参考文献

Stansbury E E, Buchanan R A. Fundamentals of Electrochemical Corrosion. Materials Park, OH: ASM international, 2000: 7.

# 第 3 章
# 电化学测试应用及测试标准

## 3.1　电化学测试在腐蚀领域的应用实例

　　大多数金属腐蚀通过在金属与溶液界面上发生的电化学反应而产生。对大气腐蚀而言金属表面薄水分子层形成了溶液。例如大桥中的钢筋发生腐蚀的电解液是潮湿的混凝土。尽管大多数腐蚀发生在水中，但有的腐蚀也发生在非水系统中。

　　腐蚀通常以阳极与阴极反应达到平衡时的速率发生。首先是阳极反应，金属被氧化，以释放离子至溶液或者形成氧化物沉积在金属表面等形式发生。其次是发生阴极反应，溶液中的离子（通常是 $O_2$ 或 $H^+$）被还原，获得了来自金属的电子。在开路电位或者腐蚀电位时，这两个反应达到平衡，即每个反应的电荷转移速度相等，没有净电流产生。阳极与阴极反应可发生在同一金属或两种不同金属接触处。

### 3.1.1　极化曲线技术测量金属腐蚀的电化学参数与腐蚀速度

　　测量极化曲线的目的是要获得有关腐蚀金属电极上进行的腐蚀反应过程动力学信息或金属腐蚀的机理，确定腐蚀速度的大致范围。对于处于腐蚀活性区的腐蚀金属电极，还往往希望通过极化曲线的测量确定与腐蚀过程有关电极反应的其他动力学参数，例如阳极反应和阴极反应的 Tafel 斜率或去极化剂的极限扩散电流密度等。

　　由于腐蚀一般通过电化学反应发生，电化学技术是一种典型的研究腐蚀过程的方法。在电化学研究中，用几平方厘米表面积的金属试样来模拟在腐蚀系统中的金属，将金属样品浸入与真实金属腐蚀环境相似的溶液中。

　　电化学技术确定金属腐蚀速度有多种方法，其中极化技术是最常用的方法之一。由极化技术确定腐蚀电流有两种方法：Tafel 外推法（Tafel extrapolation）和线性极化法（linear polarization）［又称为极化电阻法（polarization resistance）］。

### 3.1.1.1　Tafel 外推法

极化测量分为强极化、弱极化和线性极化测量三种方法。控制电位（恒电位）和控制电流（恒电流）极化都很有用。当发生恒电位极化时，可测得电流，当发生恒电流极化时，可测得电位。这部分讨论集中在控制电位模式，控制电位比控制电流更加常用。当金属试样在溶液中的电位偏离开路电位时，被称为试样的极化，此时测试样的电流响应，这一响应过程可用来研究试样的腐蚀行为。

图 3-1 是典型的阴、阳极反应的极化曲线，横坐标是电流的对数，纵坐标是电位。这是用电化学工作站进行电位扫描时测得的总电流（阴极电流和阳极电流之和）。假设用电化学工作站将电位向阳极区极化（开路电位正方向移动），这将加快阳极反应速度，减小阴极反应速度，阳极反应和阴极反应速度不再相等，净电流从电子电路流向金属试样，按照惯例，这一过程的电流叫正电流。相反，若将电位负方向极化，阴极电流在整个电流中占主导地位，这一过程的电流叫负电流。

图 3-1 中的曲线可分为阴极极化曲线（cathodic polorization）与阳极极化曲线（anodic polorization），阴极极化曲线代表整个实验过程中的阴极还原反应，例如氢离子的还原：$2H^+ + 2e^- \longrightarrow H_2$，而阳极极化曲线代表整个实验过程中金属电极（工作电极）的氧化：$M \longrightarrow M^{n+} + ne^-$。阴极极化曲线与阳极极化曲线的交点就是电流方向发生改变的地方，即反应从阳极反应转变成阴极反应或是阴极反应转变成阳极反应的转折点，阴极极化曲线与阳极极化曲线交点所对应的电位被称为金属的腐蚀电位（$E_{corr}$）。尖点是由于将横坐标对数化造成的。横坐标对数化

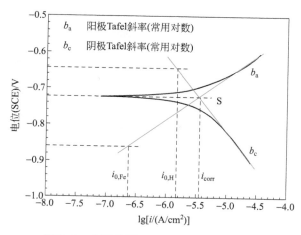

图3-1　典型的阴、阳极反应的极化曲线

很有必要，因为在一个腐蚀实验中，需要将较宽范围内的电流值体现在一个坐标系中。Tafel 外推法在腐蚀电位 60~70mV 区域附近，有时要超过 100mV，可得一线性区域，称为 Tafel 直线区（Tafel region），阴极与阳极极化曲线的 Tafel 直线区切线（$b_a$、$b_c$）外推交于横轴，即为腐蚀电流（$i_{corr}$），可代表腐蚀速度。

　　测量极化曲线的第一步就是测量腐蚀体系的开路电位（腐蚀电位）。因为极化曲线的测量属于稳态测试，所以，腐蚀科学家在测量开路电位时很重要的一点就是在进行实验前给予足够时间使开路电位达到稳定状态。稳定的开路电位表示所要研究的系统处于稳定状态，即各种腐蚀反应的速度恒定。有些腐蚀反应在很短时间内达到稳定状态，有些需要几个小时，这时得到的是开路电位与时间的关系曲线。基于稳态测试的要求，研究人员在开始测量极化曲线前，根据所研究体系的不同，可以将研究电极浸泡在电解质溶液中 15min、30min 或者几个小时，本书作者的经验是，在 100s 内开路电位的变化不超过 1mV，基本认为达到稳态。在研究金属的电化学腐蚀过程中，经常需要测量体系的电极电位与时间的关系。测量腐蚀体系的稳态自腐蚀电位 $E_{corr}$ 以及自腐蚀电位随时间的变化（$E_{corr}$-$t$）曲线，如图 3-2 所示，这是在体系无外加电流作用下进行测量的。电极电位随时间的变化曲线也是一种判断腐蚀过程的重要方法，可以解释金属腐蚀现象和研究腐蚀行为。

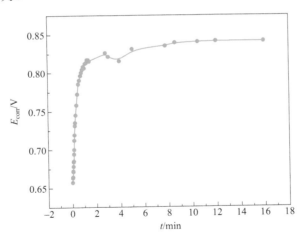

图3-2　腐蚀金属电极自腐蚀电位随时间的变化（$E_{corr}$-$t$）曲线

　　实际的腐蚀体系，由于影响因素较多，$E$-$t$ 曲线较为复杂，分析较困难，但典型曲线的讨论是很有意义的。如电极电位的变化常常能反映金属表面膜的形成过程和稳定性，腐蚀速度是否恒定以及是否出现局部腐蚀等。一般说来，假如电位随时间的变化趋于"正"，常常表示保护膜增强了。例如保护膜由于溶液中氧的作用或由于腐蚀产物组成了新的保护膜而被加强了。相反的情况，$E$-$t$

曲线向"负"的方向变化，常常表明金属表面保护膜的破坏。全面腐蚀时，电极电位随时间的变化是较为缓慢的，而若出现局部腐蚀，电极电位通常会发生突变。此外，配合电位 -pH 图测定腐蚀电位，对于研究腐蚀机理和控制过程也有很大的意义。

开路电位时的阳极电流或阴极电流叫作腐蚀电流 $i_{corr}$。如果可以测得腐蚀电流值，就可用其计算出金属的腐蚀速度。但是腐蚀电流不能直接测得，它可用电化学技术得到估算结果。在任何真实体系中，$i_{corr}$ 和腐蚀速度是包含多个系统变量的函数，包括金属类型、溶液组成、温度、溶液运动、金属浸入溶液的时间以及许多其他变量。

强极化技术测量金属的腐蚀速度依据如下的腐蚀电化学理论。

对于活化极化控制的腐蚀体系，极化电位与外加极化电流密度的函数关系如下：

$$i_{a} = i_{corr}\left[\exp\frac{2.3\left(E - E_{corr}\right)}{b_{a}} - \exp\frac{2.3\left(E_{corr} - E\right)}{b_{c}}\right] \tag{3-1}$$

$$i_{c} = i_{corr}\left[\exp\frac{2.3\left(E_{corr} - E\right)}{b_{c}} - \exp\frac{2.3\left(E - E_{corr}\right)}{b_{a}}\right] \tag{3-2}$$

当极化电位偏离自然腐蚀电位足够远时（通常为 $\Delta E > 100\text{mV}$），极化电位与外加极化电流密度服从简单的指数关系：

$$i_{a} = i_{corr}\exp\frac{2.3\left(E - E_{corr}\right)}{b_{a}} \tag{3-3}$$

$$i_{c} = i_{corr}\exp\frac{2.3\left(E_{corr} - E\right)}{b_{c}} \tag{3-4}$$

或者表示为线性的对数关系：

$$E - E_{corr} = -b_{a}\lg i_{corr} + b_{a}\lg i_{a} \tag{3-5}$$

$$E_{corr} - E = -b_{c}\lg i_{corr} + b_{c}\lg i_{c} \tag{3-6}$$

式中，$i_{a}$，$i_{c}$ 为测试电流；$i_{corr}$ 为腐蚀电流；$E$ 为电极电位；$E_{corr}$ 为腐蚀电位；$b_{a}$ 为阳极 Tafel 常数；$b_{c}$ 为阴极 Tafel 常数。

经典的 Tafel 分析法是将 $\lg i$ 对 $E$ 图中线性区外推至交点，如图 3-3（a）所示。交点处的阳极电流或阴极电流值就是腐蚀电流值。但是，真实腐蚀体系中经常会遇到阳极或阴极 Tafel 区不能提供足够的线性区来进行准确的外推，若阴极极化曲线的规律性不好，则将实测阳极极化曲线的直线部分外推与腐蚀电位的水平线相交同样可以求得腐蚀速度，如图 3-3（b）、图 3-3（d）所示；同理，若阳极极化曲线的规律性不好，则将实测阴极极化曲线的直线部分外推与腐蚀电位的水平线相交同样可以求得腐蚀速度，如图 3-3（c）所示。

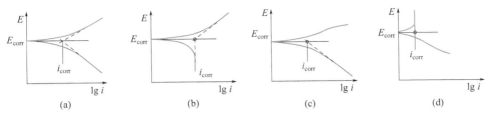

图3-3　阳极或阴极Tafel区不能提供足够的线性区来进行准确的外推

由此表明，在 $E\text{-}\lg i$ 半对数坐标上的强极化区极化曲线呈现线性关系，此即熟知的 Tafel 方程，该直线段称为 Tafel 直线。阳极和阴极 Tafel 直线应相交于自然腐蚀电位 $E_{corr}$ 处，此时 $i_a=i_c=i_{corr}$。因此，从 Tafel 直线的交点或 Tafel 直线延伸到 $E_{corr}$ 处的交点可以求出该体系的自然腐蚀电流密度（如图 3-1 所示）。这就是极化曲线外延法（Tafel 外延法）。

对于浓度极化控制的腐蚀体系，电极电位与外加极化电流密度的关系式为：

$$E - E_{corr} = \frac{b_a b_c}{b_a + b_c} \lg \left(1 - \frac{i_c}{i_L}\right) \tag{3-7}$$

当极化电位偏离自然腐蚀电位足够大时，$i_c=i_L$，此时的极化曲线为平行于电位值的直线。

对于同时存在着电化学极化和浓度极化的混合控制体系，电极电位与外加极化电流密度的关系式为：

$$E_{corr} - E = b_c \lg \frac{i_c}{i_{corr}} - b_c \lg \left(1 - \frac{i_c}{i_L}\right) \tag{3-8}$$

极化曲线外延法测定金属腐蚀速度较为简便。但测试时间长，受金属表面状态及表面层溶液成分影响大，测试精度较差。

（1）Tafel 直线外推法测定金属的腐蚀速度和 Tafel 斜率

实验时，对腐蚀体系进行强极化（极化电位一般在 $100\sim250\text{mV}$ 之间），即可得到 $E\sim\lg i$ 的关系曲线。把 Tafel 直线外推延伸至腐蚀电位。$\lg i$ 坐标上与交点对应的值为 $\lg i_c$，由此可以算出腐蚀电流 $i_{corr}$。由 Tafel 直线分别求出 $b_a$ 和 $b_c$。

影响测量结果的因素有如下两种情况：

① 体系中浓差极化的干扰或其他外来干扰；

② 体系中存在着一个以上的氧化还原过程（Tafel 直线通常会变形）。因此，在测量中，为了获得较为准确的结果，Tafel 直线段必须延伸一个数量级以上的电流范围。

因此，将实测的阴、阳极极化曲线的数据在半对数坐标上作图，从极化曲线上呈直线关系的 Tafel 区外推到腐蚀电位处，得到的交点 S 所对应的横坐标就是

$\lg i_c$，如图 3-1 所示。由 $i_c$ 即可按法拉第定律换算成实践中通用的腐蚀速度指标。

由腐蚀电流计算腐蚀速度可通过法拉第定律将电流和质量联系在一起。

$$Q = nFM \qquad (3\text{-}9)$$

式中　$Q$——反应产生的电量；

　　　$n$——电荷转移数；

　　　$F$——法拉第常数；

　　　$M$——反应物物质的量。

其中，$M = W/\text{EW}$，代入式（3-9）得到：

$$W = \frac{\text{EW} \times Q}{F} \qquad (3\text{-}10)$$

$W$ 是反应物质的质量。

注意：这一计算方法只适用于均匀腐蚀，当产生局部腐蚀时，这一方法得到的结果会大大低估实际情况。

对于一复杂合金发生均匀溶解时，此时的当量是每个合金成分当量的平均值。摩尔分数作为权重因子，而不是质量分数。如果发生不均匀溶解，可通过检测腐蚀产物来计算当量。

可将电化学法测量得到的腐蚀电流通过简单的换算得到失重法测量的金属腐蚀速度。此时，需要知道密度 $\rho$，试样面积 $S$。电量 $Q$ 可通过 $Q = It$ 得到，$t$ 是时间，秒；$I$ 是电流。代入法拉第常数。则将式（3-10）变为：

$$\text{CR} = \frac{i_{\text{corr}} K \times \text{EW}}{\rho S} \qquad (3\text{-}11)$$

式中，CR 为腐蚀速度，mm/a；$i_{\text{corr}}$ 为腐蚀电流，A；$K$ 为常数；EW 为当量质量，g/eq；$\rho$ 为密度，$g/cm^3$；$S$ 为面积，$cm^2$。

详细测试方法可以参考标准 ASTM G102。

（2）强极化技术确定金属的腐蚀速度

强极化技术确定金属的腐蚀速度无需知道 $b_a$ 和 $b_c$ 的数值，实验操作方便，而且用这种方法测量腐蚀速度有较严格的理论依据。另外，因它比失重法和其他化学分析方法简便快捷，所以也有它的价值，特别是在判断各种添加剂的作用机理和筛选缓蚀剂方面得到了较广泛的应用。例如，根据所测得的腐蚀电流的相对大小，可以判断添加剂是腐蚀的促进剂还是腐蚀的缓蚀剂，根据极化曲线的走向可以确定添加剂影响的是阳极过程还是阴极过程，或者同时对阴、阳极过程都有影响。

缺点：用大电流强极化到 Tafel 区时，金属电极的表面状态会发生变化，与外加极化前的自腐蚀状态有所不同，这样测得的腐蚀速度就不能真实地代表原来的自腐蚀速度，并且体系的腐蚀控制机理也有可能发生变化，以致 Tafel 区不明显而难以准确地进行外推。因此，只有当体系完全由活化控制时才会得到准确的测量结果。

### 3.1.1.2　极化电阻法

在接近开路电位的范围进行电位扫描（±10mV），得到的极化曲线可近似为直线，这一直线的斜率是电阻，故此斜率称为极化电阻 $R_p$。由极化电阻值和 Tafel 系数经验值可估算出腐蚀电流值，进而确定金属的腐蚀速度。这一方法是极化很小时，极化电位与极化电流呈线性关系作为理论根据的。

一般在 $\Delta E = \pm 10\text{mV}$ 范围内的极化为微极化。在此条件下，腐蚀金属电极的极化曲线方程式（3-1）、式（3-2）按 Taylor 级数展开可得（由于 $\Delta E$ 很小，忽略级数中的高次项）：

$$i = i_{corr}\left(\frac{2.3\Delta E}{b_a} + \frac{2.3\Delta E}{b_c}\right) = \frac{2.3(b_a + b_c)}{b_a b_c}i_{corr}\Delta E \tag{3-12}$$

或

$$\Delta E = \frac{b_a b_c}{2.3(b_a + b_c)i_{corr}} \times i \tag{3-13}$$

由式（3-13）可见，$\Delta E$ 与 $i$ 成正比，即在 $\Delta E < 10\text{mV}$ 内，极化曲线为直线，直线的斜率称为极化电阻 $R_p$，即

$$R_p = \frac{b_a b_c}{2.3(b_a + b_c) \times i_{corr}} \tag{3-14}$$

极化电阻 $R_p$ 定义为极化曲线在 $\Delta E = 0$ 处（即在腐蚀电位处）切线的斜率，即

$$R_p = \left(\frac{d\Delta E}{di}\right)_{\Delta E \to 0} = \frac{b_a b_c}{2.3(b_a + b_c)i_{corr}} \tag{3-15}$$

$R_p$ 的单位是 $\Omega \cdot \text{cm}^2$，相当于腐蚀金属电极的面积为单位值时的电阻值，因此，$R_p$ 称为腐蚀金属电极的极化电阻。

所以，

$$i_{corr} = \frac{b_a b_c}{2.3(b_a + b_c)} \times \frac{1}{R_p} \tag{3-16}$$

令

$$B = \frac{b_a b_c}{2.3(b_a + b_c)} \tag{3-17}$$

则

$$i_{corr} = \frac{B}{R_p} \tag{3-18}$$

对于一个具体的腐蚀过程来说，$B$ 是一个常数，所以腐蚀速度与腐蚀电位附近线性极化区极化曲线的斜率——极化电阻 $R_p$ 成反比。如果已知 $b_a$ 和 $b_c$（从实验中测得或从文献中选取）的值，或者通过失重法进行校正求得 $B$ 的值，那么按

一定时间间隔在线性极化区（例如在 $\Delta E \leqslant 10\text{mV}$ 的范围内）测量 $R_{\text{p}}$，以 $R_{\text{p}}$ 对测量时间作图，利用图解积分法求得测量时间内的 $R_{\text{p}}$ 平均值，代入式（3-16）就可算出测量时间内的平均腐蚀速度。所以，式（3-16）、式（3-18）就是线性极化法测定腐蚀速度的基本公式，也称为线性极化方程式。

对于不同的腐蚀体系，$B$ 值的变化范围并不很大，例如对于活性区的腐蚀体系，$B$ 值的变化范围为 17～26mV。因此如果腐蚀体系稍有变化，例如，溶液中添加了一些缓蚀剂，或者低合金钢的成分有少许改变，可以近似地认为 $B$ 值改变不大，而如果极化电阻 $R_{\text{p}}$ 有明显变化的话，可以认为腐蚀体系的这种改变对腐蚀速度有很大的影响。因此，极化电阻 $R_{\text{p}}$ 成了腐蚀电化学的另一个重要的热力学参数。

图 3-4 是典型的极化电阻技术得到的极化曲线。

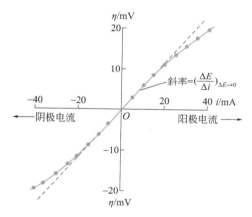

图3-4　极化电阻技术得到的极化曲线

利用线性极化技术测量腐蚀速度 $i_{\text{corr}}$，需要实验测定 $R_{\text{p}}$，但还必须已知 Tafel 常数 $b_{\text{a}}$ 和 $b_{\text{c}}$ 或总常数 $B$，进而计算腐蚀速度。确定常数的方法很多，最基本的方法是测量阳极和阴极的 $E\text{-lg}i$ 极化曲线，直接从强极化区测定 $b_{\text{a}}$ 和 $b_{\text{c}}$ 值。常用挂片失重校正法直接测定 $B$ 值，无需具体测定 $b_{\text{a}}$ 和 $b_{\text{c}}$ 值，只需要同一试验周期内对研究电极测定不同时刻的 $R_{\text{p}}$ 值及最终作一次重测定，即可求得总常数 $B$ 值。具体步骤为：

① 由不同时刻测定的 $R_{\text{p}}$ 值，利用图解积分法或电子计算机数值积分法求出该试验周期 $t$ 的积分平均 $\overline{R}_{\text{p}}$ 值。

② 根据失重数据求出腐蚀率，由法拉第定律换算得相应的自然腐蚀电流密度 $i_{\text{corr}}$ 值。

③ 从线性极化方程式，由 $B = i_{\text{corr}}\overline{R}_{\text{p}}$ 可计算得 $B$ 值。

此外，还可根据电极过程动力学的基本理论计算 $b_a$ 和 $b_c$ 值，也可以根据前人确定的 $B$ 值数据选值，甚至根据已知的腐蚀体系阳极和阴极反应估计选值。

尽管线性极化技术是一种快速灵敏的、可以连续测量瞬时腐蚀速度的电化学方法，但这种技术也有它固有的局限性和缺点，如有的腐蚀体系在 $E_{corr}$ 附近线性度不好，尤其是运用线性极化技术必须已知 Tafel 常数或总常数 $B$。

① 优点：能快速测出金属的瞬时腐蚀速度，因属于微极化，所以不会引起金属表面状态的变化及腐蚀控制机理的变化。可以根据它的原理制成各类腐蚀速度测试仪进行连续检测和现场监控，并用于筛选金属材料和缓蚀剂及评价金属镀层的耐蚀性。

② 缺点：需要另行测定或从文献中选取 Tafel 常数 $b_a$ 和 $b_c$。不能反映出腐蚀速度随时间的变化情况。其次，线性极化区是近似的，不同体系的近似线性区的大小也不同，即使对同一体系，其阳极极化和阴极极化的线性区也不是完全对称的。所有这些都会产生一定的误差，因此这种方法的准确度不高。此外，线性极化法不适用于电导率较低的体系，这使其应用范围受到了一定的限制。

需要注意的是，要测定稳态的极化曲线必须在电极过程达到稳态时进行测定。电极过程达到稳态就是组成电极过程的各个基本过程（如双电层充电、电化学反应、扩散传质等）都达到稳态。当整个电极过程达到稳态时，电极电位、极化电流、电极表面状态及电极表面液层中的浓度分布，均达到稳态而不随时间变化。这时，稳态电流全部是由于电极反应产生的。如果电极上只有一对电极反应（$O+ne^- \longrightarrow R$），则稳态电流就表示这一对电极反应的净速度。如果电极上有多对电极反应，则稳态电流就是多对电极反应的总结果。

要使电极过程达到稳态还必须使电极真实表面积、电极组成及表面状态、溶液及温度等条件在测量过程中保持不变。否则这些条件的变化也会引起电极过程随时间的变化，也得不到稳定的测量结果。显然，对于某些体系，特别是金属腐蚀（表面被腐蚀及腐蚀产物的形成等）和金属电沉积（特别是在疏松镀层或毛刺出现时）等固体电极过程，要在整个所研究的电流密度范围内，保持电极表面积和表面状态不变是非常困难的。在这种情况下，达到稳态往往需要很长的时间，甚至根本达不到稳态。所以，稳态是相对的，绝对的稳态是没有的。实际上只要根据实验条件，在一定时间内电化学参数（如电位、电流、浓度分布等）基本不变，或变化不超过某一定值，就认为达到了稳态。因此，在实验测试中，除了合理地选择测量电极体系和实验条件外，还需要合理地确定达到"稳态"的时间或扫描速率。

极化曲线测试的扫描速率对实验结果有很大的影响，ASTM 标准推荐的扫描速率是 0.1667mV/s。

### 3.1.2 交流阻抗测量技术在金属腐蚀研究中的应用

双电层结构

1972 年，E. Pelboin 首次提出了应用交流阻抗（EIS）技术测量金属腐蚀速率的方法。EIS 是一种以小振幅的正弦电位或电流为扰动信号的电化学测量方法。EIS 技术通过给测试体系（介质 / 涂膜 / 金属）加上小幅度交流扰动信号，观察体系在稳态时对扰动的跟随情况，测试响应电流，并用计算机软件处理数据得到体系的频率相应阻抗变化图谱或导纳谱，分析图谱中所含化学信息，进而利用等效电路模型或者反应传输函数分析计算电极的电化学参数，以获得系统内部的电化学信息。交流阻抗技术是一种暂态电化学技术，属于交流信号测量的范畴，具有测量速度快、对研究对象表面状态干扰小的特点。

交流阻抗法是电化学测试技术中一类十分重要的方法，是研究电极过程动力学和表面现象的重要手段。特别是近年来，由于阻抗时域分析技术、频率响应分析仪和计算机技术的快速发展，交流阻抗的测试精度越来越高，超低频信号阻抗谱也具有良好的重现性，对阻抗谱解析的自动化程度越来越高，这就使我们能更好地理解电极表面双电层结构，活化钝化膜转换，孔蚀的诱发、发展、终止以及活性物质的吸脱附过程。

测量电化学阻抗谱的目的主要有两个，一是根据测得的阻抗谱，推测电极过程中包含的动力学步骤以解释电极过程的动力学机理，或推测电极系统的界面结构以研究电极界面过程机理；二是确定电极过程及界面过程动力学模型之后，通过阻抗谱的信息确定物理模型的参数，推算电极过程的一些动力学参数，研究电极过程动力学。因此，电化学阻抗谱解析成为研究电极反应的一个必不可少的环节。等效电路是传统、直观的电化学阻抗谱的解析方法，通过建立一个能给出所测的电化学阻抗谱的等效电路，并根据等效电路建立动力学模型，通过阻抗谱的解析确定等效元件参数值，推算电极过程的动力学参数值。

电化学反应的实际电极体系其等效电路一般具有以下基本体系结构或其组合：纯电阻、表示界面双电层的电容及表示反应过程有中间产物、还原型缓蚀剂或催化效应等引起电感效应的电感。在小幅值扰动信号作用下的电极系统，各种动力学过程的响应与扰动信号之间可看作是线性关系，因此每一个动力学过程可由电学上一个线性元件或几个的组合来表示。若能确定电极系统的等效电路，就可以由等效电路中各线性元件组合情况推测其所含动力学过程及膜结构，并根据线性元件电学参量数值估算有关动力学过程参数。

电化学阻抗数据解析可分为图解法和曲线拟合法。图解法是根据图或图的特征点和特征线段求出电极的参数值。曲线拟合法是根据研究的电极体系频响特征，推断电化学过程的性质，计算出各表征参数值。由阻抗数据解析计算电化学等效电路参数，实际上是根据典型电极过程等效电路特征求出与所测阻抗数据相符合的等效电路参数。由等效电路元件数值和性质推测并计算研究体系的有关动力学参数。

目前，交流阻抗在腐蚀科学中的应用主要集中在：①研究金属的腐蚀行为和腐蚀机理；②研究和评定缓蚀剂；③研究涂层防护机理；④研究金属的阳极钝化和孔蚀行为。

（1）研究金属的腐蚀行为和腐蚀机理

在金属腐蚀行为的研究工作中，交流阻抗实验方法应用比较多。主要用来研究金属材料在各种环境中的耐蚀性能和腐蚀机理。

在腐蚀体系的阳极反应中，极化电阻与腐蚀电流密度成反比，因此，通过测量电阻可以计算金属腐蚀电流密度的大小。界面电容的大小同金属的表面状态和溶液成分等因素有关，在一定的体系中，界面电容的变化反映了腐蚀金属表面状态的变化。所以通过交流阻抗法对电极表面界面电容的测量，可以研究金属的腐蚀行为和电极表面状态的变化。周国定等人就用交流阻抗技术测量了铜电极在低电导率介质体系中的极化电阻和界面电容等信息，研究了金属在低电导率介质体系中的腐蚀和缓蚀行为。

（2）研究和评定缓蚀剂

交流阻抗方法测得阻抗谱可以从多角度提供界面状态与过程的信息，而且干扰小，在研究缓蚀剂的缓蚀作用和机理方面显现出其独特的优点。缓蚀剂在金属表面形成吸附层，阻止溶液中腐蚀性离子对金属的腐蚀和溶解作用。通过对缓蚀剂测试得到的交流阻抗谱分析，可以得到不同频率范围内的极化电阻、双电层电容、膜电阻、膜电容、缓蚀效率、反应机理等大量信息，实现对缓蚀剂的评价。

（3）研究涂层防护机理

随着阻抗测量仪器及阻抗方法在电化学研究中的应用及发展，20 世纪 80 年代，国际上开始用阻抗方法研究金属表面上的涂层与涂层破坏的动力学过程。由于用阻抗方法可以在很宽的频率范围内对涂层体系进行测量，因而可以在不同的频段分别得到溶液电阻、涂层电阻、涂层电容、微孔电阻以及涂层下基底金属腐蚀反应的转移电阻、界面反应电阻、界面双电层电容等与涂层破坏过程有关的信息，能够实时反映涂膜性能的变化，也因此成为研究涂层性能与涂层破坏过程的一种主要的研究方法，并在 20 世纪 80 年代末 90 年代初成为国际腐蚀电化学界的一个热点。常用的方法是：在很宽的频率范围内（0.001～100000Hz），记录阻抗与样品在腐蚀性环境中暴露时间的关系，然后根据测得的阻抗谱图来建立对应的等效电路模型，推知涂层体系的结构与性能的变化，最后用建立的等效电路模型分析 EIS 数据，定量评估涂层的性能。

另外，EIS 法所施加的交变信号很微弱，对被测体系的扰动小，可无损研究涂层，快速得到试验结果，信息量相对丰富，能从多个角度提供界面状态与过程的信息。由于 EIS 法在技术上的优越性，现已成为研究有机涂层防腐机理与性能的一种最主要的电化学方法。ISO 等国际组织已制订了 EIS 法评价涂层性能的标准。

但 EIS 法也存在一定的局限性，它给出的是整个涂层表面的平均信息，不能确定失效位置，而涂层的失效分离、起泡等通常起始于局部，因此应用 EIS 法所给出的信息尚不能充分解释腐蚀发生的机制，如果与红外显微技术、表面分析技术等配合使用，则可以相互补充、相得益彰。

### （4）研究金属的阳极钝化和孔蚀行为

金属进行阳极极化到比较高的电位时，在金属表面会形成固相表面膜，这就是阳极钝化膜。阳极钝化可以阻止金属的均匀腐蚀，但钝化会使电位升高，反而使金属发生孔蚀。通过电化学阻抗谱的测定可以获得金属表面钝化膜和孔蚀行为在动力学和机理上的大量信息，交流阻抗谱可以清楚反映出钝化、孔蚀和再钝化过程，可以探测到孔蚀的产生和成长。Martini 和 Muller 利用交流阻抗技术对铁在硼酸盐溶液中的阳极极化行为和成膜性质进行了研究，分析了在此体系中极化电流等因素对钝化膜的影响，并根据测量结果建立了铁在硼酸盐溶液中的钝化模型。葛红花等人应用交流阻抗技术研究了冷却水中不锈钢的阳极极化行为。

交流阻抗谱的难点是对测试的交流阻抗谱进行合理地解析，所以，首先要认识交流阻抗谱中的基本元件。交流阻抗谱的解析一般是通过等效电路来进行的，其中基本的元件包括：纯电阻 $R$；纯电容 $C$，阻抗值为 $1/(j\omega C)$；纯电感 $L$，其阻抗值为 $1/(j\omega L)$。实际测量中，将某一频率为 $\omega$ 的微扰正弦波信号施加到电解池，这时可把双电层看成一个电容，把电极本身、溶液及电极反应所引起的阻力均视为电阻，则等效电路如图 3-5 所示。

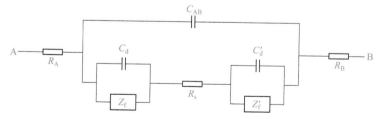

图3-5　用大面积惰性电极为辅助电极时电解池的等效电路

图 3-5 中 A、B 分别表示电解池的研究电极和辅助电极两端；$R_A$、$R_B$ 分别表示电极材料本身的电阻；$C_{AB}$ 表示研究电极与辅助电极之间的电容；$C_d$ 与 $C_d'$ 表示研究电极和辅助电极的双电层电容；$Z_f$ 与 $Z_f'$ 表示研究电极与辅助电极的交流阻

抗，通常称为电解阻抗或法拉第阻抗，其数值决定于电极动力学参数及测量信号的频率；$R_s$ 表示辅助电极与工作电极之间的溶液的电阻。一般将双电层电容 $C_d$ 与法拉第阻抗的并联称为界面阻抗 $Z$。

实际测量中，电极本身的内阻很小，且辅助电极与工作电极之间的距离较大，故电容 $C_{AB}$ 一般远远小于双电层电容 $C_d$。如果辅助电极上不发生电化学反应，即 $Z_f'$ 特别大，同时辅助电极的面积远大于研究电极的面积（例如用大的铂黑电极），则 $C_d'$ 很大，其容抗 $X_{cd}'$ 比串联电路中的其他元件小得多，因此辅助电极的界面阻抗可忽略，于是图 3-5 可简化成图 3-6，这也是比较常见的等效电路。

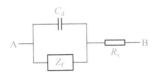

图3-6　用大面积惰性电极为辅助电极时电解池的简化电路

以上所讲的等效电路仅仅为基本电路，实际上，由于电极表面弥散效应的存在，所测得的双电层电容不是一个常数，而是随交流信号的频率和幅值而发生改变的，一般来讲，弥散效应主要与电极表面电流分布有关，在腐蚀电位附近，电极表面上阴、阳极电流并存，当介质中存在缓蚀剂时，电极表面就会为缓蚀剂层所覆盖，此时，介质中铁离子只能在局部区域穿透缓蚀剂层形成阳极电流，这样就导致电流分布极度不均匀，弥散效应系数较低，表现为容抗弧变"瘪"。另外，电极表面的粗糙度也能影响弥散效应系数变化，一般电极表面越粗糙，弥散效应系数越低。腐蚀体系的阻抗等效电路中的主要元件除了电阻、电容和电感外，还有常相位角元件（constant phase angle element, CPE）、有限扩散层的 Warburg 元件–闭环模型、有限扩散层的 Warburg 元件–发散模型等，详细内容参考第一章有关内容，此处不再赘述。

对阻抗的解析是一个十分复杂的过程，这不单是一个曲线拟合的问题，事实上，可以选择多个等效电路来拟合同一个阻抗图，而且曲线吻合得相当好，但这就带来了另外一个问题——哪一个电路符合实际情况呢？这其实也是最关键的问题。解决这一问题需要有相当丰富的电化学知识和对研究体系的理解，需要对所研究体系有比较深刻的机理认识。而且在复杂的情况下，单纯依赖交流阻抗是难以解决问题的，需要极化曲线以及其他暂态试验方法，甚至材料表面分析的技术的辅助。

由于阻抗测量基本是一个交流信号干扰下的暂态测量，其对腐蚀体系的特征与测量有严格的要求，即腐蚀体系的稳定性、相应信号和扰动信号的线性和因果性特征。另外，对工作电极、辅助电极以及参比电极的鲁金毛细管的位置也有要求，例如鲁金毛细管的直径和其距离参比电极的位置不同，在阻抗图的高频部分就会表现出很大的差异，所谓的溶液电阻会不同。

更为复杂的解析和对阻抗的理解，可以参照曹楚南院士、Mcdonald、Orazem 等人的工作与著作。

## 3.2　电化学测试在能源领域的应用实例

### 3.2.1　电化学电容测试

本节主要介绍电化学技术在测试电化学电容（ECs）中的应用。测试中采用商品电化学电容，用于解释和讨论循环伏安和漏电流测试的理论背景。

与电池中的化学反应不同，ECs 一般是通过高度可逆物理分离电子电荷来储能的。ECs 由两个浸入导电液体或聚合物电解质的高比表面电极构成。为了防止电极间的短路，通过离子传导隔膜将两电极分开。

和电池相比，电化学电容具有以下优势：

① 提供高功率密度的高充放电率；
② 更长循环寿命（>100000 圈）；
③ 材料低毒性；
④ 宽泛的操作温度；
⑤ 低循环成本。

缺点是：

① 较高自放电率；
② 较低能量密度；
③ 较低电池电压；
④ 欠佳的电压稳定性；
⑤ 较高的初成本。

有些应用中采用的是电化学电容和电池联用。这种联合提供了比单独电池更好的循环寿命以及更高的功率。

当前电化学电容主要应用在以下领域：混合动力电动车、柴油发动机启动系统、充电式电动工具、紧急和安全系统。

#### 3.2.1.1　同类技术——易混淆的名称

传统双电层电容器（EDLC）采用静电电荷来储能。在每一个电极中的电子和电解质中的离子形成一个双电层电容。电化学双电层的典型电容值为 $20\mu F/cm^2$。表面积为 $1000m^2/g$ 微孔碳的电容值可以高达 $200F/g$。

一些我们称为赝电容的器件是通过电极表面发生的可逆法拉第反应来储能的。当电极电位与表面覆盖率成正比，表面覆盖率又与荷电状态成正比时，这些器件与电容器表现一样。

然而，技术文献和商业化产品对 EDLC 和赝电容定义了很多名称，包括：超级电容器、超电容、气凝胶电容、双电层电容器。

除非另有说明，本节内容使用"超级电容器"来描述所有高电容的器件，不论该器件是采用什么样的电荷储存机制。

### 3.2.1.2　理想电容器

电容器是电子电荷储存装置。电容器的电荷状态是易于测试的。理想电容器存储的电荷与电压成正比，如公式（3-19）所示：

$$Q=CU \tag{3-19}$$

式中，$Q$ 是电容器电荷，$A \cdot s$ 或 $C$；$C$ 是法拉第电容，$F$；$U$ 是设备接线两端的电压，$V$。

存储在电容器中的能量 $E$ 可通过公式（3-20）进行计算。其中能量的单位是焦耳（J）：

$$E=\frac{1}{2}CU^2 \tag{3-20}$$

电容器放电过程中产生的功率正比于电容器的电压和电流，如公式（3-21）所示：

$$P=UI \tag{3-21}$$

式中，$P$ 是功率，$W$；$I$ 是电子电流，$A$。理想电容器在充电或放电时没有功率和能量的损失，所以以上方程也能用于充电过程的描述。没有电流通过的理想电容器将永远储存能量和电荷。

### 3.2.1.3　非理想电容器

理想电容器是不存在的。现实中，电容器总是会有局限性和缺陷。本节中的测试将逐一阐明这些局限性。

#### （1）电压限制

在对理想电容器的描述中并没有提到电压限制。电容器只能在一定电压下限的"电位窗口"中运行。电压在电位窗口以外会导致电解质的分解从而损坏器件。

"电位窗口"范围的大小较大程度上取决于电解质，电解质可以是水相也可以是非水相。一般来说，水相电解质更安全且更易于使用。然而，采用非水相电解质的电容器具有更宽泛的"电位窗口"。

目前商业化超级电容器单池具有不高于 3.5V 的电压上限。为实现高电压一般将多电池串联使用。

所有商业化超级电容器都被指定为单极的——在正极端（＋）的电压必须比负极端（－）电压高，电压下限通常是 0V。

**（2）等效串联电阻（ESR）**

真实电容器因充放电而损失功率。该损失是由电极、电接点以及电解质产生的电阻导致的。这些电阻的总和称为等效串联电阻（ESR）。对于理想电容器的 ESR 为 0。大多数商用电容器的参数列表中均对 ESR 有具体说明。

充放电过程中的功率损失 $P_{Loss}$ 可以由公式（3-22）得到：

$$P_{Loss}=I^2 \times ESR \tag{3-22}$$

该功率以放热的形式损失。在极端条件下，放热足以对装置造成损伤。

ESR 可以模拟为与理想电容器串联的一个电阻。

**（3）渗漏电流**

理想电容器在外电路没有电流经过的时候保持恒定的电压。而实际电容器则需要通过一个被称为漏电流 $I_{leakage}$ 的电流来保持恒压。

虽然电池外部两个接线端并未连接，但是渗漏电流仍会对一个充满电的电容器进行缓慢放电。这个过程被称为自放电。

漏电流 $I_{leakage}$ 可以通过公式（3-23）进行计算，其是电容与电压变化率的乘积：

$$I_{leakage}=C\frac{dU}{dt} \tag{3-23}$$

漏电流可以通过与电容器并联电阻来模拟。这个模型可以认为是与电压和时间相关的漏电流的简化。

举例说明，在 1F 的电容器上漏电流为 1μA，保持电压 2.5V 时漏电阻约为 2.5MΩ。在自放电过程中的时间常数约为 $2.5 \times 10^6s$，约为 1 个月。

**（4）时间效应**

对于一个理想电容器串联 ESR，在充放电过程中时间常数 $\tau$ 可以通过公式（3-24）进行计算：

$$\tau=ESR \times C \tag{3-24}$$

一般来说，$\tau$ 在 0.1～20s 之间。对电容器和 ESR 施加电压阶跃会产生一个以指数递减至 0 的电流。在一个具有渗漏电流的装置中，后阶跃的电流以指数衰减至漏电流。

有缺陷的电极材料表面发生较慢的法拉第反应会引起时间效应。广泛应用于大多数电化学电容的碳材料表面具有大量的含氧官能团（羟基、羧基等），它们都是可能的反应位点。

商业化的超级电容器不会呈现出上述的简单行为。商业化的电容器在某个恒定电压下需要数天才能达到其额定渗漏电流。所需时间远远大于预测的时间常数 $\tau$。

介电吸附同样是一种可能发生在电容器中的现象。它是一种短期的时间效应，由具有较长时间常数的非静电电荷存储机制所引起。

时间效应同样可以是高容量电极中固有多孔带来的副作用。孔越深，电解质的电阻越高。因此，电极表面不同区域呈现出不同的电阻。后面我们将对其进行深入讨论，该时间效应使简单的电容模型复杂化。以分布元件的形式进行建模，被称为传输线模型。

（5）循环寿命

一个理想电容器理论上可以充放电循环无数次。大多数商业化可用的超级电容器都接近理想状态——约 $10^5 \sim 10^6$ 次循环。与之相反的是，二次电池的循环寿命通常只有几百次循环。

所有可充电装置的循环寿命都取决于循环发生时精确的外界条件。施加电流、电压区间、设备使用的历史记录以及温度都是非常重要的。

## 3.2.1.4　循环伏安

循环伏安（CV）测试是一种广泛使用的电化学技术。在开发项目的初始阶段，CV 提供了电容式电化学电解池的基本信息，包括：电势窗口、电容、循环寿命。

在 CV 测试中，对流过电化学电解池的电流 $I$ 相对扫过给定电压范围的电压 $U$ 作图。

采用线性电压斜坡进行扫描。通常来说，CV 测试是在限定电位区间内进行反复扫描。一对方向相反的电压扫描过程称为一次循环。

施加于理想电容器上的电压扫描产生电流如公式（3-25）所示：

$$I = \frac{\mathrm{d}Q}{\mathrm{d}t} = C\frac{\mathrm{d}U}{\mathrm{d}t} \tag{3-25}$$

式中，$\mathrm{d}U/\mathrm{d}t$ 为线性电压斜坡的扫描速率。在超级电容器上的测试，扫描速率通常在 $0.1\mathrm{mV/s} \sim 1\mathrm{V/s}$ 之间。扫描速率在上述范围较低值时允许进程缓慢发生，但是需要较长的测试时间。快速扫描速率呈现的电容值通常小于慢速扫描。

需要注意的是，高电容超级电容器进行快速扫描时可能需要比仪器输出或者测试更大的电流。采用仪器本身的最大电流，最大允许的扫描速率可以通过公式（3-25）计算得到。

图 3-7 显示的是一个典型的 CV 实验曲线。电容器电压和电流都相对时间作

图。深色三角状波形是电池上的施加电压，浅色曲线是电流。图中为三个半循环，每个循环标注不同的颜色。

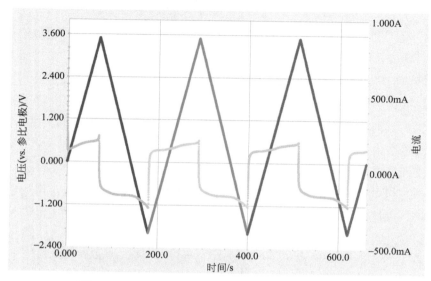

图3-7　三个半循环中电压、电流相对于时间的曲线

　　图3-8所示为Gamry PWR800中CV测试的设置。四个电压参数可以定义扫描范围。扫描开始于初试电位$E$，扫描至扫描极限1，反向扫描至扫描极限2。其他循环均起始和终止于扫描极限2。最终扫描截止于电位$E$。

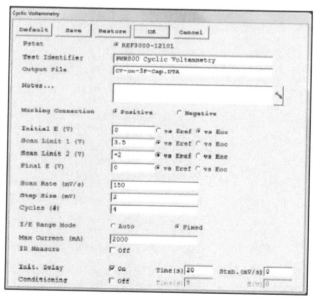

图3-8　Gamry PWR800中循环伏安实验设置

238

CV 实验在两电极和三电极电解池体系中均可进行。测试封包电容器需要两电极连接。

（1）理论 CV 图形

图 3-9 显示的是一个 3F 电容器串联一个 50mΩ ESR 的理论 CV 图形。扫描速率为 100mV/s。扫描范围为：

① 初始 $E$：0.0V；

② 扫描极限 1：+2.4V；

③ 最终 $E$：0.0V；

④ 扫描极限 2：−0.5V。

扫描初始沿图形中箭头所示扫描方向。第二个循环为图中红色曲线。

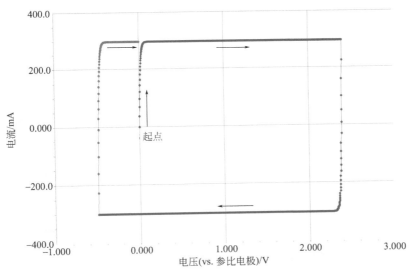

图3-9　3F超级电容器理论CV曲线

对于一个理想电容器（无 ESR），CV 图形的形状将会是一个矩形。充放电阶跃的高度可以通过公式（3-25）进行计算：

$$I = C\frac{\mathrm{d}U}{\mathrm{d}t} = 3\mathrm{F} \times 100\mathrm{mV/s} = 300\mathrm{mA}$$

实际情况中，ESR 会导致充放电过程初期电流缓慢地增加，以及矩形拐角处变圆。时间常数 $\tau$ 主要影响拐角处的变圆。

（2）3F ESR 上的 CV

如图 3-10 所示为 3F ESR（来自 Nesscap #ESHSR-0003C0002R7）上的 CV 曲线。该实验解释了如何用 CV 曲线来确定电容器的电位窗口。扫描速率为 100mV/s。实验中的电压范围初始设置为 5V 和 −3V，该值已经超出了双电层电容器 2.7V

的额定值。

需要注意的是，该图形与图 3-9 所示理论 CV 曲线中电流行为不同。CV 曲线看起来并不像一个矩形。

图 3-10 中，扫描至电流开始显著增大时手动控制电化学工作站反转扫描方向。第一次反向扫描发生在 3.5V。电流增加意味着电解液分解的开始。在反向扫描时，从电压低于 0V 时电流开始增加。在 −2.7V 时手动控制反向扫描。

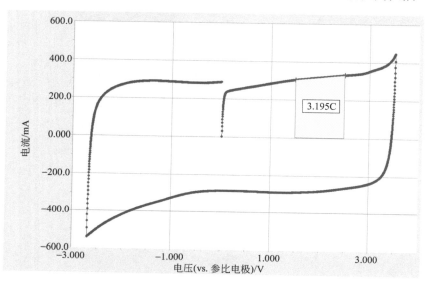

图3-10　3F ESR上的CV曲线

通过对曲线段进行积分，可以计算该过程存储的电荷。总电荷由软件自动计算得到。图 3-10 中突出显示的红色区域为积分面积，计算得到在 1.5～2.5V 之间的电荷为 3.195C。利用公式（3-19），可以计算装置的电容值：

$$C = \frac{Q}{U} = \frac{3.195C}{2.5V - 1.5V} = 3.195F$$

计算得到的电容值取决于 CV 扫描速率、电压区域以及各种其他变量。

注意：非理想电容器并不能通过计算得到实际超级电容器的真实电容值。商业化超级电容器有一个在特定实验中才有效的额定电容值。如 CV、长期恒电位、恒电流测试以及 EIS 等不同技术均会给出不同的电容值。

（3）扫描速率归一化的 CV

图 3-11 所示为另外一个 3F 电容器的 CV 曲线，用以解释与扫描速率有关的 CV。分别采用扫描速率为 3.16mV/s、10mV/s、31.6mV/s、100mV/s、316mV/s 进行测试。在每次扫描间隔电容器恒电位保持在 0V 约 10min。扫描范围设置为 0～2.7V。

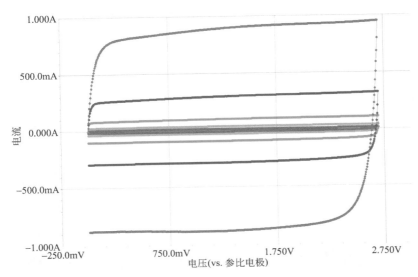

图3-11  3F 电容器上CV曲线随扫描速率的变化

（紫）316mV/s，（蓝）100mV/s，（绿）31.6mV/s，（黄）10mV/s，（红）3.16mV/s

所有 CV 曲线呈现出相同的形状。ESR 导致 CV 曲线拐角处出现弧形。随着扫描速率的增大，电流差别更易出现。

如图 3-12 所示的是所有通过电流除以扫描速率进行归一化得到的 CV 曲线。在经过归一化以后，$Y$ 轴单位为 As/V，对应的是法拉第电容。本书中将归一化之后的 CV 曲线 $Y$ 轴称为表观电容 $C_{app}$。

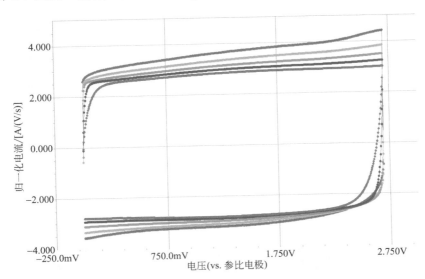

图3-12  3F 电容器上不同扫描速率归一化后得到的CV曲线

（紫）316mV/s，（蓝）100mV/s，（绿）31.6mV/s，（黄）10mV/s，（红）3.16mV/s

利用数据分析软件中的常规工具-线性拟合功能可以计算得到曲线的斜率。

作为理想电容器，扫描速率归一化之后的循环伏安曲线重叠，并且电容值与扫描速率无关。然而此处的电容器并不是理想电容器，其扫描速率归一化之后的 CV 曲线并不重叠。图 3-12 中，$C_{app}$ 在最大扫描速率时约为 2.5F。该曲线类似于理想电容器上的 CV 曲线外加一个 ESR。

随着扫描速率的减小，$C_{app}$ 增大并且表现出更强的电位依赖性。这种现象被认为是由电压驱动的化学反应所造成的。随着扫描速率减小，$C_{app}$ 的增大可以用电极表面动力学缓慢的法拉第反应以及电极多孔性导致的传输线行为来解释。在表面反应缓慢发生的情况下，快速扫描在反应发生之前完成，此时所有的电流都归因于电容。当扫描速率减小时，此时总电流以及 $C_{app}$ 增加。

分布元件模型同样呈现出类似的扫描速率行为。在进行快速扫描时，具有高电解质电阻的电极表面没有足够时间来使电压发生相应的快速变化。实际上，电极表面可到达电解质的部分是取决于扫描速率的。

**（4）用于评价循环寿命的 CV**

CV 测试同样可以区分欠佳或者潜在仍可利用的循环寿命。

图 3-13 所示为 3F 电容器上的 CV 实验结果。记录为在 1.5～2.7V 之间循环 50 次的数据。如图 3-13 所示为第 1 圈、第 10 圈、第 50 圈循环的结果。该测试扫描速率为 100mV/s。

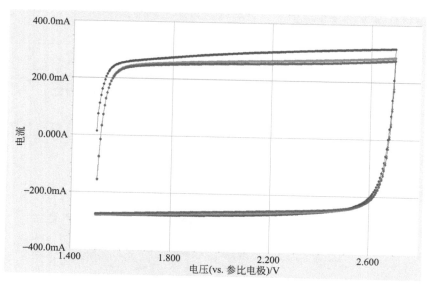

图3-13　3F电容器上CV测试的各循环结果

（蓝）第 1 圈，（绿）第 10 圈，（红）第 50 圈

扫描第 1 圈循环和其他相比表现出更大的电流。发生在电极表面的初始电化

学反应产生更大的电流。一段时间之后，电容器达到稳态并且 CV 中的差异都是镜像的。相较而言，第 10 圈和第 50 圈循环的数据差别变得很小。因此该电容器可以采用循环充放电技术进行循环寿命的评估。

（5）赝电容上的 CV

赝电容上的 CV 测试不同于上述双电层电容器的测试结果。

如图 3-14 所示为 1F PAS 赝电容上测试得到的 CV 结果。扫描速率分别设置为 3.16mV/s、10mV/s、31.6mV/s、100mV/s 和 316mV/s。该扫描区间从 0～2.4V。在每次扫描之间，电容器在 0V 停留 10min。该曲线对扫描速率进行归一化。

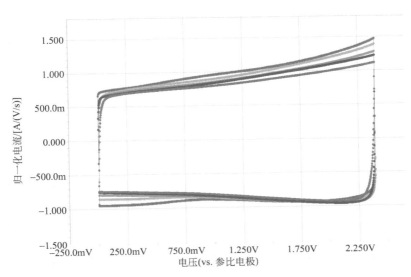

图3-14 1F PAS赝电容上CV测试结果，对不同扫描速率曲线归一化之后的CV曲线

（紫）316mV/s，（蓝）100mV/s，（绿）31.6mV/s，（黄）10mV/s，（红）3.16mV/s

赝电容与双电层电容器归一化之后的 CV 相比（图3-14）有一个主要区别——扫描速率越大，CV 图形越不重叠。装置的 $C_{app}$ 在所有扫描速率下都依赖于电压。正如预期，赝电容存储的电荷具有法拉第性质。

### 3.2.1.5 漏电流的测量

漏电流至少可以通过两种方式进行测量：

① 在电容器上施加直流电压，并且要测量保持恒电压所需的电流；

② 将电容器充电至固定电压值，然后测量电容器在自放电时开路电位的变化。

为了使电容器的技术参数看起来更好，一些生产商会指定在 72h 之后测量的为漏电流。在这种情况下，漏电流一般可以低于 1μA/F。

（1）直接漏电流的测量

直接恒电位测量漏电流是相当具有挑战性的。必须给电容器施加一个外加直流电压，并且此时测量电流应非常小。一般来说，充电电流以安计量而渗漏电流以微安计量，量程相差 $10^6$。直流电压本身的噪声或者漂移均有可能产生比漏电流本身更大的电流。例如，假设本节中使用的 3F 电容器有一个 $100m\Omega$ 的 ESR。为了测量该电容器上约为 $1\mu A$ 的漏电流，电流噪声信号必须小于 $1\mu A$。

在阻抗受 ESR 控制的频率区域，$0.1\mu V$ 外加电压将产生 $0.1\mu A$ 的电流噪声。在低频区域，阻抗为电容控制，电位漂移 $0.3\mu V/s$ 将产生 $1\mu A$ 的电流。

快速数据采集、外部噪声、未安装法拉第笼都会引起较大的表观直流电流或者电流量程的连续切换。

如图 3-15 所示为一个新的 3F 电容器上测量漏电流的结果。测试为 5 天中 $I_{leakage}$ 相对于时间指数作图。电容器充电至 2.5V 并且在该电位下保持。

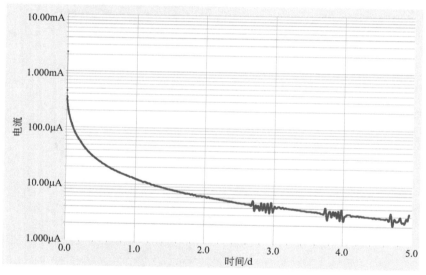

图3-15　3F 电容器在2.5V下保持5天，测试得到漏电流的结果

外加电压 5 天之后 $I_{leakage}$ 仍然在下降。72h 之后测试电流约为 $4.2\mu A$，5 天之后达到 $3.2\mu A$。生产商指定该电容器漏电流为 72h 之后小于 $5\mu A$。

需要注意的是，在小电流时出现的周期性噪声信号是由于白天空调所造成的。图 3-15 中的数据采用 60s 窗口的 Savitzky-Golay 算法进行降噪处理。

（2）自放电的测量

自放电导致已充电的电容开路电压随时间降低。尽管并没有外部电子流动，在自放电过程中漏电流使电容放电。

如图 3-16 所示为自放电测量图。一个 3F 电容器首先充电至 2.5V 然后在该电位下保持 12h。测量记录得到开路电压与时间的关系。对循环伏安数据进行归一化。

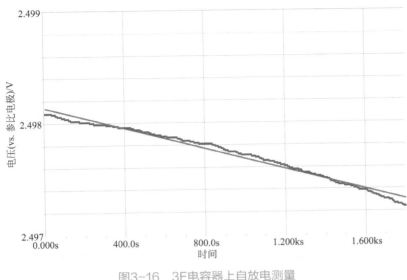

图3-16　3F电容器上自放电测量

（红）线性最小二乘法拟合

30min 后该电容电压的变化已小于 2mV。红线为采用最小二乘法拟合电压衰减数据。该线的斜率为 $0.55\mu V/s$。漏电流可以采用公式（3-23）进行计算：

$$I_{leakage}=3F\times 0.55\mu V/s=1.65\mu A$$

### 3.2.1.6　循环充放电和电容组

本节中所提供的数据均在 Gamry Instruments Reference 3000 上运行 PWR800 软件得到。测试在 Nesscap 公司提供的商业化 3F（P/N ESHSR-0003C0-002R7）和 5F（P/N ESHSR-0005C0-002R7）双电层电容上进行。

（1）循环充放电基础

循环充放电（CCD）是用于测试 EDLC 和电池性能以及循环寿命的标准技术。可重复的充放电周期称为循环。

很多时候，在一组特定的电压达到之前充放电都是在恒流的条件下进行的。对每次循环中的充电电容（容量）进行测量，通过计算得到电容值 $C$ [式（3-26）]，单位为 F。二者都对循环次数作图，该图被称为容量曲线。

在实际应用中，电荷被普遍称为容量。通常，容量的单位是安时（A·h，1A·h=3600C）。

如果容量下降至设定值（通常为 10% 或 20%），实际的循环次数意味着电容的循环寿命。一般来说，商业化电容可以循环几十万次。

如图 3-17 所示为在一个新的 3F 双电层电容上记录得到的循环充放电数据。图中给出了 5 次循环电流和电压对时间的曲线，每次循环都用不同颜色表示。浅色波形为施加在电容上的电流，深色波形显示的是测试的电压。电容在 0～2.7V 之间循环，保持电流为 0.225A。

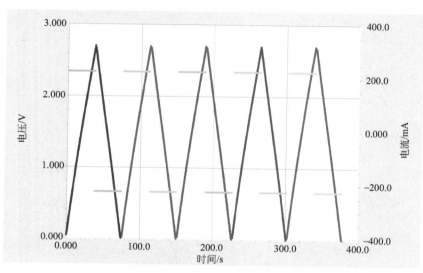

图3-17　新的3F双电层电容上循环充放电，5次循环中电压和电流对时间的曲线

新的双电层电容显示出几乎理想的行为，曲线的斜率（d$U$/d$t$）保持恒定并且通过公式（3-26）定义为：

$$dU/dt=I/C$$

（3-26）

式中，$U$ 是电解池电压，V；$I$ 是电池电流，A。

如图 3-18 所示为与图 3-17 相同的循环充放电过程，但测试的是受损伤的 3F

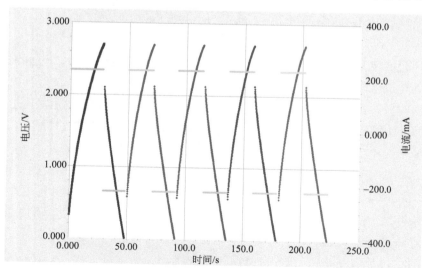

图3-18　在受损伤的3F双电层电容上进行循环充放电测试，5次循环中电压对电流的曲线

双电层电容，该电容的行为很显然偏离了理想情况。

　　增强的自放电导致充电和放电电压随时间的关系呈指数形状。在每个功率和容量极具衰减的半循环中，越大的 ESR 同样导致越大的 *IR* 降。损伤会使该双电层电容的效率极大地降低。

　　如图 3-17 和图 3-18 所示为单独的充电和放电曲线。更常见的是循环次数对容量作图的曲线。下面我们在 3F 双电层电容上进行不同条件下的循环充放电来讨论循环寿命曲线。

　　循环寿命取决于若干变量，包括电压极限、用于充放电的电流、温度。

（2）不同的电压范围

　　为了阐述第一点，我们对四个 3F 双电层电容进行循环，在此过程中选取不同的电压极限进行测试。其中大部分测试超过双电层电容所指定的最大电压 2.7V。

　　如图 3-19 所示为在 5 万次循环之内与容量相对变化相对应的曲线。

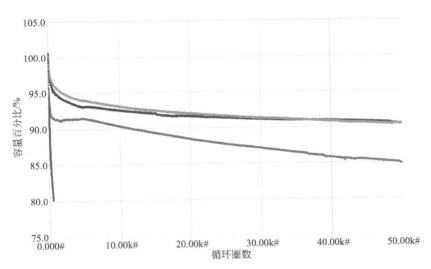

图3-19　在不同电压极限情况下3F双电层电容容量百分比的变化

（蓝色）2.7V，（绿色）3.1V，（红色）3.5V，（紫色）4.0V

　　电容器均在 2.25A 下充电和放电。电位的下限为 1.35V，也就是额定电压的一半。电位的上限被设定为 2.7V、3.1V、3.5V 以及 4.0V。

　　容量衰减一般在样品被充电至较高电压极限时发生。在电压低于 3.0V 时，循环 5 万次仅造成容量降低 10%。在电容充电至 4.0V 时，循环 500 次就会造成容量降低 20%。在更高电位下电容性能的剧烈衰减主要是由于法拉第电化学反应降解电解质所造成的。降解将抑制电极表面，造成气体生成，损伤电极以及带来其他一些负面的影响。

### （3）不同的充放电电流

循环寿命同样依赖于施加的电流。为了阐明更高电流对循环充放电实验的影响，实验中选取远远超出电容特征电流的电流值。在本节中使用的 3F 双电层电容特征电流为 3.3A。

如图 3-20 中所示为不同充电和放电电流下的三个容量图。双电层电容均在 1.35～3.5V 之间充放电。施加电流分别设置为 2.25A、7.5A 和 15A。

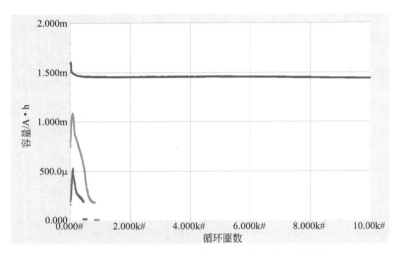

图3-20　3F双电层电容在不同电流时的容量曲线

（蓝色）2.25A，（绿色）7.5A，（红色）15A

在更高电流下的容量曲线显示随循环次数的增加而容量剧烈减少。对于在 7.5A 和 15A 电流下循环的两个双电层电容，分别在 400 次和 800 次循环之后失效。

甚至可以看到，在第 1 个循环充放电循环时，越高的电流也会导致容量更快衰减。$iR$ 降对于电容充放电过程是毫无益处的。充放电的有效电压范围 $U_{eff}$ 需扣除两次 $iR$ 降电压。

假设对于 3F 电容有 40mΩ 的 ESR，我们在不同电流下希望的参数如表 3-1 所示。

表3-1　3F电容有40mΩ的等效串联电阻的 $iR$ 降电压、有效电压范围、容量以及功率损失估值

| $I$/A | $U_{Loss}$/V | $U_{eff}$/V | $Q$/mA·h | $P_{Loss}$/W |
|---|---|---|---|---|
| 2.25 | 0.09 | 1.97 | 1.6 | 0.2 |
| 7.5 | 0.3 | 1.55 | 1.3 | 2.3 |
| 15 | 0.6 | 0.95 | 0.8 | 9.0 |

$iR$ 降对容量的降低分别约为 19% 和 50%。需要注意的是，在图 3-20 和表 3-1 中所示测量电流为 7.5A 和 15A 的两个电容初始容量粗略相同。

两个电容在 7.5A 和 15A 循环之后变得非常热，随之失效。

快速循环所产生的热量同样由 $iR$ 降所产生。假设一个恒定的 ESR，这些装置中的功率损失 $P_{\text{Loss}}$ 可以通过公式（3-27）进行估算：

$$P_{\text{Loss}} = I^2 \times \text{ESR} \tag{3-27}$$

如表 3-1 所示，即使在 7.5A 电流下估算，功率衰减都将大于 2W。对于测试中的 3F 电容而言，电容太小，只有靠发热才能消耗多余的功率。热量也会导致电解质的降解以及循环寿命的大幅缩短。

电容在 15A 电流下循环，在测试结束之后发现非常剧烈的膨胀，甚至有爆炸的可能。

（4）电容组上高电压循环充放电测试

① 平衡电容组　为了实现应用中需要的高功率，通常需要将各种能量转化装置串联或者并联起来使用。对于串联连接的多电容，适用式（3-28）和式（3-29）：

$$\frac{1}{C} = \sum_{i=1}^{n} \frac{1}{C_i} \tag{3-28}$$

$$U = \sum_{i=1}^{n} U_i \tag{3-29}$$

$n$ 个相同容量电容的总容量为单个电容容量的 $n$ 分之一。电容组的总电压为每个电容的电压的加和。

如图 3-21 所示为串行连接电容组的示意图。

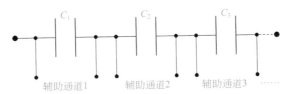

图3-21　带有辅助静电计的串行电容堆栈示意图

如果在电容组中所有的单电容器显示出相同的参数，那么该组被称为平衡堆栈。若电容组中某些电解池的性能参数如电容、等效串联电阻或漏电阻是不同的，那么该电容组是不平衡的。

容量曲线并不能反映出电容组中的不规则行为。所有电解池通过相同的电流，所以他们具有相同的容量。在以下的部分中，测试将在一个包括 3 个串联连接双电层电容的小电容组上进行。电容组中故意设置为不平衡用以考察两个常见的不规则行为。为了展示不规则行为，采用了不同的作图方法用于研究。

② 具有不同电容的不平衡电容组　在电容组中采用不同电容的电容器将导致公式（3-30）中定义的电压的变化。

$$U_i = Q/C_i \tag{3-30}$$

在电容组上外加恒定的电荷 $Q$ 会使得具有更高电容的电解池 $C_i$ 上有更低的电压 $U_i$。

由两个 3F 双电层电容（$C_1$ 和 $C_2$）以及一个 5F 双电层电容（$C_3$）组成的一个串行电容组（如图 3-21）被用于不平衡电容组测试。所有三个电容器在加入电容组之前初始均被充电至 1.35V，所以初始电容组电压约为 4V。

电容组在 0.225A 电流下循环 500 次。测试开始于充电步骤。循环极限被设置为 4V 和 9.5V，如图 3-22 所示，充电（深色）和放电（浅色）步骤每个电容的限定电压分别对应于循环次数作图。

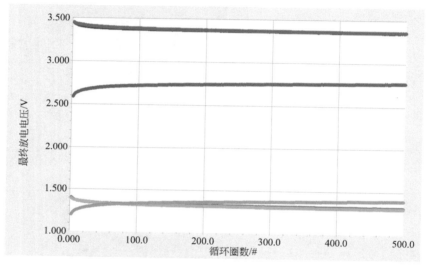

图3-22 对于一个由两个3F双电层电容（蓝色$C_1$，绿色$C_2$）以及一个5F双电层电容（红色$C_3$）组成的非平衡电容组，其充电（深色）和放电（浅色）过程的限定电压与循环圈数的关系图

正如所料，每个电解池的最终放电电压（无论电容大小）都非常接近 1.3V。稍偏离 1.3V 很可能是因为漏电流的失衡所造成的，后面我们会讨论。

相比较而言，最终的充电电压更令人关注。如果我们用一个平衡电容组，电容组完全充电的电压 9.5V 最终将会在各电解池之间平均分配，每个单电解池将会被充电至约 3.16V。

在不平衡电容组中，3F 双电层电容（$C_1$ 和 $C_2$）充电至约 3.36V。它们分别被过充约 200mV。而 5F 的电容仅充电至约 2.7V。离额定电压还有 400mV。需要注意的是，电压不平衡并不取决于循环次数。

在具有不平衡电容值的电容组中，电容值最高的电容器具有较低的有效电压范围。这些电压上的偏离同样导致能量上的不同。

如图 3-23 所示为计算得到每次同样测量时充电步骤的能量相对于循环次数的图形。

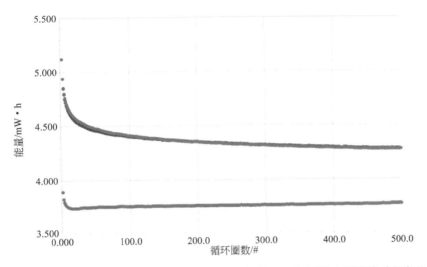

图3-23　由两个3F双电层电容（蓝色$C_1$，绿色$C_2$）以及一个5F双电层电容（红色$C_3$）构成的不平衡电容组中，单电池充电能量相对于循环次数作图

5F 双电层电容的能量由于较低的电压极限而减小。两个 3F 双电层电容试图以更高的电压平衡该电压降。它们的能量含量将增加，故双电层电容器的能量含量会增加。

在极端情况下，电压（已经能量）的增大可能会损伤电容器本身。

③ 具有不同漏电阻的不平衡电容组　漏电阻同时影响电容组性能和循环寿命。它会随电容器使用时间而改变。低漏电阻会导致更高的漏电流，使得电池在没有施加外电流时自放电。

漏电阻可以通过一个电阻串联一个电容来模拟（如图 3-24）。

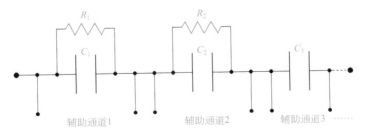

图3-24　串联连接电容组图示
其中并联电阻$R_1$和$R_2$模拟不同的漏电阻

如图 3-25 所示为由于漏电流造成的自放电。两个电阻（$R_1=16.5\text{k}\Omega$，$R_2=154\text{k}\Omega$）

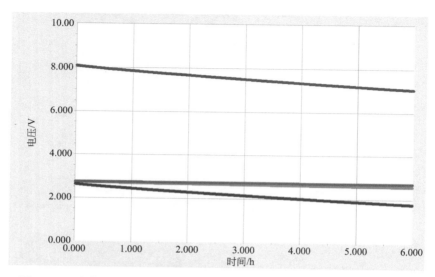

图3-25 （紫色）不平衡电容组自放电超过6h，以及其具有不同漏电阻的
单电解池（蓝色$C_1$，绿色$C_2$，红色$C_3$）

与$C_1$和$C_2$并联。$C_3$本征漏电阻在MΩ范围内。所有三个电容有名义上3F的电容值。

电容组在0.225A放电电流下被放电至8.1V。在被放电至8.1V之后，以无电流状态记录电压6h。

内部漏电流会导致连续的电压漂移，使得电容放电。具有最小漏电阻的电容$C_1$具有最大的漏电流。它会导致最大的电压降（约为850mV）。相比之下，6h后电容组总的电压降为1V。

计算得到$C_1$的漏电流为47A，而其他另外两个电容显示电流仅为7A（$C_2$）和2A（$C_3$）。

越高的漏电流同样会导致能量和功率损失的增大。图3-26所示为之前所述电容组在4~8.1V之间以0.225A的电流循环约500次，能量随循环圈数的变化关系图。

高的漏电流会导致循环过程中连续的能量衰减。$C_1$的能量就是由于更高的自放电而连续减少的。需要注意的是，这与图3-22和图3-23中所述电压和能量不平衡与循环次数无关是相悖的。

电容$C_2$和$C_3$补偿这些能量损失并且过充至更高的电压。虽然能量增大，但这也可能是以牺牲其电化学稳定性和缩短循环寿命为代价的。

### 3.2.2 锂电池非标准充放电循环测试

在现实应用中，充放电过程并非总是标准的，为了研究这一类现象，我们将

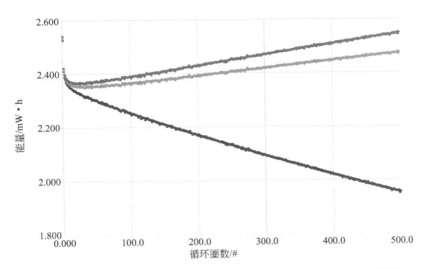

图3-26　在一个不平衡电容组中，具有不同漏电阻的单电解池充电能量与
循环次数的关系曲线

在本节中介绍自定义电流分布非标准测试。

电动汽车里的电池在加速和保持车辆速度的过程中放电，当车辆制动时电池被再次充电。驾驶循环因此可以反映电池放电和充电中的显著变化，这样就可能观察到安培级的电流波动了。打个比方，美国先进电池联合会（USABC）对电动汽车进行了联邦城市驾驶日程安排（FUDS）循环测试，然后将结果用放电电流峰值波动百分数对时间的形式展示在图 3-27 中。负的百分数值指的是放电态，而正值指的是充电态。

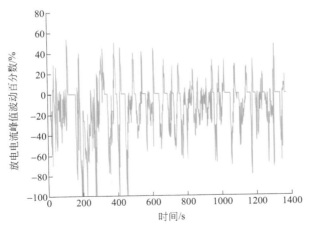

图3-27　基于FUDS尾气测试的FUDSUSABC-FUDS循环测试

（来源：http://www.uscar.org/guest/teams/12/U-S-Advanced-Battery-Consortium-LLC）

电池的普通 CCD 可以用电化学工作站提供的标准循环测试。而在本节中，仅有恒定电流、功率或电阻的循环测试是不够的。在此所用的测试使用一个预设电流分布使电池放电。该电流分布被设计用于模拟电池在其寿命内的运行条件。我们测试了电动汽车与驾驶循环相关联的电池的充放电，如美国环保署（FBA）城市测功机驾驶时间表（UDDS）。尽管没有测试真实电动汽车电池，但我们展示了一个标准 18650 锂离子电池的测试结果。

### 3.2.2.1　电池规格参数和安装

使用图 3-27 中的循环，创建了一个预设电流分布，如图 3-28 所示。这个电流分布按比例缩放，用于 Gamry 的 Interface 5000 电化学工作站，依次运行十个循环以保证电池达到了较低的电压极限。

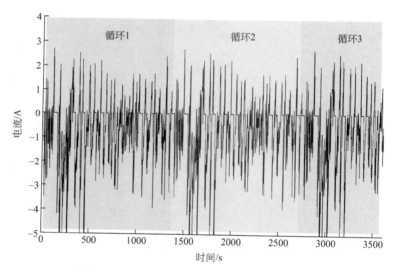

图3-28　用于电池放电的前3600s电流分布

电流按比例缩放至最大值 5A，与 Interface 5000 电化学工作站相配。

除了显示非标准循环测试，我们还使用 Interface 5000 和 Reference 3000 电化学工作站的内置接口检测了温度监控。Reference 3000 含有一个典型的 K 热电偶接口，如图 3-29 所示。在 Interface 5000 上，温度监控需要辅助 5000 监测基板，该监测板直接与前面板的监控接口相连。

测得的 18650 电池规格参数列于表 3-2 中。在图 3-29 中标注出了仪器的接口。连接方式如图 3-30 所示。用于监控温度的 RTD 元件（Omega, RTD-1-F3141-60-T）被绑在电解池的外表面。RTD 元件通过 Interface 5000 监控板（Gamry Instruments 990-00401）连接。监控板是一个配件，可以通过前面板监控接口提供 BNC 连接到辅助通道。

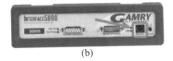

(a)　　　　　　　　　　　　(b)

图3-29　Reference 3000的后面板（a）和Interface 5000的前面板
（b）上的温度监控接口（红圈圈出的）

表3-2　18650电池规格参数

| 名称 | 数值 |
| --- | --- |
| 容量 | 1300mA·h（标称）<br>1250mA·h（标称） |
| 充电电压 | 4.2V |
| 标称电压 | 3.6V |
| 充电电流 | 0.5A（标准）<br>4A（快速） |
| 放电电压界限 | 2.5V |
| 放电电流（连续） | 18A（最大） |
| 内部阻抗 | 约30mΩ（1kHz） |

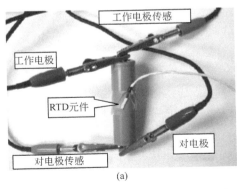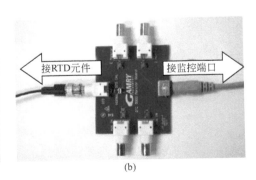

(a)　　　　　　　　　　　　(b)

图3-30　电解池缆线连接到电池（a）和监控基板（b）

注：温度传感需要 5000 监控板。辅助导线与接地线短路连接（未显示）

### 3.2.2.2　标准充放电循环测试

电池在恒电流模式下充放电。一开始，电池在 4A 电流下被充至充电电压 4.2V，使用截止条件 100mA 结束充电。然后，电解池在 5A 电流下放电到放电截止电压 2.5V。在充放电之间加入 5min 的休息时间。图 3-31 展示了电池在一个较短的五循环测试中的容量。当每个测试都使用恒电流充放电时，所得结果与标定容量相一致。放电过程中的电池电压在整个循环过程中都是稳定的，而且放电过程通常是 15min。

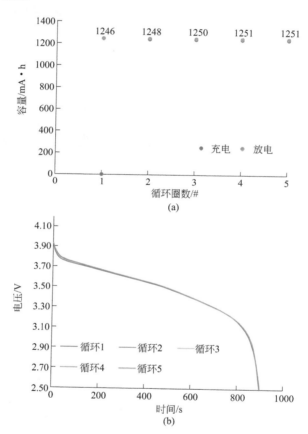

图3-31　电池五个循环估值容量和电解池电压

数据标签 [图 3-31（a）] 指的是放电容量值

图 3-32 显示了前两周循环放电过程中的电池温度响应。每一个循环过程中，电池温度从室温提高到 40℃。这是放电电池的正常表现。但是，这类的温度分布可能不能反映动力学环境的真实温度变化。

### 3.2.2.3　非标准充放电循环测试

当电池电压达到 2.5V，运行停止。

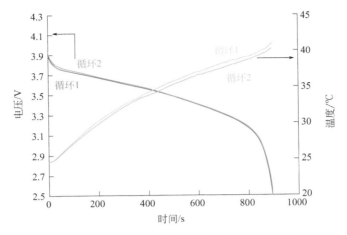

图3-32　两个循环的电解池电压和温度响应

图 3-33 显示在动力学环境中，温度峰值大约高出移动基线 1℃。循环响应遵循每一个驱动循环开始处的大电流消耗，其在大约 200s 达到峰值，如图 3-27 所示。比较图 3-32 和图 3-33 中两种温度分布，最显著区别是它们的最终温度值相差超过 10℃。这表明了对每一个电池应用选择正确放电分布的重要性。

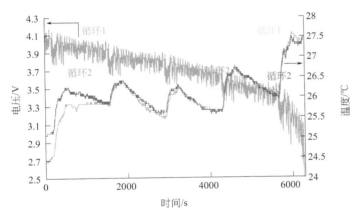

图3-33　五个驱动循环的电池电压和温度响应，驱动循环缩放到最大5A放电电流

尽管 5A 是 Interface 5000 电化学工作站的电流极限，5A 没有真实地加压于额定最大放电电流为 18A 的电池上（表 3-2）。为了测试电池上的最大压力，我们转向使用 Gamry 的 Reference 3000 和 30k Booster 的组合，把电流分布按比例放大到 18A，然后运行相同的测试，结果绘于图 3-34 中。在 18A 时，电池只运行了一个完整的驱动循环，在第二个驱动循环时超过了 2.5V 的截止电压。在大约 200s 的大电流消耗处，可见有一个 6℃ 的温度骤升。

当电解池电压达到 2.5V 时，运行停止。

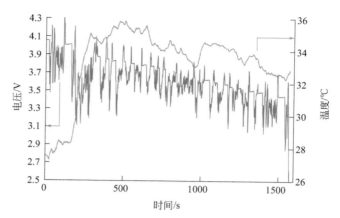

图3-34 单个缩放到最大18A放电电流的驱动循环的电解池电压和温度响应

最后，为了一致性，依据数据计算了功率消耗，并与原始驱动循环（图3-27）进行了比较。图 3-35 只显示了前 300 s。测得的曲线与所期望的相一致，在较高电流处 $iR$ 效应变得显著。

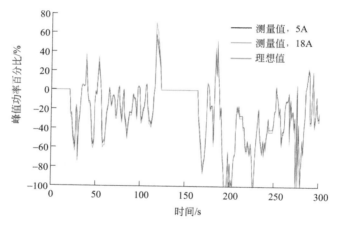

图3-35 测得峰值功率与理想值的比较

由以上测试结果与讨论可见，自定义电流分布具有实际的指导意义，如果有需求可以联系相应的电化学工作站厂商查看如何实现这一功能。

### 3.2.3 氢氧燃料电池氧还原反应动力学参数的测定

#### 3.2.3.1 实验目的

① 认识氢氧燃料电池（PEMFC）的单池结构，熟悉 PEMFC 单电池的组装与测试。

② 掌握原位测定 PEMFC 氧还原反应（ORR）动力学参数方法。

③ 了解传质极化对 PEMFC 性能的影响。

### 3.2.3.2　实验原理

质子交换膜燃料电池（proton exchange membrane fuel cells, PEMFC）是将化学能直接转换为电能的能量转换装置。由于其具有能量转化率高（40%～60%），环保、操作温度低等优点，在汽车动力、移动电源及小型电站等方面有着广泛的应用前景。PEMFC 的单电池结构如图 3-36 所示，其核心部件膜电极（MEA）由电解质膜、催化层、扩散层构成。电极反应如下：

阳极：
$$2H_2 \longrightarrow 4H^+ + 4e^-$$
$$(3-31)$$

阴极：
$$O_2 + 4H^+ + 4e^- \longrightarrow 2H_2O$$
$$(3-32)$$

总反应：
$$2H_2 + O_2 \longrightarrow 2H_2O$$
$$(3-33)$$

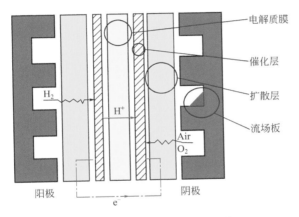

图3-36　PEMFC单电池结构

MEA 中，阴极的氧还原反应（oxygen reduction reaction, ORR）是动力学慢过程，是反应的速率控制步骤。因此，原位测定的阴极 ORR 动力学参数已成为进行 MEA 结构优化、筛选催化材料的关键性评价指标。

为了获取 PEMFC 阴极的催化剂的本征动力学参数，需应用循环伏安（cyclic voltammetry, CV）方法测定 PEMFC 的电化学比表面积（electrochemical active surface area, EASA）。测量时 PEMFC 阴极通入增湿的高纯氮气，CV 曲线如图 3-37 所示。电位 0.05～0.4V（vs. NHE）电位区域为氢的吸附-脱附峰。对氢的脱附峰（阴影部分）积分，可求出脱附峰的电量。已知氢原子在每平方厘米 Pt 上发生单层吸附的电量为 210μC/cm²，根据公式（3-34）即可求出 EASA，表示为 $Se$。

$$Se[\text{cm}^2\text{Pt}] = \frac{\text{charge}[\mu\text{C}]}{210[\mu\text{C}/\text{cm}^2\text{Pt}]} \qquad (3-34)$$

之后，将阴极通入氧气，PEMFC 阴极发生氧还原反应。实验测得 PEMFC

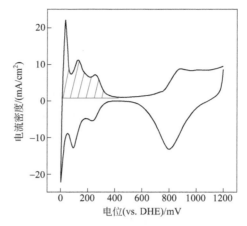

图3-37　EASA测定中PEMFC阴极CV曲线

的稳态电流-电压（IV）曲线；应用电化学阻抗谱测定 PEMFC 的内阻，计算获得内阻校正的阴极性能曲线。

实验假定 ORR 为直接四电子过程。在高电流密度区域，用于描述电极反应的 BV 方程可以简化为 Tafel 方程（3-35）

$$\eta_c = a + b \lg j_c \tag{3-35}$$

通过对 $\eta_c$ 与 $\lg j_c$ 作图，可获得 Tafel 斜率与截距。已知：$a = -\dfrac{2.3RT}{\alpha F} \lg j_0$，

$b = \dfrac{2.3RT}{\alpha F}$。由此，可计算出氧还原反应的传递系数，并能再次计算得到表观交换电流密度，与 EASA 的数值相比，即获得阴极催化剂的本征交换电流密度 $j_0^*$。

### 3.2.3.3　实验仪器

测试采用 PEMFC 单池测试装置，电池的阴、阳极都采用单通道蛇形流场，扩散层为增水处理后的碳纸，催化层采用催化剂 Pt/C（质量分数为 20%），载量为 0.5mg/cm²，Nafion 含量为 15%（质量分数）。膜电极面积为 4cm²，电解质膜为 Nafion® 115。

### 3.2.3.4　实验步骤

① 观察 PEMFC 膜电极结构，组装 PEMFC 单电池。

② 设定 PEMFC 测试系统的增湿温度（60℃）、电池温度（60℃）。

③ PEMFC 阳极通入增湿的 $H_2$，阴极通入增湿的高纯 $N_2$，稳定 30min。

④ 打开电化学工作站，将工作电池连接在 PEMFC 阴极，对电极和参比电极连接到 PEMFC 阳极。选择循环伏安技术。参数设置：初始电位为 0.4V，最高电位为 1.2V，最低电位为 0.05V，终止电位为 0.4V。

a. 扫描速率为 100mV/s，扫描 20 个循环，以清除 Pt 电极表面的吸附杂质。

b. 分别以扫描速率 20mV/s 扫描 Pt 电极，扫描 5 个循环并保存。

⑤ 实验完毕后保存原始数据文件，或导出数据另存，数据处理得到 EASA。

⑥ 将氧气通入 PEMFC 阴极，记录 PEMFC 的开路电位 OCV。取 5mV 振幅，应用 EIS 测试 PEMFC 的内阻，扫描频率区间是 $10^5 \sim 10^{-1}$Hz。

⑦ 控制电位在 OCV～0.5V 之间，每隔 20mV 取一电位点，获得 PEMFC 的稳态电流，计算获取内阻校正的极化曲线。进一步数据处理获得高电流密度区的 Tafel 曲线，通过 Tafel 截距和斜率计算得到传质系数以及交换电流密度。

⑧ 试验结束，关机。

#### 3.2.3.5　思考题

① PEMFC 阴极极化的影响因素有哪些？ Tafel 斜率呈现什么样的变化趋势，原因何在？

② PEMFC 的表观表面积和电化学表面积是否存在差别？

③ PEMFC 的内阻如何通过阻抗计算？

## 3.3　电化学测试在电分析化学和传感器中的应用实例

在电分析化学和传感器领域，电化学工作站常常要求在测量能力极限附近工作，此时了解如何准确测量低电流信号和数据采集模式的影响显得尤为重要。

### 3.3.1　低电流信号的测量

低电流的测量对仪器、电解池、电极线和测试人员提出了更高的要求。大电流电化学中使用的很多技术，在用到 pA 和 fA 电流测试时，必须加以改进。下面我们将主要讨论控制低电流测量的限制因素。重点将放在电化学阻抗谱（EIS）上，它是低电流电化学工作站的一个主要应用。

（1）测量系统的模型及其物理限制

为了感受飞安（1fA=$10^{-15}$A）测量所暗示的物理极限，需要考虑图 3-38 所示的测试体系等效电路图。我们试图测试电解池 $Z_{cell}$ 的真实阻抗。

即使真实电化学工作站的电路布局非常不一样，这个模型就分析的目的来说，还是有效的。在图 3-38 中，$E_s$ 是理想信号，$Z_{cell}$ 是未知电解池阻抗，$R_m$ 是测试电路的电流测量电阻，$R_{shunt}$ 是跨越电解池的不必要电阻，$C_{shunt}$ 是跨越电解池的不必要电容，$C_{in}$ 是测试电路的寄生输入电容，$R_{in}$ 是测试电路的寄生输入电阻，$I_{in}$ 是测试电路的输入电流。

在理想电流测试电路中，$R_{in}$ 是无限大的，而 $C_{in}$ 和 $I_{in}$ 为零。所有的电解池

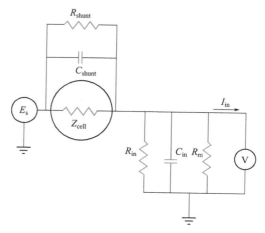

图3-38 等效测试电路

电流流经 $R_m$。对于理想电解池和电压源，$R_{shunt}$ 是无限大的，$C_{shunt}$ 为零。所有流入电流测试电路的电流归因于 $Z_{cell}$。

$R_m$ 两端的电位用仪表测量，记作 $U_m$。给定上述讨论的理想性，能够使用 Kirchoff 和欧姆定律计算 $Z_{cell}$：

$$Z_{cell} = \frac{E_s R_m}{U_m} \qquad (3-36)$$

然而，技术限制了高阻抗的测量，具体如下：

① 电流测试电路的输入电容常常不为零，即 $C_{in} > 0$；

② 对于真实电路和材料，无限大的 $R_{in}$ 无法达到；

③ 仪表中的放大器具有输入电流，即 $I_{in} > 0$；

④ 电解池和电化学工作站引起非零 $C_{shunt}$ 和有限大 $R_{shunt}$。

另外，基础物理学通过约翰逊噪声限制了高阻抗测试，该噪声是电阻中的固有噪声。

（2）$Z_{cell}$ 中的约翰逊噪声

电阻里的约翰逊噪声代表一个基础物理极限。下述公式中的电阻，无论成分如何，论证了电流和电位的最小噪声。

$$E = \frac{1}{2} \times 4kTRdF \qquad (3-37)$$

$$I = \frac{1}{2} \times \frac{4kTdF}{R} \qquad (3-38)$$

式中　$k$——玻尔兹曼常数，$1.38 \times 10^{-23}$ J/K；

　　　$T$——绝对温度，K；

　　　$dF$——噪声带宽，Hz；

$R$——电阻，$\Omega$。

噪声带宽 $dF$ 近似等于测试频率。假设 $Z_{cell}$ 为一个 $10^{12}\Omega$ 的电阻。在 300K 和 1Hz 测试频率条件下，将产生 $129\mu V$（rms）的电压噪声。峰对峰噪声大约是有效噪声的 5 倍。在这样的条件下，你无法测试 $Z_{cell}$ 两端 $\pm 10mV$ 的电压，并且保证误差在 $\pm 3\%$ 以内。幸好交流电测试能够通过消耗额外的测试时间，积分测量所得值以减小带宽。当噪声带宽为 1mHz 时，电位噪声减为 $4\mu V$（rms）。

在相同条件下，同一个电阻上的电流噪声是 0.129fA。具体来说就是，$\pm 10mV$ 的信号通过同一个电阻将产生 $\pm 10fA$ 的电流，或小于 $\pm 3\%$ 的误差。同样地，减小带宽将会降低电流噪声。在噪声带宽为 1mHz 时，电流噪声减为 0.004fA。

当 $E_s$ 为 10mV 时，在 1mHz 测试 $10^{12}\Omega$ 的 EIS 系统比约翰逊噪声极限小三个数量级。

在 0.1Hz，系统非常接近约翰逊噪声极限，使精确测量成为不可能。在这些极限值之间，随着频率的增加，读数逐步变得不精确。

实际上，EIS 测试常常不能在非常高的频率下进行，因为此处约翰逊噪声是主要的噪声源。如果约翰逊噪声是一个问题的话，求平均值可以减小噪声带宽，因此也就可以以增加实验时长为代价，减小噪声。

（3）有限输入电容

图 3-38 中的 $C_{in}$ 代表在真实电路中常常出现的不可避免的电容。$C_{in}$ 分流了 $R_m$，排走更高频的信号，限制了给定 $R_m$ 可以达到的带宽。下面示例的计算告诉我们在哪个频率下这一效率会显著出现。电流测试的频率极限（由相角达到 $45°$ 处的频率定义）可以由下式计算所得：

$$f_{RC} = \frac{1}{2\pi R_m C_m} \tag{3-39}$$

减小 $R_m$ 的值可以增加该频率。不过，大的 $R_m$ 能够减小电位漂移和电位噪声。

在一个实际的电脑可控低电流测试电路下，$C_{in}$ 的合理数值为 5pF。对于一个 30pA 完全的电流量程，$R_m$ 的实际估算值为 $10^{10}\Omega$。我们将这些数值代入式（3-39）得：

$$f_{RC} = \left( \frac{1}{2 \times 6.28 \times 1 \times 10^{10} \times 5 \times 10^{-12}} \right) Hz > 3Hz \tag{3-40}$$

通常，应该保持比 $f_{RC}$ 小两个数量级以使相移小于一度。因此，30pA 量程上的未校正高频极限在 30mHz 左右。

能够使用更高的电流量程（也就是，更低的阻抗量程）测试更高频，不过这将减少"电压表"分辨率极限以下全部的可获得信号。也就是说，高频测试和高阻抗测试是相互排斥的。

也能够使用软件校正测得的响应，以提高可用带宽，不过频率变化不能多于一个数量级。

（4）漏电流和输入阻抗

图 3-28 中，$R_{in}$ 和 $I_{in}$ 都影响电流测试的精度。$R_{in}$ 引起的幅度误差由下式计算：

$$Error = 1 - \frac{R_{in}}{R_m + R_{in}} \tag{3-41}$$

对于 $10^{10}\Omega$ 的 $R_m$，想要误差小于 1%，就要求 $R_{in}$ 必须大于 $10^{12}\Omega$。印刷电路板漏电、继电器漏电和测试设备特征使 $R_{in}$ 降到低于无限大的期望值。

相似的问题是进入电压表输入端的有限输入漏电流 $I_{in}$，它能使直接进入电压表输入端的漏电流或者是电压源（比如供电电源）的漏电流通过绝缘电阻进入输入端。如果在 +15V 和输入端之间，连接在输入端的绝缘体的电阻是 $10^{12}\Omega$，那么漏电流就是 15pA。幸好大多数的漏电流源是直流电，因此它们在阻抗测试中将消失。根据经验，直流漏电流不应该超过测得信号的 10 倍。

最好的商业化输入放大器具有大约 50fA 的输入电流。其他电路成分也可能贡献漏电流。因此，不能够做低 fA 电流的绝对电流测试。事实上，输入电流近似为常数，所以几飞安的电流差异或交流电水平可以被测得。

（5）电位噪声和直流测试

电化学工作站测得的电流信号常常出现不是由电流测试电路引起的噪声，尤其是直流测试的时候。电流噪声是施加在电解池上的电压中的噪声引起的。

假设你有一个 1mF 电容的工作电极。这能代表金属件上的钝化层。假设是理想电容行为，电极的阻抗可由下式计算：

$$Z = \frac{1}{jwC} \tag{3-42}$$

在 60Hz 时，阻抗值是 2.5kΩ 左右。

在这个理想电容器上施加一个理想直流电压，你是得不到直流电流的。

遗憾的是，所有电化学工作站在所施加的电压里都有噪声。这个噪声来自仪器本身或外部。在很多实验中，主要的噪声频率是交流输电线（电干线）的频率。

假设有一个合理的 $10\mu V$ 噪声电压，即 $U_n$。另外，假设这个噪声电压的频率是 60Hz。这将产生一个通过电解池电容的电流：

$$I = \frac{U_n}{Z} \gg 4nA \tag{3-43}$$

这个相当大的噪声电流阻止了在 pA 量程上的精确直流电测试。

在 EIS 测量中，你会施加一个远大于典型噪声电压的交流激励电压，所以这不再是一个影响因素。

（6）并联电阻和电容

非理想并联电阻和电容在电解池和电化学工作站里都有。两者都能够引起明显的测试误差。

平行金属表面形成一个电容器。随着任意金属表面积的增加或金属件之间的间隔距离的减小，电容值增加。线和电极的放置方式对并联电容有很大的影响。如果连在工作电极和参比电极上的电极线足够近的话，它们能够产生明显的并联电容。10pF 的电容值是很常见的。在电解池里，这个并联电容不能够与"真实"电容区分开。如果你测试的是一个 30pF 电容的涂层，那么 10pF 的并联电容就是一个非常显著的误差。

电解池中的并联电阻因为不完美绝缘体的存在而增加。没有任何材料是完美的绝缘体（拥有无限大的电阻）。即便是 PTFE，一个大家熟知的最好绝缘体，也具有 $10^{14}\Omega$ 的体电阻。更糟糕的是，表面污染常常会降低好的绝缘体的有效电阻率。水膜就是一个真实的例子，尤其是在玻璃上。

并联电容和电阻也出现在电化学工作站自身里。在大多数实验中，电解池的并联电阻和电容误差大于电化学工作站本身的。

## 3.3.2　仪器数据的采集模式对信号的影响

循环伏安法（CV）是毫无争议的最普遍的电化学测试技术。它的良好声誉归功于它能够使用相对便宜的设备和快速的实验来推断反应原理。CV 的扫描速率可以从每秒几毫伏变化到每秒百万伏。目前，大多数制造商（包括 Gamry）生产的都是带有数字信号发生器支持的数字式仪器。这些信号发生器将线性扫描近似为由很多阶梯和持续平台所组成的阶梯信号，如图 3-39 所示。

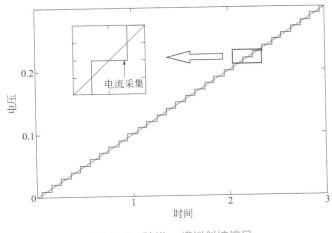

图3-39　阶梯vs模拟斜坡信号

在本节中，将使用指定系统来研究使用真实模拟连续斜坡和阶梯信号所得数据的差异。对于那些研究溶液类法拉第反应的实验，结果显示使用阶梯信号去近似连续信号就足够了。

不过，在涉及表面物质法拉第反应的实验中或者当测量电容时，还是需要多加注意，不同的选择可能导致结果差得很多。还介绍了采样作为补充，展示了使用过采样和数据平均所得的结果，与使用模拟连续信号测试没什么差别。

（1）实验

通常，数字式扫描的标准惯例是在每一步的最后获得一个数据点。Gamry 称这种方法为"Fast"模式（如图 3-40 所示）。这种采样模式漏掉了电容性或者表面结合的反应。由任意电容充电或限制于表面范围的法拉第反应引起的电流在每一步的初期部分就衰退了，对测试所得电流没有贡献。

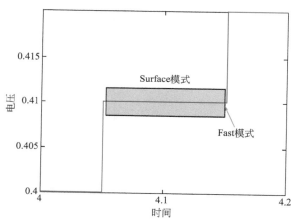

图3-40　两种不同的采样模式：Fast模式在给定步长的最后采样，
Surface模式在整个步长过程中采样

使用"Surface"模式，Gamry 发明了一种独特的采样方法以减小阶梯信号与真实连续信号之间的差异。Surface 模式中，数据在每一步电位平台上持续采样并取平均。这样就能够采集到电容效应和任意限制于表面的法拉第效应了。

本节实验所用的仪器是具有 PHE 200 和 VFP600 软件包的 Gamry Reference 3000 电化学工作站。循环伏安实验要使用内置的数字信号发生器和真实模拟信号发生器。

所有数据使用 Gamry 的 Framework 软件获得，扫描速率为 100mV/s，阶梯增量为 3mV。当使用模拟信号发生器时，运用 Gamry 的 Virtual Front Panel 软件（VFP600），采样速率为 33.3Hz。

所用的 36μF 电容器由松下公司制造，型号 ECA-1HM330B，3F 电容器由

NessCap 公司制造，型号为 ESHSR0003C0-002R7。

　　三电极实验使用 Dr. Bob 的电解池，以及一个 3mm 铂工作电极，一个饱和甘汞参比电极和石墨对电极。

　　H₂SO₄ 实验中，铂工作电极在浸入 1mol/L H₂SO₄ 溶液之前要先抛光。

　　亚铁氰化钾实验使用 10mmol/L 铁氰化钾溶液和 0.1mol/L 氯化钾溶液。

（2）**多晶铂电极在硫酸溶液中的反应**

　　多晶铂电极在稀硫酸中的 CV 曲线依据不同的采样模式将得到明显不同的结果。使用真实模拟信号采集的多晶铂电极在硫酸中的典型伏安曲线如图 3-41 所示。

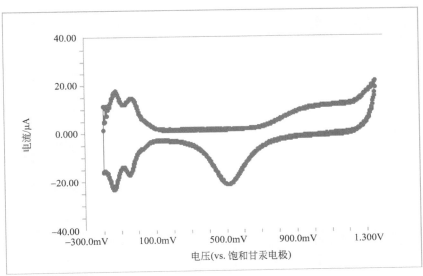

图3-41　使用模拟信号发生器测得的多晶铂电极在硫酸溶液中反应的典型伏安曲线

　　CV 曲线可以分为几个不同的区域讨论。从伏安曲线负端开始，到大约 0.1V 为止的第一个区间对应的是氢的吸附（还原峰）和脱附。从 0.1V 到大约 0.6V 的区间，没有法拉第反应发生。第三个区间从大约 0.6V 开始，是氧生成区间。氧化铂的还原（负电流）从大约 0.5V 开始。这个伏安曲线早已经被彻底研究理解了。尤其是氢吸附区间，常常被用作推断铂电极电化学活性界面的工具。

　　通常，在阶梯伏安曲线中，电流读数是在下一个阶梯前及时读取的。这种采样方法漏掉了任意电容性或者表面范围内的反应。由电容充电或限制于表面的法拉第反应引起的电流在阶梯的前端部分就已经衰退了，对测试电流没有贡献。因此，如图 3-42 所示，该种阶梯伏安法不能很好地定义氢吸附区域。

　　Gamry 采用一种独特的采样模式来减小这种差异。不是在阶梯平台的最后采样电流，因为此处所有电容性和表面相关电流都衰退了，而是在整个步长中持

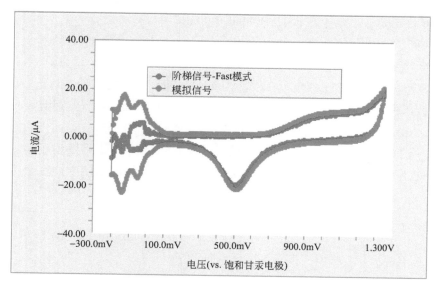

图3-42　通过阶梯信号Fast模式采集多晶铂在硫酸中的反应与
通过模拟信号采集结果的对比

续采集电流，并且求平均值。这种方法既测量了电容和表面效应电流，也测量了阶梯过程中任意的持续效应。这种采样模式在 Gamry 的 Framework 软件中叫作"Surface Mode"。当 Surface 采样模式使用时，数据的结构重新获得如图 3-43 所示。

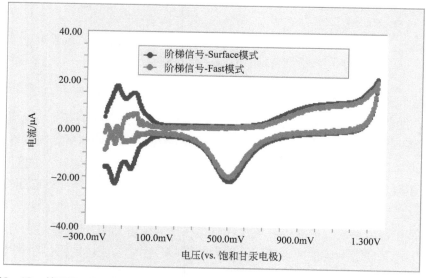

图3-43　使用Surface和Fast采样模式获得的多晶铂在硫酸溶液中的反应伏安曲线

（3）双电层电容

另一个需要仔细审查阶梯伏安法效果的例子是双电层电容的研究（或通常所

说的电容器）。理想电容器中，电流对施加的斜坡电压的响应是 $vC$，其中 $v$ 是扫描速率，$C$ 是电容。串联电阻（无论寄生的还是有意添加的）的效应也是局限在初期的增压时间的。稳态电流（即便考虑电阻时）可以很好地测量电容。

从前面章节提到的原因可知，当从一个阶梯信号伏安曲线中计算电容时，与系统的时间常数相比，阶梯的高度和宽度必须要注意。

我们用 36.2μF 电容器来举例阐明该问题。它的电容值是每平方厘米尺寸电极的正确数量级。100mV/s 时，该电容器期望的稳态电流为 3.6μA（36μF×0.1V/s）。

图 3-44 是模拟信号发生器生成的伏安曲线（扫描速率 100mV/s，采样频率 33.3Hz）与使用经典采样阶梯伏安法所得的数据（100mV/s，阶梯高度 3mV）的比较图。36μF 电容器时间常数比实验中采用的阶梯平台宽度小好几个数量级。因此，Fast 模式采样阶梯伏安法中测得的电流比模拟信号扫描所得要小得多。

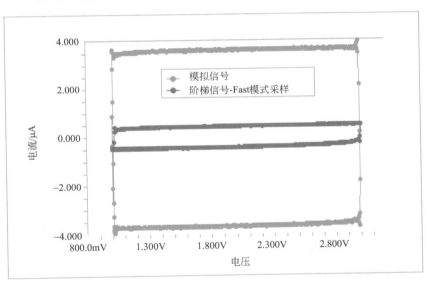

图3-44　电解电容器的CV曲线

使用 Gamry 的 Surface 模式采样，曲线恢复了所期望的 3.6μA，如图 3-45 所示（硬件设置与图 3-43 中所用的一致）。

（4）超级电容器和法拉第电流主导

阶梯伏安法和模拟扫描的差异性也不总是那么明显的。在本节中，我们就来看两个这样的例子。

第一个例子是电化学电容器。因为它们具有很大的电容量，一个阶梯后电流衰退的时间常数与阶梯平台的典型宽度相当。因此，模拟信号扫描和阶梯扫描的差异不明显，如图 3-46 所示。

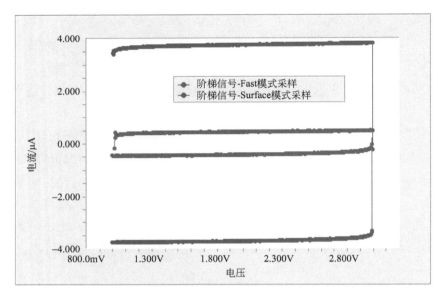

图3-45　36μF电容器CV曲线

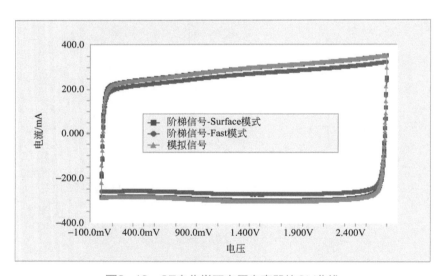

图3-46　3F电化学双电层电容器的CV曲线

　　第二个例子中，我们将使用 $Fe^{2+}/Fe^{3+}$ 氧化还原对。在典型的 CV 实验中，当法拉第电流是主导电流时，上述所说的效应也不明显。如图 3-47 所示，电流峰与采样模式无关。曲线中唯一与采样模式有关的部分是双电层电容充电的区域。在大约 $-300mV$ vs. SCE 的电位区，能看到采样模式不同所引起的差异。

　　综上所述，在许多的不同电化学测试中，阶梯信号伏安法可用于替代模拟信号扫描法。在表面限制效应（像氢吸附或双电层电容）为主导的例子中，必须注

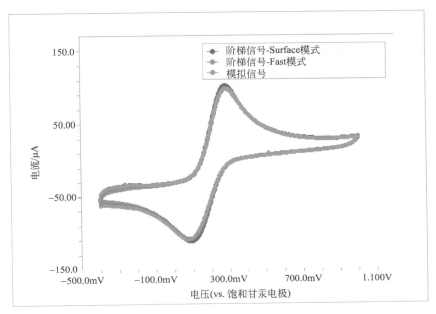

图3-47　亚铁氰化钾溶液的伏安曲线

意阶梯高度和持续时间的选择。在这些测试中，可以运用过采样和数据平均以减小使用阶梯信号所造成的差异。

## 3.4　电化学测试的国内外标准

各类电化学测试技术在电化学教育、科学研究、产品开发、质量评定、检测和验收等方面得到了越来越广泛的应用，因此，本书对电化学测试的国内外标准进行了收集、整理和分类，供电化学研究及测试人员参考。收集的标准主要有中华人民共和国国家标准、ASTM（American Society for Testing Materials，美国材料与试验协会）标准和 ISO（International Organization for Standardization，国际标准化组织）标准和其他标准。电化学测试涉及能源材料、电子元器件组件、金属材料、半导体材料的测试以及金属腐蚀的测试，现将这些电化学测试的标准整理如下。

### 3.4.1　电化学测试的国家标准（National standards for electrochemistry tests）

（1）GB/T 24488—2009　镁合金牺牲阳极电化学性能测试方法

（2）GB/T 23366—2009　钴酸锂电化学性能测试　放电平台容量比率及循环

寿命测试方法

（3）GB/T 23365—2009　钴酸锂电化学性能测试。

首次放电比容量及首次充放电效率测试方法。

（4）GB/T 8897.1—2013　原电池　第1部分：总则。

GB/T 8897 的本部分规定了原电池的电化学体系、尺寸、命名法、极端结构、标志、检验方法、性能、安全和环境等方面的要求，还规定了作为原电池分类工具的电化学体系的体系字母、电极、电解质、标称电压和最大开路电压。

本部分适用于确保不同制造商生产的电池具有标准化的形状、配合和功能，能互换。

（5）GB/T 8897.2—2013　原电池　第2部分：外形尺寸和电性能要求

本部分规定了电池的外形尺寸、放电检验条件、放电性能要求、检验规则、检验方法、抽样和质量保证、标志。本部分适用于所有电化学体系已标准化了的原电池。

（6）GB/T 29838—2013　燃料电池　模块

本标准提出燃料电池安全和性能最低要求，适用于下列电解质燃料电池模块：碱性；聚合物电解质（包括直接甲醇燃料电池）；磷酸；熔岩碳酸盐；固体氧化物；电解液。燃料电池模块含或不含封装，操作压力为常压及以上。

（7）GB/T 20042.1—2005　质子交换膜燃料电池　术语

本部分界定了质子交换膜燃料电池技术及其应用领域内使用的术语和定义。本部分适用于各种类型的质子交换膜燃料电池。

（8）GB/T 33978—2017　道路车辆用质子交换膜燃料电池模块

本标准规定了道路车辆用质子交换膜燃料电池模块的要求、试验设备、试验方法、检验规则及标识、包装、贮存和保管等。本标准适用于道路机动车辆用质子交换膜燃料电池模块（以下简称模块）。

（9）GB/T 32509—2016　全钒液流电池通用技术条件

本标准规定了全钒液流电池系统的技术要求、试验方法、检验规则、标志、使用说明书、包装、运输和贮存。本标准适用于各种规格的全钒液流电池系统。

（10）GB/T 33339—2016　全钒液流电池系统　测试方法

本标准规定了质子交换膜燃料电池备用电源系统相关的术语和定义、安全要求和保护性措施、型式试验、例行试验以及标识、标签和包装等方面的内容。

本标准适用于质子交换膜燃料电池备用电源系统（以下简称 PEMFC 备用电源系统），包括：一提供交流电或直流电的 PEMFC 备用电源系统；一使用氢气和空气作为反应气体的 PEMFC 备用电源系统。对安装场地的安全要求不在本标准中规定。

（11）GB/T 33979—2017　质子交换膜燃料电池发电系统低温特性测试方法

本标准规定了低温（零度以下）条件，质子交换膜燃料电池发电系统的通用安全要求、试验条件、试验平台、低温试验前的例行试验及低温试验方法和试验报告等。本标准适用于以空气为氧化剂的质子交换膜燃料电池发电系统低温（零度以下）条件的存储、启动、工作性能的试验。

（12）GB/T 33983.2—2017　直接甲醇燃料电池系统　第 2 部分：性能试验方法

GB/T 33983 的本部分规定了直接甲醇燃料电池系统在发电性能方面和环境适应性方面的试验项目和试验方法，把不同功率量级的直接甲醇燃料电池系统区分为Ⅰ级和Ⅱ级，并对它们所需的试验项目进行了区分。

（13）GB/T 36288—2018　燃料电池电动汽车　燃料电池堆安全要求

规定了燃料电池电动汽车用燃料电池堆在氢气安全、电气安全、机械结构等方面的安全要求

（14）GB/T 15142—2011　含碱性或其它非酸性电解质的蓄电池和蓄电池组方形排气式镉镍单体蓄电池

本标准规定了方形排气式镉镍单体蓄电池的标志、型号、外形尺寸、试验和要求。2012/7/1 实施。

（15）GB/T 18287—2013　移动电话用锂离子蓄电池及蓄电池组总规范

本标准规定了移动电话用锂离子蓄电池及蓄电池组的术语和定义、要求、试验方法、质量评定及标志、包装、运输和储存。本标准适用于移动电话用锂离子蓄电池（以下简称电池）及蓄电池组（以下简称电池组）。其他移动通信终端产品用锂离子电池及电池组可参照执行。2013/9/15 实施。

（16）GB/T 18288—2000　蜂窝电话用金属氢化物镍电池总规范

本规范规定了蜂窝电话用金属氢化物镍电池的定义、要求、测试方法和质量评定程序及标志、包装、运输、贮存。本规范适用于各种蜂窝电话用金属氢化物镍密封碱性蓄电池。2001/7/1 实施。

（17）GB/T 18289—2000　蜂窝电话用镉镍电池总规范

本规范规定了蜂窝电话用镉镍电池的定义、要求、测试方法、质量评定程序及标志、包装、运输、贮存。本规范适用于镉镍密封碱性蓄电池组成的各种蜂窝电话用电池。2001/7/1 实施。

（18）GB/T 8897.1—2013　原电池　第 1 部分：总则

GB/T 8897 的本部分规定了原电池的电化学体系、尺寸、命名法、极端结构、标志、检验方法、性能、安全和环境等方面的要求，还规定了作为原电池分类工具的电化学体系的体系字母、电极、电解质、标称电压和最大开路电压。本

部分适用于确保不同制造商生产的电池具有标准化的形状、配合和功能，能互换。2014/5/1 实施。

（19）GB/T 10077—2008　锂原电池分类、型号命名及基本特性

本标准规定了锂-氟化碳电池、锂-二氧化锰电池、锂-亚硫酰氯电池、锂-二硫化铁电池和锂-二氧化硫电池的分类、命名及基本特性。本标准适用于上述锂电池的生产、检测和验收。2009/5/1 实施。

（20）GB/T 20042.1—2017　质子交换膜燃料电池　第 1 部分：术语

本部分界定了质子交换膜燃料电池技术及其应用领域内使用的术语和定义。本部分适用于各种类型的质子交换膜燃料电池。2017/12/1 实施。

（21）GB/T 20155—2018　电池中汞、镉、铅含量的测定

本标准规定了电池中汞、镉、铅含量的检测方法。本标准适用于符合 GB/T 8897.2 并且单体电池质量不大于 200g 的小型密封式原电池中汞、镉、铅含量的测定。测定范围：汞含量 $0.05\mu g/g \sim 100mg/g$；镉含量 $1.0\mu g/g \sim 100mg/g$；铅含量 $5.0\mu g/g \sim 100mg/g$。注：各元素的测定范围下限随仪器精度性能和试料溶液制备时稀释倍数不同而不同。减小试料溶液总体积量或者增加试料称样量可以降低汞、镉、铅的测定范围下限。2018/12/28 实施。

（22）GB/T 8897.3—2013　原电池　第 3 部分：手表电池

本部分规定了手表用原电池的尺寸、型号命名、检验方法、要求及检验规则。本部分适用于多种检验方法时，制造商在出示电池的电性能和（或）其他性能数据时应说明采用何种检验方法。2014/5/1 实施。

（23）GB/T 15142—2011　含碱性或其它非酸性电解质的蓄电池和蓄电池组方形排气式镉镍单体蓄电池

本标准规定了方形排气式镉镍单体蓄电池的标志、型号、外形尺寸、试验和要求。2012/7/1 实施。

（24）GB/T 18289—2000　蜂窝电话用镉镍电池总规范

本规范规定了蜂窝电话用镉镍电池的定义、要求、测试方法、质量评定程序及标志、包装、运输、贮存。本规范适用于镉镍密封碱性蓄电池组成的各种蜂窝电话用电池。2001/7/1 实施。

（25）GB/T 18288—2000　蜂窝电话用金属氢化物镍电池总规范

本规范规定了蜂窝电话用金属氢化物镍电池的定义、要求、测试方法和质量评定程序及标志、包装、运输、贮存。本规范适用于各种蜂窝电话用金属氢化物镍密封碱性蓄电池。2001/7/1 实施。

（26）GB/T 10077—2008　锂原电池分类、型号命名及基本特性

本标准规定了锂-氟化碳电池、锂-二氧化锰电池、锂-亚硫酰氯电池、锂-二

硫化铁电池和锂-二氧化硫电池的分类、命名及基本特性。本标准适用于上述锂电池的生产、检测和验收。2009/5/1 实施。

（27）GB/T 18287—2013　移动电话用锂离子蓄电池及蓄电池组总规范

本标准规定了移动电话用锂离子蓄电池及蓄电池组的术语和定义、要求、试验方法、质量评定及标志、包装、运输和储存。本标准适用于移动电话用锂离子蓄电池（以下简称电池）及蓄电池组（以下简称电池组）。其他移动通信终端产品用锂离子电池及电池组可参照执行。2013/9/15 实施。

（28）GB/T 8897.1—2013　原电池　第 1 部分：总则

GB/T8897 的本部分规定了原电池的电化学体系、尺寸、命名法、极端结构、标志、检验方法、性能、安全和环境等方面的要求，还规定了作为原电池分类工具的电化学体系的体系字母、电极、电解质、标称电压和最大开路电压。本部分适用于确保不同制造商生产的电池具有标准化的形状、配合和功能，能互换。

注：符合附录 A 的电池方可进入或保留在 GB/T 8897《原电池》系列标准中。2014/5/1 实施。

（29）GB/T 31037.2—2014　工业起升车辆用燃料电池发电系统　第 2 部分：技术条件

GB/T 31037 的本部分规定了工业起升车辆用燃料电池发电系统的技术要求、试验方法、检验规则和技术文件。为在室内或室外使用的电动工业起升车辆提供动力的燃料电池动力系统包括燃料电池发电系统（简称发电系统）和能量存储模块。能量存储模块是指用来启动发电系统、帮助或补充燃料电池发电系统对内部或外部负载供电的电能储存装置，由铅酸电池、镍氢电池、锂离子电池、超级电容器或其他具有相应功能的能量存储模块组成。本部分仅涉及燃料电池发电系统部分的技术条件，不包括对能量存储模块的要求。

本部分涉及的工业起升车辆包括：平衡重式叉车、前移式叉车、插腿式叉车、托盘堆垛车、平台堆垛车、操作台可升降的车辆、侧面式叉车、越野叉车、侧面堆垛式叉车（两侧）、三向堆垛式叉车、堆垛用高起升跨车、托盘搬运车、平台搬运车、非堆垛低起升跨车、拣选车。本部分适用于以气态氢为燃料、空气为氧化剂的质子交换膜燃料电池发电系统。本部分考虑的危险情况仅限于因燃料电池发电系统发生非正常运行可能对发电系统自身造成损害时应采取的安全措施。

（30）GB/T 31036—2014　质子交换膜燃料电池备用电源系统　安全

本标准规定了质子交换膜燃料电池备用电源系统相关的术语和定义、安全要求和保护性措施、型式试验、例行试验以及标识、标签和包装等方面的内容。本标准适用于质子交换膜燃料电池备用电源系统（PEMFC 备用电源系统），包括：提供交流电压或直流电的 PEMFC 备用电源系统；使用氢气和空气作为反应气体的 PEMFC 备用电源系统。对安装场地的安全要求不在本标准中规定。本标准适用于设备周围环境无危险（未划分类别）区域中商用、工业用和家用的 PEMFC 备用电源系统。本标准仅考虑可能对 PEMFC 备用电源系统之外的人身、物体或环境造成伤害的危险情况，提出针对此类危险情况的安全规定要求，不包括可能对 PEMFC 备用电源系统自身造成伤害时应采取的安全措施。本部分中的必备条件并非旨在限制创新。当采用与本部分不同的材料、设计或制造时，它们应与本部分规定的安全和性能等同或水平相当。

（31）GB/T 31886.1—2015  反应气中杂质对质子交换膜燃料电池性能影响的测试方法  第 1 部分：空气中杂质

本标准规定了空气中的 $SO_2$、$NO_x$ 杂质气体对质子交换膜燃料电池性能影响方面的相关术语和定义、测试平台及仪器仪表要求、测试前的准备、测试方法及测试报告。本标准适用于燃料为纯氢（>99.9%）、氧化剂为空气的质子交换膜燃料电池单电池，即"燃料电池"。适用本标准所述测试方法的空气中杂质气体的体积分数不低于 $1\mu L/L$。

（32）GB/T 31886.2—2015  反应气中杂质对质子交换膜燃料电池性能影响的测试方法  第 2 部分：氢气中杂质

本标准规定了氢气中含有的一氧化碳（CO）杂质气体对质子交换膜燃料电池性能影响测试方法相关的术语和定义、测试平台及仪器仪表要求、测试前准备、测试方法及测试报告。本标准适用于质子交换膜燃料电池单电池即"燃料电池"。

适用本标准所述测试方法的氢气中杂质气体的体积分数不低于 $1\mu L/L$。

（33）GB/T 17899—1999  不锈钢点蚀电位测量方法

本标准规定了不锈钢点蚀电位测量方法的试样、试验溶液、试验仪器和设备、试验条件和步骤、试验结果和试验报告。本标准适用于动电位法测量不锈钢在中性 3.5% 氯化钠溶液中的点蚀电位。

（34）GB/T 18590—2001  金属和合金的腐蚀  点蚀评定方法

本标准规定了用于选择识别、检查蚀坑及评价点腐蚀方法的导则。

（35）GB/T 23520—2009  阴极保护用铂 / 铌复合阳极板

本标准规定了船舰阴极保护用 Pt/Nb 复合阳极板的要求、试验方法、检验规则及标志、包装、运输、贮存、订货单（或合同）内容等。

（36）GB/T 17005—1997  滨海设施外阴极保护系统

本标准规定了滨海设施外加电流阴极保护系统的设计指标、技术要求、系统设计、验收规则、运行与维护、保护效果检测等。本标准适用于海水管道、海水水泵、凝汽器、浮船坞等滨海设施的外加电流阴极保护。对海水系统其他装置及输送海淡水、高含盐水的循环系统和水中设施的外加电流阴极保护亦可参照使用。

（37）GB/T 16166—2013　滨海电厂海水冷却系统牺牲阳极阴极保护

本标准规定了滨海电厂海水冷却水系统在海水和土壤环境中牺牲阳极阴极保护的设计准则、安装、验收、保护效果检测及更换等。

本标准适用于滨海电厂海水冷却水系统牺牲阳极阴极保护。对滨海其它化工厂、河口电厂和高电导率地下水地区的内陆电厂冷却水系统牺牲阳极阴极保护亦可参照使用。

（38）GB/T 21246—2007　埋地钢质管道阴极保护参数测量方法

本标准规定了埋地钢质管道阴极保护参数的现场测量方法。本标准适用于埋地钢质管道阴极保护参数的现场测量。钢质储罐外底板、滩海钢质管道和结构的阴极保护参数测量可参照采用。

（39）GB/T 21448—2017　埋地钢质管道阴极保护技术规范

本标准规定了埋地钢质管道阴极保护设计、施工、测试与管理的最低技术要求。本标准适用于埋地钢质油、气、水管道的外壁阴极保护，其他埋地钢质管道可参照执行。

（40）GB/T 17899—1999　不锈钢点蚀电位测量方法

本标准规定了不锈钢点蚀电位测量方法的试样、试验溶液、试验仪器和设备、试验条件和步骤、试验结果和试验报告。本标准适用于动电位法测量不锈钢在中性 3.5% 氯化钠溶液中的点蚀电位。

（41）GB/T 18590—2001　金属和合金的腐蚀　点蚀评定方法

本标准规定了用于选择识别、检查蚀坑及评价点腐蚀方法的导则。

（42）GB/T 15748—2013　船用金属材料电偶腐蚀试验方法

本标准规定了船用金属材料电偶腐蚀试验的试样制备、试验仪器、试验条件、试验步骤及试验结果的评定方法。本标准适用于实验室条件下两种不同船用金属在人造海水、天然海水或 3.5% 的氯化钠溶液中电连接状态下电偶腐蚀试验。对于海洋工程和其他工业设备用金属材料电偶腐蚀试验和现场条件下的电偶腐蚀试验也可参照使用。

（43）GB/T 24196—2009　金属和合金的腐蚀　电化学试验方法　恒电位和动电位极化测量导则

本标准规定了金属和合金的腐蚀，实施恒电位和动电位极化测量方法。本标准适用于表征阳极和阴极反应的电化学动力学特征，局部腐蚀开始和金属再钝化行为。

（44）GB/T 35509—2017　油气田缓蚀剂的应用和评价

本标准规定了油气田地面集输系统用缓蚀剂的评价方法和现场应用。本标准适用于油气田地面集输系统用缓蚀剂的筛选评价和应用。

（45）GB/T 3108—1999　船体外加电流阴极保护系统

本标准规定了船体外加电流阴极保护系统的要求、系统设计、试验方法和检验规则等。本标准适用于钢质海船船体浸水部分防腐蚀所采用的外加电流阴极保护系统的设计和检验。

（46）GB/T 3855—2013　海船牺牲阳极阴极保护设计及安装

本标准规定了海船牺牲阳极阴极保护的设计准则、设计方法、安装要求和检测。

本标准适用于钢质海船浸入海水中的船体、附体和压载水舱等牺牲阳极阴极保护的设计和安装。

（47）GB/T 17005—1997　滨海设施外加电流阴极保护系统

本标准规定了滨海设施外加电流阴极保护系统的设计指标、技术要求、系统设计、验收规则、运行与维护、保护效果检测等。本标准适用于海水管道、海水水泵、凝汽器、浮船坞等滨海设施的外加电流阴极保护。对海水系统其他装置及输送海淡水、高含盐水的循环系统和水中设施的外加电流阴极保护亦可参照使用。

（48）GB/T 17848—1999　牺牲阳极电化学性能试验方法

本标准规定了采用常规试验法和加速试验法测试牺牲阳极电化学性能的试验装置、试样制备、试验条件、试验程序和试验结果的表示方法。本标准适用于测试锌合金、铝合金、镁合金牺牲阳极在海水中的电化学性能，以及测试镁合金牺牲阳极在模拟土壤中的电化学性能，对其他类型的牺牲阳极电化学性能的测试也可参照使用。

（49）GB/T 21246—2007　埋地钢质管道阴极保护参数测量方法

本标准规定了埋地钢质管道阴极保护参数的现场测量方法。本标准适用于埋地钢质管道阴极保护参数的现场测量。钢质储罐外底板、滩海钢质管道和结构的阴极保护参数测量可参照采用。

（50）GB/T 21448—2017　埋地钢质管道阴极保护技术规范

本标准规定了陆上埋地钢质管道（以下简称管道）外表面阴极保护系统设计、施工、测试、管理与维护的最低技术要求。本标准适用于陆上埋地钢质油、气、水管道。

（51）GB/T 33378—2016　阴极保护技术条件

本标准规定了阴极保护系统的评价、设计、施工、运行和维护。本标准适用于钢质构筑物的阴极保护，其他金属构筑物的阴极保护也可参照使用。

（52）GB/T 4334—2008 金属和合金的腐蚀　不锈钢晶间腐蚀试验方法

本标准规定了不锈钢晶间腐蚀试验方法的试样、试验溶液、试验设备、试验条件和步骤、试验结果的评定及试验报告。本标准适用于检验不锈钢晶间腐蚀。

## 3.4.2　电化学测试的 ASTM 标准（ASTM standards for electro-chemistry tests）

（1）ASTM B764—94（2003）Standard Test Method for Simultaneous Thickness and Electrochemical Potential Determination of Individual Layers in Multilayer Nickel Deposit（STEP Test）

ASTM B764—94（2003）多层镍沉积中单层厚度和电化学电位同时测定的标准试验方法（阶梯试验）

（2）ASTM B667—97（2014）Standard Practice for Construction and Use of a Probe for Measuring Electrical Contact Resistance

ASTM B667—97（2014）用于测量电接触电阻探针的构造和使用的标准实施规范

（3）ASTM B504—90（2017）Standard Test Method for Measurement of Thickness of Metallic Coatings by the Coulometric Method

ASTM B504—90（2017）用库仑法测量金属涂层厚度的标准试验方法

（4）ASTM B826—09（2015）Standard Test Method for Monitoring Atmospheric Corrosion Tests by Electrical Resistance Probes

ASTM B826—09（2015）用电阻探针监测大气腐蚀试验的标准试验方法

（5）ASTM C876—15 Standard Test Method for Corrosion Potentials of Uncoated Reinforcing Steel in Concrete

ASTM C876—15 混凝土中无涂层钢筋腐蚀电位的标准试验方法

（6）ASTM D7607/D7607M-11e1 Standard Test Method for Analysis of Oxygen in Gaseous Fuels（Electrochemical Sensor Method）

ASTM D7607 / D7607M-11e1 气体燃料中氧分析的标准试验方法（电化学传感器法）

（7）ASTM D7493—14（2018）Standard Test Method for Online Measurement of Sulfur Compounds in Natural Gas and Gaseous Fuels by Gas Chromatograph and Electrochemical Detection

ASTM D7493—14（2018）气相色谱仪和电化学检测在线测量天然气和气体燃料中硫化合物的标准试验方法

（8）ASTM D888—18 Standard Test Methods for Dissolved Oxygen in Water

ASTM D888—18 水中溶解氧的标准试验方法

（9）ASTM D7677—16 Standard Test Method for the Continuous Measurement of Dissolved Ozone in Low Conductivity Water

ASTM D7677—16 连续测量低电导率水中溶解臭氧的标准试验方法

（10）ASTM D5462—13 Standard Test Method for On-Line Measurement of Low-Level Dissolved Oxygen in Water

ASTM D5462—13 在线测量水中低浓度溶解氧的标准试验方法

（11）ASTM D7527—10（2018）Standard Test Method for Measurement of Antioxidant Content in Lubricating Greases by Linear Sweep Voltammetry

ASTM D7527—10（2018）线性扫描伏安法测定润滑脂中抗氧化剂含量的标准试验方法

（12）ASTM D1159—07（2017）Standard Test Method for Bromine Numbers of Petroleum Distillates and Commercial Aliphatic Olefins by Electrometric Titration

ASTM D1159—07（2017）电位滴定法测定石油馏分和商业脂肪族烯烃的溴值的标准试验方法

（13）ASTM D6447—09（2014）Standard Test Method for Hydroperoxide Number of Aviation Turbine Fuels by Voltammetric Analysis

ASTM D6447—09（2014）伏安分析法测定航空涡轮燃料中氢过氧化物数的标准试验方法

（14）ASTM D1498—14 Standard Test Method for Oxidation-Reduction Potential of Water

ASTM D1498—14 水的氧化还原电位的标准试验方法

（15）ASTM D5015—15 Standard Test Method for pH of Atmospheric Wet Deposition Samples by Electrometric Determination

ASTM D5015—15 电测法测定大气湿沉积样品 pH 的标准试验方法

（16）ASTM D6971—09（2014）Standard Test Method for Measurement of Hindered Phenolic and Aromatic Amine Antioxidant Content in Non-zinc Turbine Oils by Linear Sweep Voltammetry

ASTM D6971—09（2014）线性扫描伏安法测量非锌涡轮机油中受阻酚和芳香胺抗氧化剂含量的标准试验方法

（17）ASTM D7590—09（2014）Standard Guide for Measurement of Remaining Primary Antioxidant Content In In-Service Industrial Lubricating Oils by Linear Sweep Voltammetry

ASTM D7590—09（2014）线性扫描伏安法测定服役工业润滑油中剩余初级抗氧化剂含量的标准指南

（18）ASTM D2710—09（2018）Standard Test Method for Bromine Index of Petroleum Hydrocarbons by Electrometric Titration

ASTM D2710—09（2018）电滴定法测定石油碳氢化合物溴指数的标准试验方法

（19）ASTM D6208—07（2014）Standard Test Method for Repassivation Potential of Aluminum and Its Alloys by Galvanostatic Measurement

ASTM D6208—07（2014）恒电流技术测量铝及其合金再钝化电位的标准试验方法

（20）ASTM D6810—13 Standard Test Method for Measurement of Hindered Phenolic Antioxidant Content in Non-Zinc Turbine Oils by Linear Sweep Voltammetry

线性扫描伏安法测量非锌涡轮机油中受阻酚类抗氧化剂含量的标准试验方法

（21）ASTM D5776—14a Standard Test Method for Bromine Index of Aromatic Hydrocarbons by Electrometric Titration

ASTM D5776—14a 电滴定法测定芳烃溴指数的标准试验方法

（22）ASTM D6920—07 Standard Test Method for Total Sulfur in Naphthas, Distillates, Reformulated Gasolines, Diesels, Biodiesels, and Motor Fuels by Oxidative Combustion and Electrochemical Detection

ASTM D6920—07 氧化燃烧和电化学检测法测定石脑油、蒸馏油、重整汽油、柴油、生物柴油和发动机燃料中总硫的标准试验方法

（23）ASTM E2865—12（2018）Standard Guide for Measurement of Electro-phoretic Mobility and Zeta Potential of Nanosized Biological Materials

ASTM E2865—12（2018）纳米生物材料电泳迁移率和 Zeta 电位测量标准指南

（24）ASTM E1775—96 Standard Guide for Evaluating Performance of On-Site Extraction and Field-Portable Electrochemical or Spectrophotometric Analysis for Lead

ASTM E1775—96 评估铅的现场提取和现场便携式电化学或分光光度分析性能的标准指南

（25）ASTM E1775—07（2016）Standard Guide for Evaluating Performance of On-Site Extraction and Field-Portable Electrochemical or Spectrophotometric Analysis for Lead

ASTM E1775—07（2016）铅的现场提取和现场便携式电化学或分光光度分析性能评估标准指南

（26）ASTM F746—04（2014）Standard Test Method for Pitting or Crevice Corrosion of Metallic Surgical Implant Materials

ASTM F746—04（2014）金属外科植入材料点蚀或缝隙腐蚀的标准测试方法

（27）ASTM F2129—17b Standard Test Method for Conducting Cyclic Potentiodynamic

Polarization Measurements to Determine the Corrosion Susceptibility of Small Implant Devices

ASTM F2129—17b 循环动电位极化技术测量确定小型植入设备的腐蚀敏感性的标准试验方法

（28）ASTM F3044—14 Test Method for Evaluating the Potential for Galvanic Corrosion for Medical Implants

ASTM F3044—14 评估医疗植入物电偶腐蚀电位的试验方法

（29）ASTM F1113—87（2017）Standard Test Method for Electrochemical Measurement of Diffusible Hydrogen in Steels（Barnacle Electrode）

ASTM F1113—87（2017）钢中可扩散氢的电化学测量的标准测试方法（巴纳克尔电极）

（30）ASTM G199—09（2014）Standard Guide for Electrochemical Noise Measurement

ASTM G199—09（2014）电化学噪声测量标准指南

（31）ASTM G3—14 Standard Practice for Conventions Applicable to Electrochemical Measurements in Corrosion Testing

ASTM G3—14 适用于腐蚀试验中电化学测量惯例的标准实施规范

（32）ASTM G106—89（2015）Standard Practice for Verification of Algorithm and Equipment for Electrochemical Impedance Measurements

ASTM G106—89（2015）电化学阻抗测量算法和设备验证的标准实施规范

（33）ASTM G96—90（2018）Standard Guide for Online Monitoring of Corrosion in Plant Equipment（Electrical and Electrochemical Methods）

ASTM G96—90（2018）在线监测工厂设备腐蚀的标准指南（电气和电化学方法）

（34）ASTM G102—89（2015）e1 Standard Practice for Calculation of Corrosion Rates and Related Information from Electrochemical Measurements

ASTM G102—89（2015）e1 电化学测量中腐蚀速率和相关信息计算的标准实施规范

（35）ASTM G150—18 Standard Test Method for Electrochemical Critical Pitting Temperature Testing of Stainless Steels and Related Alloys

ASTM G150—18 不锈钢和相关合金的电化学临界点蚀温度测试的标准试验方法

（36）ASTM G148—97（2018）Standard Practice for Evaluation of Hydrogen Uptake, Permeation, and Transport in Metals by an Electrochemical Technique

ASTM G148—97（2018）电化学技术评估金属中氢吸收、渗透和传输的标准实施规范

（37）ASTM G108—94（2015）Standard Test Method for Electrochemical Reactivation（EPR）for Detecting Sensitization of AISI Type 304 and 304L Stainless Steels

ASTM G108—94（2015）用于检测 AISI 304 和 304L 不锈钢敏化的电化学再活化（EPR）的标准试验方法

（38）ASTM G59—97（2014）Standard Test Method for Conducting Potentiodynamic Polarization Resistance Measurements

ASTM G59—97（2014）动电位极化电阻测量的标准试验方法

（39）ASTM G100—89（2015）Standard Test Method for Conducting Cyclic Galvanostaircase Polarization

ASTM G100—89（2015）循环电流阶跃极化测试标准试验方法

（40）ASTM G71—81（2014）Standard Guide for Conducting and Evaluating Galvanic Corrosion Tests in Electrolytes

ASTM G71—81（2014）测试和评估电解质中电偶腐蚀的标准指南

（41）ASTM G180—13 Standard Test Method for Corrosion Inhibiting Admixtures for Steel in Concrete by Polarization Resistance in Cementitious Slurries

ASTM G180—13 水泥质浆料中极化阻力法测试混凝土中碳钢缓蚀剂的标准试验方法

（42）ASTM G61—86（2018）Standard Test Method for Conducting Cyclic Potentiodynamic Polarization Measurements for Localized Corrosion Susceptibility of Iron-, Nickel-, or Cobalt-Based Alloys

ASTM G61—86（2018）铁、镍或钴基合金局部腐蚀敏感性的循环动电位极化测量的标准试验方法

（43）ASTM G69—12 Standard Test Method for Measurement of Corrosion Potentials of Aluminum Alloys

ASTM G69—12 测量铝合金腐蚀电位的标准试验方法

（44）ASTM G82—98（2014）Standard Guide for Development and Use of a Galvanic Series for Predicting Galvanic Corrosion Performance

ASTM G82—98（2014）预测电偶腐蚀性能的电偶序发展和使用标准指南

（45）ASTM G185—06（2016）Standard Practice for Evaluating and Qualifying Oil Field and Refinery Corrosion Inhibitors Using the Rotating Cylinder Electrode

ASTM G185—06（2016）旋转圆柱电极法评价油田和炼油厂缓蚀剂的标准实施规范

（46）ASTM G57—06（2012）Standard Test Method for Field Measurement of Soil Resistivity Using the Wenner Four-Electrode Method

ASTM G57—06（2012）使用温纳四电极法现场测量土壤电阻率的标准试验方法

（47）ASTM G200—09（2014）Standard Test Method for Measurement of Oxidation-Reduction Potential（ORP）of Soil

ASTM G200—09（2014）土壤氧化还原电位（ORP）测量的标准试验方法

（48）ASTM G215—17 Standard Guide for Electrode Potential Measurement

ASTM G215—17 电极电位测量标准指南

（49）ASTM G192—08（2014）Standard Test Method for Determining the Crevice Repassivation Potential of Corrosion-Resistant Alloys Using a Potentiodynamic-Galvanostatic-Potentiostatic Technique

ASTM G192—08（2014）动电位–恒电流–恒电位技术测定耐蚀合金缝隙再钝化电位的标准试验方法

（50）ASTM G5—14e1 Standard Reference Test Method for Making Potentiodynamic Anodic Polarization Measurements

ASTM G5—14e1 动电位阳极极化测量的标准参考试验方法

（51）ASTM G215—16 Standard Guide for Electrode Potential Measurement

（52）ASTM G71—81（2009）Standard Guide for Conducting and Evaluating Galvanic Corrosion Tests in Electrolytes

ASTM G71—81（2009）电解液中电偶腐蚀试验的标准指南

（53）ASTM G116—99（2010）Standard Practice for Conducting Wire-on-Bolt Test for Atmospheric Galvanic Corrosion

ASTM G116—99（2010）Wire-on-Bolt 技术测试大气电偶腐蚀的标准实施规范

## 3.4.3 电化学测试中的 ISO 标准（ISO standards for electrochemistry tests）

（1）ISO/CD 22410 Electrochemical measurement of ion transfer resistance and characterization of Patina Rust on weathering steel

ISO / CD 22410 离子转移电阻和耐候钢铜锈特征的电化学测量

（2）ISO 16773-1:2016 Electrochemical impedance spectroscopy（EIS）on coated and uncoated metallic specimens—Part 1: Terms and definitions

（3）ISO 16773-1：2016 有涂层和无涂层金属试样的电化学阻抗谱（EIS）

第 1 部分：术语和定义

ISO 16773-2:2016 Electrochemical impedance spectroscopy（EIS）on coated and uncoated metallic specimens—Part 2: Collection of data

ISO 16773-2:2016 有涂层和无涂层金属试样的电化学阻抗谱（EIS）　第 2 部分：数据采集

（4）ISO 16773-3:2016 Electrochemical impedance spectroscopy（EIS）on coated and uncoated metallic specimens—Part 3: Processing and analysis of data from dummy cells

ISO 16773-3:2016 有涂层和无涂层金属试样的电化学阻抗谱（EIS）　第 3 部分：模拟电池数据的处理和分析

（5）ISO 16773-4:2017 Electrochemical impedance spectroscopy（EIS）on coated and uncoated metallic specimens—Part 4: Examples of spectra of polymer-coated and uncoated specimens

ISO 16773-4：2017 有涂层和无涂层金属试样的电化学阻抗谱（EIS）　第 4 部分：有聚合物涂层和无涂层试样的谱例

（6）ISO 13129:2012 Paints and varnishes—Electrochemical measurement of the protection provided to steel by paint coatings—Current interrupter（CI）technique, relaxation voltammetry（RV）technique and DC transient（DCT）measurements

ISO 13129:2012 涂料和清漆　有涂漆保护钢的电化学测量　电流中断（CI）技术，弛豫伏安（RV）技术和直流暂态（DCT）测量

（7）ISO 15724:2001 Metallic and other inorganic coatings—Electrochemical measurement of diffusible hydrogen in steels—Barnacle electrode method

ISO 15724:2001　金属和其他无机涂镀层　钢中渗氢的电化学测量　Barnacle 电极法

（8）ISO 12732:2006 Corrosion of metals and alloys—Electrochemical potentiokinetic reactivation measurement using the double loop method（based on Cihal's method）

ISO 12732:2006 金属和合金的腐蚀　双环法测量电化学动电位再活化（基于 Cihal 法）

（9）ISO 17475:2005 Corrosion of metals and alloys—Electrochemical test methods—Guidelines for conducting potentiostatic and potentiodynamic polarization measurements

ISO 17475:2005　金属和合金腐蚀　电化学测试方法　恒电位和动电位极化测量指南

（10）ISO 5814:2012 Water quality—Determination of dissolved oxygen—

Electrochemical probe method

ISO 5814:2012 水质 溶解氧的测定 电化学探针法

（11）ISO/AWI TS 21412 Nanotechnologies—Nanostructured layers for enhanced electrochemical bio-sensing applications—Characteristics and measurements

ISO/AWI TS 21412 纳米技术 增强电化学生物传感应用的纳米结构层 特性和测量

（12）ISO 10359-1:1992 Water quality—Determination of fluoride—Part 1: Electrochemical probe method for potable and lightly polluted water

ISO 10359-1:1992 水质 氟化物的测定 第 1 部分：饮用水和轻度污染水的电化学探针法

（13）ISO 17474:2012 Corrosion of metals and alloys—Conventions applicable to electrochemical measurements in corrosion testing

ISO 17474:2012 金属和合金的腐蚀 适用于腐蚀试验中电化学测量的惯例

（14）ISO/CD 22910 Corrosion of metals and alloys—Measurement of the Electrochemical Critical Localized Corrosion Temperature（E-CLCT）for Stacked Ti Alloys Fabricated by the Additive Manufacturing Method

ISO/CD 22910 金属和合金的腐蚀 添加剂生成法构建的多层钛合金法测量电化学临界局部腐蚀温度

（15）ISO/CD 22858 Test Method for Monitoring Atmospheric Corrosion Rate by Electrochemical Measurements

ISO/CD 22858 电化学测量监测大气腐蚀速率的试验方法

（16）ISO 17093:2015 Corrosion of metals and alloys—Guidelines for corrosion test by electrochemical noise measurements

ISO 17093：2015 金属和合金的腐蚀 电化学噪声测量的腐蚀试验指南

（17）ISO 16525-8:2014 Adhesives—Test methods for isotropic electrically conductive adhesives—Part 8: Electrochemical-migration test methods

ISO 16525-8:2014 粘合剂 各向同性导电粘合剂的试验方法 第 8 部分：电化学迁移试验方法

（18）ISO 7240-6:2011 Fire detection and alarm systems—Part 6: Carbon monoxide fire detectors using electro-chemical cells

ISO 7240-6:2011 火灾探测和报警系统 第 6 部分：使用电化学电池的一氧化碳火灾探测器

（19）ISO/TR 16208:2014 Corrosion of metals and alloys—Test method for corrosion of materials by electrochemical impedance measurements

ISO/TR 16208:2014 金属和合金的腐蚀　电化学阻抗技术测量材料腐蚀试验方法

（20）ISO 6145-11:2005 Gas analysis—Preparation of calibration gas mixtures using dynamic volumetric methods—Part 11: Electrochemical generation

ISO 6145-11:2005 气体分析　动态容量法制备标准气体混合物　第 11 部分：电化学生成

（21）ISO 9455-17:2002 Soft soldering fluxes—Test methods—Part 17: Surface insulation resistance comb test and electrochemical migration test of flux residues

ISO 9455-17:2002 软焊剂　试验方法　第 17 部分：焊剂残留物的表面绝缘电阻梳试验和电化学迁移试验

（22）ISO 17463:2014 Paints and varnishes—Guidelines for the determination of anticorrosive properties of organic coatings by accelerated cyclic electrochemical technique

ISO 17463:2014 涂料和清漆　加速循环电化学技术测定有机涂层防腐性能指南

（23）ISO 17081:2014 Method of measurement of hydrogen permeation and determination of hydrogen uptake and transport in metals by an electrochemical technique

ISO 17081:2014 电化学技术测定金属中氢渗透和氢的吸收与迁移方法

（24）ISO 15329:2006 Corrosion of metals and alloys—Anodic test for evaluation of intergranular corrosion susceptibility of heat-treatable aluminium alloys

ISO 15329:2006 金属与合金腐蚀　阳极测试评估可热处理铝合金的晶间腐蚀敏感性

（25）ISO 12183:2016 Nuclear fuel technology—Controlled-potential coulometric assay of plutonium

ISO 12183:2016 核燃料技术　可控电位库仑法测量钚

（26）ISO 11271:2002 Soil quality—Determination of redox potential—Field method

ISO 11271:2002 土壤质量　氧化还原电位测定　现场试验法

（27）ISO 17546:2016 Space systems—Lithium ion battery for space vehicles—Design and verification requirements

ISO 17546:2016 空间系统　空间飞行器锂离子电池　设计和验证要求

（28）ISO 22734-1:2008 Hydrogen generators using water electrolysis process—Part 1: Industrial and commercial applications

ISO 22734 - 1:2008 水电解制氢发电机　第 1 部分：工业和商业应用

（29）ISO 22734-2:2011 Hydrogen generators using water electrolysis process—Part 2: Residential applications

ISO 22734 - 2:2011 水电解制氢发电机　第 2 部分：住宅应用

（30）ISO 4536:1985 Metallic and non-organic coatings on metallic substrates—Saline droplets corrosion test（SD test）

ISO 4536:1985 金属基体上金属和非有机涂层　盐水滴腐蚀试验（SD 测试）

（31）ISO 16428:2005 Implants for surgery—Test solutions and environmental conditions for static and dynamic corrosion tests on implantable materials and medical devices

ISO 16428:2005 外科手术植入物　测试可植入材料和医疗设备静态和动态腐蚀试验的试验溶液和环境状态

（32）ISO 16429:2004 Implants for surgery—Measurements of open-circuit potential to assess corrosion behaviour of metallic implantable materials and medical devices over extended time periods

ISO 16429:2004 外科手术植入物　开路电位测量评估金属植入材料的腐蚀行为和医疗设备的使用期限

（33）ISO 1431-3:2017 Rubber, vulcanized or thermoplastic—Resistance to ozone cracking—Part 3: Reference and alternative methods for determining the ozone concentration in laboratory test chambers

ISO 1431-3:2017 橡胶、硫化或热塑性塑料　耐臭氧破裂　第 3 部分：确定实验室测试室内臭氧浓度的参考和替代法

（34）ISO 19280:2017 Corrosion of metals and alloys—Measurement of critical crevice temperature for cylindrical crevice geometries in ferric chloride solution

ISO 19280:2017 金属和合金腐蚀　临界裂缝温度测量圆柱裂隙几何图形在氯化铁溶液

（35）ISO 18070:2015 Corrosion of metals and alloys—Crevice corrosion formers with disc springs for flat specimens or tubes made from stainless steel

ISO 18070:2015 金属和合金的腐蚀　不锈钢制平板碟形弹簧或管的缝隙腐蚀成型器

### 3.4.4　电化学测试中的其他标准

不同的国家、不同的组织等都会制定系列标准，很多和电化学相关。尤其最近几年锂电池、燃料电池等领域。下面的一些标准是关于安全或者相应电化学测试的汇总。

### 3.4.4.1　欧盟

（1）IEC 62133-1:2017 Secondary cells and batteries containing alkaline or other non-acid electrolytes—Safety requirements for portable sealed secondary cells, and for batteries made from them, for use in portable applications - Part 1: Nickel systems

二次电池和碱性或其他非酸电解质电池　便携式密封二次电池及其制成的便携设备上的电池组的安全要求　第 1 部分：镍电池体系

（2）IEC 62133-2:2017 Secondary cells and batteries containing alkaline or other non-acid electrolytes—Safety requirements for portable sealed secondary lithium cells，and for batteries made from them，for use in portable applications-Part 2:Lithium systems

二次电池和碱性或其他非酸电解质电池　便携式密封二次电池及其用于便携设备上的电池组的安全要求　第 2 部分：锂电池体系

（3）IEC 60950-1:2001 Information technology equipment-Safety-Part 1: General requirements

信息技术设备　安全　第 1 部分：一般要求

（4）IEC 60086-1:2011 Primary batteries—Part 1:General

原电池　第 1 部分：通用

（5）IEC 60086-2:2015 IEC 60086-2 Primary batteries. Part 2：Physical and electrical specifications

原电池　第 2 部分：物理和电气规范

（6）IEC 60086-4:2014 Primary batteries—Part 4：Safety of lithium batteries

原电池　第 4 部分：锂电池的安全

（7）IEC 60086-5:2016 Primary batteries—Part 5:Safety of batteries with aqueous electrolyte

原电池　第 5 部分：水性电解质电池的安全

（8）IEC/EN 61951-1 Secondary cells and batteries containing alkaline or other non-acid electrolytes—Portable sealed rechargeable single cells

二次电池和碱性或其他非酸电解质电池　便携式密封可充电单电池　Part 1:Nickel-cadmium（IEC 61951-1:2013）

（9）IEC/ EN 61951-2 Secondary cells and batteries containing alkaline or other non-acid electrolytes—Portable sealed rechargeable single cells—Part 2: Nickel-metal hydride IEC 61951- 2:2003

二次电池和碱性或其他非酸电解质电池　便携式密封可充电单电池　第 2 部

分镍氢 IEC 61951-2:2003

（10）IEC/EN 62282 Fuel cell technologies—Part 3-100:Stationary fuel cell power systems-Safety

燃料电池技术　第 3-100 部分：固定式燃料电池动力系统—安全

（11）IEC/ EN 61056-1 General purpose lead-acid batteries（valve-regulated types）Part 1: General requirements，functional characteristics—Methods of test IEC 61056-1:2002

通用铅酸蓄电池（阀控型）　第 1 部分：一般要求，功能特性—试验方法

（12）IEC/EN 61056-2 General purpose lead-acid batteries（valve-regulated types）—Part 2: Dimensions，terminals and marking

通用铅酸蓄电池（阀控型）　第 2 部分：尺寸、端子和标记

（13）IEC/ EN 60896-21 Stationary lead-acid batteries-Part 21: Valve regulated types—Methods of test

固定式铅酸蓄电池　第 21 部分：阀门调节型　试验方法

（14）IEC 60896-22 Ed. 1.0 Stationary lead-acid batteries-Part 22: Valve regulated types-Requirements

固定式铅酸蓄电池　第 22 部分：阀门调节型　要求

（15）2006/66/EC On batteries and accumulators and waste batteries and accumulators and repealing directive 91/157/EEC.2006.09.06

基于 91/157/EEC 电池和蓄电池及废电池和蓄电池指令修正（2006.09.06）

（16）IEC 61960-1:2000 Secondary lithium cells and batteries for portable applications—Part 1: Secondary lithium cells

二次锂电池和便携式设备使用的电池　第 1 部分：二次锂电池

（17）IEC 61960-2:2001 Secondary lithium cells and batteries for portable applications—Part 2: Secondary lithium batteries

二次锂电池和便携式设备使用的电池　第 2 部分：二次锂电池组

（18）IEC 61960-3:2017 Secondary cells and batteries containing alkaline or other non-acid electrolytes—Secondary lithium cells and batteries for portable applications—Part 3: Prismatic and cylindrical lithium secondary cells and batteries made from them

二次电池和碱性或其他非酸电解质电池组　二次锂电池和便携式设备使用的电池组　第 3 部分：圆柱形和棱柱形锂二次电池及其制成的电池组。

### 3.4.4.2　美国

（1）UL1642 Standard for lithium batteries purchase.
锂电池购买标准。

（2）UL2054 Standard for household and commercial batteries purchase

家用和商用电池购买标准。

（3）UL2580 Standard for safety for batteries for use in electric vehicles

电动汽车用电池安全标准。

（4）IEEE 1625 IEEE standard for rechargeable batteries for multi-cell mobile computing devices

用于多电池移动计算设备的可充电电池的标准。

（5）IEEE 1725 IEEE standard for rechargeable batteries for cellular telephones

移动电话用可再充电电池标准。

（6）ANSI C18.1M Part 2 Portable Primary Cells and Batteries with Aqueous Electrolyte-Safety Standard

有水溶电解质的便携式原电池和蓄电池组——安全标准。

（7）ANSI C18.2M Part 2 ANSI C18.2M Part 2 Portable rechargeable cells and batteries-Safety standard

便携式充电电池和蓄电池组——安全标准。

（8）ANSI C18.3M Part 2 ANSI C18.3M，Part 2—2003 American national standard for portable lithium primary cells and batteries—Safety standard

第2部分：便携式锂原电池和电池组美国国家标准——安全标准。

（9）IEEE 1679—2010 IEEE Standard 1679—2010 IEEE Guide for control architecture for high power electronics（1 MW and Greater）used in electric power transmission and distribution systems

用于电力传输和配电系统的大功率电子设备（1MW 及以上）控制架构指南。

### 3.4.4.3　日本

（1）JIS C 8712 JIS C 8712—2006 Safety requirements for portable sealed secondary cells，and batteries made from them，for use in portable applications

便携设备上使用的密封二次电池及其电池组的安全要求。

（2）JIS C 8714 Safety tests for portable Lithium ion secondary cells and batteries for use in portable electronic applications

便携式电子产品使用的锂离子二次电池和电池组的安全性能测试。

## 3.5　国内外典型电化学实验汇总

编写本书之前，搜集了大量国内外的电化学实验教科书，对各类电化学实验题目进行了认真的研究和讨论，最后筛选出一些典型的电化学实验题目，确定了本书的主要实验题目。一本电化学实验教科书不可能将所有电化学实验题目均编入在内，根据不同读者的需求，本书将这些实验题目提供给有需求的读者，若有读者对其中的某些实验感兴趣，可以与本书作者联系。

## 3.5.1　基础电化学实验

实验 1　电化学序

实验 2　标准电极电位和平均活度系数

实验 3　草酸氧化动力学的电位测量

实验 4　极化和分解电压

实验 5　离子在电场中的运动

实验 6　纸上电泳

实验 7　电解质溶液中的电荷迁移

实验 8　法拉第定律

实验 9　离子运动和 Hittorf 迁移数

实验 10　酯皂化动力学

实验 11　浓差电池

实验 12　氯化银电极的制备

实验 13　电化学方法测定电极过程动力学参数

实验 14　恒电流暂态法测定电化学反应的动力学参数

实验 15　三角波电位扫描法研究氢和氧在铂电极上的吸附行为

实验 16　交流阻抗技术测量聚合物电解质离子电导率

实验 17　原电池电动势的测定

实验 18　氢超电位的测定

实验 19　电位-pH 曲线的测定

实验 20　计时电量法测量 DAFO 的扩散系数和反应速度常数

实验 21　银纳米溶胶的制备及光谱和电化学测量

实验 22　恒电流暂态法测定电化学反应动力学参数

实验 23　循环伏安法测定电极反应参数

## 3.5.2　分析电化学

实验 1　电导滴定

实验 2　化学组成和电解电导

实验 3　甲醛电解还原的极谱研究

实验 4　静态电流-电位曲线的恒电流测量

### 3.5.3　金属腐蚀与防护实验

### 3.5.4 能源电化学实验

实验 1 铅酸蓄电池

实验 2 镍镉蓄电池的放电特性

实验 3 燃料电池性能数据

实验 4 铅酸蓄电池的装配及性能测试

实验 5 镍氢蓄电池的装配及性能测试

实验 6 交流电桥法测量双电层微分电容

实验 7 方波电流法测电池欧姆内阻

实验 8 直流法测量隔膜比电阻

实验 9 $MnO_2$ 电容器的组装及性能测试

实验 10 方形镍氢电池的制备与性能表征

实验 11 R20S 锌锰干电池放电曲线的测量

实验 12 铅酸电池及其电极充放电曲线的测定

实验 13 氢氧燃料电池的输出特性测量

实验 14 锌二氧化锰电池装配及电性能测试

实验 15 银在氢氧化钠溶液中的电化学行为研究

实验 16 不同晶形纳米 $MnO_2$ 在 KOH 水溶液中的电化学性能测试

实验 17 铅酸蓄电池的装配及性能测试

实验 18 镍氢蓄电池的装配及性能测试

实验 19 锂电子电池正极材料 $LiFePO_4$ 的制备及性能测试

实验 20 $\alpha\text{-}Ni(OH)_2$ 正极材料的制备及电化学性能测试

### 3.5.5 电化学制造实验

实验 1 沉淀反应

实验 2 电镀铜沉积

实验 3 铝的电化学氧化

实验 4 醋酸 Kolbe 电解

实验 5 丙二酸二乙酯的阳极氧化

实验 6 乙酰乙酸乙酯间接阳极二聚

实验 7 丙酮的电化学溴化

实验 8 乙醇的电化学碘化

实验 9 过氧焦二硫酸钾的电化学生产

实验 10 隔膜法氯碱电解的收率

实验 11 电合成苯甲酸镍

实验 12　电合成聚苯胺

实验 13　电解氧化制备 $MnO_2$

实验 14　葡萄糖电化学氧化制备葡萄糖酸锌

实验 15　电催化间接氧化法制备活性二氧化锰

实验 16　有机电合成苯甲酸镍

实验 17　电化学还原顺丁烯二酸合成丁二酸

实验 18　电化学法制备对氨基苯甲酸

实验 19　电化学法在聚苯胺聚合与降解研究中的应用

## 3.5.6　光谱电化学实验

实验 1　紫外-可见光吸收光谱

实验 2　表面加强拉曼光谱

实验 3　红外光谱电化学

实验 4　电致变色

**参考文献**

[1] Bard A J, Faulkner L R. Electrochemical Methods, Fundamentals and Applications. Wiley Interscience Publications, 2000.

[2] Nevil Monroe Hopkins. Experimental Electrochemistry.D. Van Nostrand Company, New York, 1905.

[3] Oliver P. Watts, Laboratory Course in Electrochemistry. Mc Graw-Hill Book Company, Inc. New Youk, 1914.

[4] Peter T. Kissinger, Willian R. Heineman, Laboratory Techniques in Electroanalytical Chemistry. Marcel Dekker, 1996.

[5] 王凤平，敬和民，辛春梅. 腐蚀电化学. 2版. 北京：化学工业出版社，2017.

[6] 王凤平，康万利，敬和民.腐蚀电化学原理、方法及应用. 北京：化学工业出版社，2008.

[7] 王凤平，李杰兰，丁言伟. 金属腐蚀与防护实验. 北京：化学工业出版社，2015.

[8] 王凤平，朱再明，李杰兰. 材料保护实验. 北京：化学工业出版社，2005.

[9] 刘长久，李延伟，尚伟. 电化学实验. 北京：化学工业出版社，2016.

[10] 唐安平. 电化学实验. 徐州：中国矿业大学出版社，2018.

[11] 王圣平. 实验电化学. 武汉：中国地质大学出版社，2010.

[12] 郑晓明. 电化学分析技术. 北京：中国石化出版社，2017.

[13] 努丽燕娜，王保峰. 实验电化学. 北京：化学工业出版社，2007.

[14] 张鉴清. 电化学测试技术. 北京：化学工业出版社，2010.

[15] 胡会利. 李宁. 电化学测量. 哈尔滨：哈尔滨工业大学出版社，2007.

[16] 贾铮，戴长松，陈玲. 电化学测量方法. 北京：化学工业出版社2006.

[17] 藤岛昭. 电化学测定方法. 北京：北京大学出版社，1995.

[18] 陈体衔. 实验电化学. 厦门：厦门大学出版社，1993.

[19] 刘永辉. 电化学测试技术. 北京：北京航空学院出版社，1981.

[20] 田昭武. 电化学研究方法. 北京：科学出版社，1984.

# 附录

## 附录1 各种参比电极在水溶液中的标准电位（25℃）

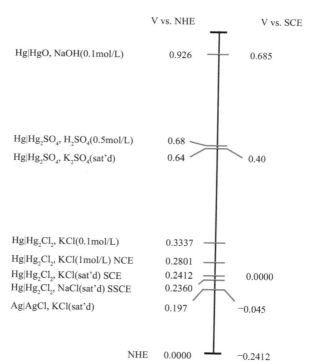

|  | V vs. NHE | V vs. SCE |
|---|---|---|
| Hg\|HgO, NaOH(0.1mol/L) | 0.926 | 0.685 |
| Hg\|Hg$_2$SO$_4$, H$_2$SO$_4$(0.5mol/L) | 0.68 | |
| Hg\|Hg$_2$SO$_4$, K$_2$SO$_4$(sat'd) | 0.64 | 0.40 |
| Hg\|Hg$_2$Cl$_2$, KCl(0.1mol/L) | 0.3337 | |
| Hg\|Hg$_2$Cl$_2$, KCl(1mol/L) NCE | 0.2801 | |
| Hg\|Hg$_2$Cl$_2$, KCl(sat'd) SCE | 0.2412 | 0.0000 |
| Hg\|Hg$_2$Cl$_2$, NaCl(sat'd) SSCE | 0.2360 | |
| Ag\|AgCl, KCl(sat'd) | 0.197 | −0.045 |
| NHE | 0.0000 | −0.2412 |

（来源：A. J. Bard and L. R. Faulkner, *Electrochemical Methods*, 2$^{nd}$ ed., Hoboken, NJ: John wiley & Sons, 2001, Fig. E.1.）

# 附录2　溶液中的标准电位

| 反应式 | 条件 | 电位（V） |
|---|---|---|
| $Cu^{2+} + e^- \rightleftharpoons Cu^+$ | $1mol/L\ NH_3 + 1mol/L\ NH_4^+$ | 0.01 |
| | $1mol/L\ KBr$ | 0.52 |
| $Ce^{4+} + e^- \rightleftharpoons Ce^{3+}$ | $1mol/L\ HNO_3$ | 1.61 |
| | $1mol/L\ HCl$ | 1.28 |
| | $1mol/L\ HClO_4$ | 1.70 |
| | $1mol/L\ H_2SO_4$ | 1.44 |
| $Fe^{3+} + e^- \rightleftharpoons Fe^{2+}$ | $1mol/L\ HCl$ | 0.70 |
| | $10mol/L\ HCl$ | 0.53 |
| | $1mol/L\ HClO_4$ | 0.735 |
| | $1mol/L\ H_2SO_4$ | 0.68 |
| | $2mol/L\ H_3PO_4$ | 0.46 |
| $Fe(CN)_6^{3-} + e^- \rightleftharpoons Fe(CN)_6^{4-}$ | $0.1mol/L\ HCl$ | 0.56 |
| | $1mol/L\ HCl$ | 0.71 |
| | $1mol/L\ HClO_4$ | 0.72 |
| $Sn^{4+} + 2e^- \rightleftharpoons Sn^{2+}$ | $1mol/L\ HCl$ | 0.1 |

注：是指温度为 25℃，相对氢标电极的电位。（来源：A. J. Bard and L. R. Faulkner, *Electrochemical Methods*, 2nd ed., Hoboken, NJ: John wiley & Sons, 2001, p. 810.）

# 附录3　电化学测量常见技术问题与解答

电化学测量的主要目的是对电位与电流进行准确的测量，实现电极的电化学表征与研究。当进行电化学测试时发现结果异常，如何解决？

虽然使用的电化学测量系统来自不同的制造厂家，但仪器工作原理基本类似，下面会尽力列出一些各个厂家的通用问题与方案。

一般来说，问题的来源不外乎下面几个方面：

① 电极 / 电解池 / 导线；

② 电化学仪器；

③ 电解质的化学；

④ 噪声和周围电磁场环境；

⑤ 操作人员或者其他不可预知的局限。

解决问题的必备工具：万用表、标准电阻或者标准电路板。问题的深入解决时，专业人员往往需要示波器和测量系统的软件开发环境。一般的电化学工作站仪器公司会提供标准的元器件电路，所谓的"Dummy Cell"，实现电化学工作站的自我诊断。

第一步：电极线和电极是否正确连接？

实验室内进行电化学测量，一般常用三电极体系，即工作电极、参比电极和辅助电极。而电化学工作站生产厂家，导线规定和连接方式会有所不同，高端的仪器除了所谓的三电极导线，还会添加接地导线、辅助电极电位相应测量导线等，这样会出现4电极、5电极甚至多电极测量导线。要按照仪器说明书，仔细检查是否实现电极线和电极的正确连接。常见问题是电极与仪器导线没有连接好或者接错。

Gamry仪器用户来说，通过连接不同颜色的电极线来实现Gamry不同功能。在常见的极化曲线、循环伏安、线性扫描、电化学阻抗、循环充放电、脉冲等测试中，需要用到的是蓝、绿、白、红这四根线。蓝线和白线之间是控制电位或测试电位的，绿线和红线之间是控制电流或测试电流的。在三电极体系中，蓝线和绿线一起夹在工作电极上，白线夹参比电极，红线夹对电极；在两电极体系中，蓝线和绿线夹正极，白线和红线夹负极；在四电极体系中，绿线夹工作电极，红线夹对电极，蓝线夹参比电极1，白线夹参比电极2。

在做电偶腐蚀或电化学噪声试验时需要用到Gamry电化学工作站的零电阻电流计功能（ZRA），此时需要用到橙色线，蓝线和绿线夹工作电极1，红线和橙色线一起夹在工作电极2或对电极上，白线夹参比电极。如果体系是放在法拉第笼里面进行测试，则黑线夹法拉第笼。

针对Reference 3000AE和Interface 5000这两个型号，在Electrochemical Energy软件包中橙色线也有另外的功能：Stack或Both模式。Stack模式针对Reference 3000AE这一型号，可以在测串联电池组的同时，测试其中1~8片单片电池，连接方式为蓝线和绿线夹电池堆正极，红线和橙线夹电池堆负极，AE辅助通道按照正负极夹在需要测试的单片电池的正负极。Both模式针对Interface 5000，功能与Stack模式类似，在电池正负极之间插入一个参比电极，在测正负极之间全电池的同时，也能获得正半电极和负半电极的信息，连接方式为蓝线和绿线夹正极，红线和橙线夹负极，白线夹参比电极。

第二步：电极是否浸泡或者接触电解质？

三个电极电化学测量时，三个电极通过电解质或者盐桥，经过电极导线和电化学工作站实现电路的连通。如果放置参比电极的盐桥，由于气泡滞留，往往会将电解质隔开，出现所谓的断路，结果不能准确实现电位的测量和施加而影响准确测量。

第三步：电极电位或者流过电极的电流是否准确测量？

进行电化学测量时，可以直接采用万用表，同时测量工作电极和参比电极的电位，对比万用表的测试结果和电化学工作站的测量结果是否一致。可以初步判断仪器是否正常工作。

第四步：电化学仪器检测。

当尝试上面三个步骤时，仍然对电化学工作站的准确测量产生怀疑时，采取标准的电阻或者厂家提供的标准电路板进行测试，例如采用标准的电阻 $2000\Omega$，根据欧姆定律，当电化学工作站施加 1V 电压，测量的电流应当为 0.5mA 或者在上面标准电阻施加 1mA 的电流，测量的电压应当是 2V。如果工作站测量的结果和预测值不一致，不难判断工作站出现问题。

仔细观察电极导线，是否有断的可能。这个可以采取万用表，直接测量导线的两端及其对用的测量点，根据电阻大小来判断夹子和电极导线的连接与断开状态。

对于 Gamry 电化学工作站，校准需要标准电路板和法拉第屏蔽盒。不同型号配备的标准电路板不一样。Reference 3000/Reference 3000AE 和 Interface 1010 使用的是 $2k\Omega$ Calibration Cell。Reference 600P 和 Interface 5000 使用的是 $200\Omega$ Calibration Cell。如果配的是 Universal Dummy Cell 4 型号的标准电路板，连 Calibration 一边。注意 Reference 600P 和 Reference 600 的标准电路板不能混用。按照标准电路板上的颜色标识，分别夹好每种颜色的电极线，夹好后放入法拉第屏蔽盒中，注意鳄鱼夹或香蕉插头不要碰到屏蔽盒，确认连接无误后盖好屏蔽盒，黑色夹在屏蔽盒上，打开 Gamry Framework-Utilities-Calibrate Instrument 程序，选择 Both（直流和交流都需要）开始进行校准测试，测试完成后在存储数据的文件夹中会有 TXT 格式的校准结果，打开这一文件，拉到最后一行，显示没有错误或者警告，说明仪器正常。如果在校准过程中弹出报警提示框，选择忽略，继续往下做，出现多少提示框，都选忽略，直到测试完成。分析完整的校准测试结果，判定哪里有问题。

一般来说，仪器长时间不用，或者环境变化较大（湿度、温度、环境噪声等），或者测试过程中数据异常波动，都可以对仪器进行校准。

第五步：电解质的化学问题。

一般来说，对于大部分电化学测量来说，为了保证结果的重复性和可靠性，无论是直流还是交流电化学交流阻抗的测量，希望体系是稳定的，电极与电解质的反应活性，电解质的高电容、高阻抗等特性，也会给准确测试带来一定挑战。含氯离子的电解质对不锈钢等带来点蚀的特性，也对某些测量带来个别数据点的波动或者"异常"现象。

第六步：噪声和周围电磁场环境的影响。

当测量微弱信号时，来自噪声和电磁场环境的影响会尤其明显。地球本身是一个巨大的磁场，同时各种电磁场与无线信号无处不存在。另外实验室内的局部环境，例如电机、其他仪器等都不可避免地产生各种电磁场信号，对电化学微弱信号的测量产生影响。消除此类影响，最为直接的方法是将测量电解池放到一个法拉第箱子里，屏蔽外面的电磁场信号。一般涂层的阻抗测量，往往需要一个屏蔽箱。

噪声的来源很多，例如仪器需要的电源也会产生噪声，仪器内部电子元器件电阻产生的热噪声，材料腐蚀本身也产生电化学噪声，另外参比电极，测试设备没有正常接地，高电容特性的电解质等也会产生噪声。可以通过过滤器或者锁相放大器等方法去掉噪声的影响。

第七步：操作人员或者其他不可预知的局限。

一般来说，操作人员经过专门培训，可以基本保证电化学测量结果的准确性。如果希望验证是否得到完整的培训，一个方法是根据标准实验来进行电化学测量，然后对比结果是否和标准报道的一致。经常采用的两个标准是来自ASTM的动态直流电位扫描（ASTM G5-14）和交流阻抗测量（G106-89）标准。

ASTM G5-14: Standard Reference Test Method for Making Potentiodynamic Anodic Polarization Measurements

ASTM G106-89(2015) Standard Practice for Verification of Algorithm and Equipment for Electrochemical Impedance Measurements

即使掌握了上面的七步建议，可能还有很多的技术问题不能很好地解决，或者某些问题/现象本身不是问题，是正常的。下面列出部分常见的异常现象和可能的解决方案、建议等。有些问题来自测试仪器软件和硬件的限制。

## 1. 测量过程中电流电位过载现象

过载经常由于电化学测量过程中信号超过了仪器的测量范围，或者随机噪声超出了仪器对真实信号的分析测量而引起。例如：仪器的电流最大是1A，而电化学反应产生的电流超过1A而引起电流过载。仪器的最大槽压是20V，而实际的电化学体系测量时，工作电极和辅助电极之间的电压超过20V，会引起电位过载。

高阻抗参比电极，测试设备的浮地与接地设计，高电容特性的电解质也会导致过载。

对于Gamry仪器来说，过载分几种情况：

① 切换量程引起的过载。

② 超过仪器量程引起的过载。如果是测试过程中偶尔出现的过载，而后又

恢复正常，这是仪器切换量程引起的，属于正常情况，不影响仪器使用和测试结果的准确性。如果是一直有过载，甚至出现一红一蓝两条曲线，很有可能是参比电极内阻过大引起，检查参比电极内阻，如果有盐桥，需要检查参比电极加盐桥的内阻（Gamry 有相应测试脚本：Framework-Utilities-Measure Reference Electrode Impedance）。有的出现 Ioverload 伴随 CA overload，或 Voverload 伴随 CA overload，说明电流或电压超过仪器量程。可以检查仪器是否有问题（能否通过校准测试），检查连接是否正确，检查仪器参数是否满足测试体系的要求。

③ 电化学测量系统处在一个不稳定的系统状态的时候，比如使用不合格的参比电极与高电容性的电解池、错误的电极接线方式等也会引起过载。

## 2. 电流电位随时间有突然出现的尖峰

可能来自下面的几个影响：导电性有问题，例如无意中碰到电极导线或者溶液振荡；生锈的鳄鱼夹或者破损的导线；其他设备的电磁干扰；非浮地电化学测量仪器和其他仪器共享一个接地点；有的仪器在电流／电位灵敏度改变时有时会有电流尖峰出现。

## 3. 峰电位偏移

主要的原因是来自未补偿溶液电阻，即工作电极和参比电极之间的溶液电阻。虽然各种电化学工作站提供正反馈或者电流截断法来解决这一问题。通过实验后的 $iR$ 补偿往往更有效一些，这样可以减少测量过程中的电流、电位振荡。另外，通过溶液添加电解质提高溶液导电性，采取小的工作电极面积，减小工作电极和参比电极之间的距离也可以解决峰电位偏移问题。

## 4. 参比电极及其养护

各种参比电极，例如饱和甘汞电极（SCE）、Ag/AgCl 参比电极等，需采取正确的措施以保证电极能连续进行准确的测量。参比电极的尖端采用多孔玻璃塞或电渗透 KT 玻璃（不透明白色）。玻璃塞能够允许离子传输到电极中。为了正确操作，玻璃塞必须用电解液保持湿润状态。下面以饱和甘汞电极和 Ag/AgCl 参比电极为例来阐述其保养。

（1）填充溶液

两种参比电极的填充溶液都是饱和氯化钾溶液。为了添加填充溶液，将顶部的橡胶索环下移，露出小的填充口，从这里可以添加溶液。

（2）储存

Ag/AgCl 参比电极和饱和 SCE 参比电极都需要储存在比饱和 KCl 溶液稍稀

的溶液中，使得稍稀的溶液能够允许离子流通，避免在多孔玻璃塞处形成盐结晶。玻璃塞必须保持湿润并且始终确保电极内阻保持很低。

（3）检查参比电极的内阻

为了保证最佳电化学工作站性能，使用的参比电极内阻要很低，这点很重要。参比电极内阻很高，会导致过载现象甚至电化学工作站振荡。

参比电极的内阻需要小于1000Ω。高于1000Ω不太好，高于5000Ω就不能被接受，需要处理或更换。

（4）测试过程

① 烧杯中倒入电解质溶液。如果使用鲁金毛细管，则溶液浓度需要跟测试溶液接近。

② 将参比电极插入溶液中。如果使用了鲁金毛细管，将毛细管的顶端放入溶液，参比电极放在毛细管中。确保参比电极尖端到鲁金毛细管的尖端是导通的。

③ 将有较大比表面积的 Pt 丝或石墨棒作为对电极放置在溶液中。

④ 将 Gamry 电化学工作站的蓝线和绿线夹在参比电极上，红线和白线夹在对电极上。

⑤ 打开 Gamry Framework，按路径"Experiment>Utilities>Measure Reference Electrode Impedance"测试。Framework 将采用 EIS 测试的方法测试参比电极的内阻。一旦测完，将会告知内阻是否能被接受，内阻的大小和相角值。

⑥ 如果程序告知内阻能被接受，则可以继续进行其他测试。如果内阻超出范围，一种解决方法是替换玻璃塞。请查阅以下部分的详细信息。

（5）更换参比电极的玻璃塞

如果参比电极的内阻超出范围，或者玻璃塞完全干涩，或者破碎了，则需更换玻璃塞。

① 用锋利的小刀，切断热缩管，除去玻璃塞。

② 把玻璃塞放在一小段热缩管中，如附图1所示。

附图1  玻璃塞和一小段热缩管

③ 将热缩管移到参比电极末端，确保玻璃塞碰到参比电极的玻璃管。用热

塑枪加热热缩管直到热缩管紧紧包裹在玻璃塞和玻璃管上。不要将热塑枪离得太近，防止融化热缩管，如附图 2 所示。热塑枪在实验室供应商处购得。

④ 剪掉多余的热缩管，如附图 3，使其与玻璃塞齐平。如果不剪去，多余的热缩管处容易形成气泡，隔离了参比电解和溶液。

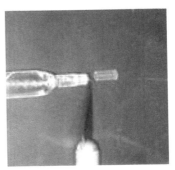

附图2　热塑枪加热热缩管　　　　附图3　剪掉多余的热缩管

⑤ 用饱和 KCl 溶液填充电极内部。将电极内部浸泡在饱和溶液中至少 1 小时，使用之前确保玻璃塞是润湿的。

⑥ 最后，测试参比电极内阻，确保更换玻璃塞和重新润湿的过程是正确的。测试步骤请参阅上述步骤。

（6）参比电极使用注意事项

① 实验结束，立刻把参比电极拿出来；

② 清洗电极，浸入缓冲液中保存；

③ 检查内充液；

④ 避免气泡进入。

## 5. 调整电化学工作站的硬件设置

电流电位数据的波动或者跳跃，有的时候来自电化学工作站的硬件响应速度，不能及时记录相应响应信号而出现异常现象。一般来说，高端仪器制造厂家会给研究人员自由选择的机会来解决出现测量数据的异常现象。例如 Gamry 电化学工作站，在电化学测量软件里或者程序控制软件里，允许对相应硬件的设置进行调整。如附图 4 电化学测试软件里所示，可以对核心部件运算放大器（CA Speed）的响应速率进行选择，电流测量（I/E Stability）的稳定性进行调整，电位量程（Vch Range）进行选择，电流（Ich Filter）与电位（Vch Filter）过滤器进行选择去掉一些噪声等操作来实现有用数据的准确测量。

附图4　电化学测试软件部分实验参数

# 附录4　规格说明书（见二维码）

规格说明书